中国科学院规划教材

大学计算机基础

主　编　巨同升

副主编　周　洁

　　　　崔孝凤

　　　　张文慧

科学出版社

北　京

内 容 简 介

　　本书的主要内容包括微型计算机系统的基本组成、Windows 操作系统与常用办公软件、Access 软件、多媒体技术应用、计算机网络技术应用和网页设计等。主要章节均采用案例方式讲解，让读者在学习案例的过程中获取知识，并能尽快将所学知识应用于工作实践。

　　本书内容兼顾理论与应用两个方面。理论方面注重开阔视野、拓展思路，应用方面注重学以致用、以用促学。

　　本书适合于具有初步计算机基础知识和应用能力的高等学校学生使用。

图书在版编目(CIP) 数据

大学计算机基础/巨同升主编. —北京：科学出版社，2011
中国科学院规划教材
ISBN 978-7-03-031442-0

Ⅰ.①大… Ⅱ.①巨… Ⅲ.①电子计算机-高等学校-教材 Ⅳ.①TP3

中国版本图书馆 CIP 数据核字(2011)第 106595 号

责任编辑：王剑虹　王程凤/责任校对：赵桂芬
责任印制：张克忠 / 封面设计：华路天然工作室

科 学 出 版 社 出版
北京东黄城根北街 16 号
邮政编码：100717
http://www.sciencep.com

北京市文林印务有限公司 印刷
科学出版社发行　各地新华书店经销

*

2011 年 6 月第 一 版　　开本：720×1000　1/16
2011 年 6 月第一次印刷　　印张：19
印数：1—10 000　　字数：380 000

定价：33.00 元
（如有印装质量问题，我社负责调换）

前　言

　　"计算机应用基础"是高等学校本专科非计算机专业的一门公共基础课。本课程的目标是提高学生的信息技术素养，培养学生应用计算机技术解决学习与工作中实际问题的能力。

　　本课程的目标是着重培养学生的应用能力，不同于计算机专业的计算机导论。对计算机专业学生来说必须掌握的一些基础理论知识，如数据结构、数据库原理、操作系统、软件工程等，对非计算机专业的学生来说，则不是必须掌握的。

　　前几年的计算机应用基础课程，着重培养学生在 Windows 操作系统、Office 办公软件、因特网使用等方面的基本应用能力。随着信息技术课程在中小学的普遍开设，大多数高校新生已经具备了初步的计算机应用能力。因此，大学阶段的计算机应用基础课程应该站在更高的起点上。

　　传统上，文科学生学习面向数据处理的数据库技术，理工科学生学习面向工程计算的程序设计技术。而近年来计算机技术的发展趋势是，数据库技术与程序设计技术相互融合、相互依赖（比如，在程序设计中嵌入数据库操作命令，在网页设计中嵌入程序设计代码、数据库操作命令等）。因此，我们认为无论是文科学生还是理工科学生，都应该同时掌握程序设计和数据库这两种技术。

　　当今的计算机技术离不开计算机网络，一方面人们需要从网络中获取信息，另一方面也需要将信息发布到网络上，而信息的展示与发布又离不开多媒体技术的支持。

　　综上所述，大学非计算机专业"计算机应用基础"课程的主体内容应该包括数据库技术、计算机网络技术和多媒体技术。程序设计技术则应单列为一门课程，独立开设。

　　为了适应当前形势下高校非计算机专业计算机应用基础课程的教学要求，我们组织编写了《大学计算机基础》系列教材。

本书第一章由李艳编写，第二章由刘冬霞、李幼蛟、刘焕亭编写，第三章由刘冬霞、孙福振、崔孝凤、高馨编写，第四章由崔孝凤、李增祥、杨秀丽编写，第五章由周洁、于潇、陈波编写，第六章由巨同升、张文慧、解红编写，第七章由李业刚、王立香、孙福振编写。全书由巨同升统稿。

在本书的编写过程中，我们得到了山东理工大学计算机科学与技术学院同仁的大力支持与帮助，在此表示感谢。

由于作者水平所限，书中难免存在不足之处，请广大同行及读者批评指正。

编　者

2011 年 3 月

目 录

第一章

计算机概论

第一节 信息与信息技术

一、信息与数据

"信息"一词有着很悠久的历史，早在2000多年前的西汉，就有"信"字的出现。作为日常用语，"信息"经常指"音讯、消息"，但至今信息还没有一个公认的定义。

信息论的创始人香农（Claude Elwood Shannon，1916～2001）认为"信息是能够用来消除不确定性的东西"。

所谓数据，是指存储在某种媒体上可以加以鉴别的符号资料。这里所说的符号不仅指文字、数字，还包括图形、图像、音频和视频等多媒体数据。由于描述事物的属性必须借助于一定的符号，所以这些符号就是数据的形式。

信息与数据并没有严格的区分，从信息科学的角度看，它们是不同的，数据是信息的具体表现形式，是信息的载体；而信息是对数据进行加工得到的结果，它可以影响人们的行为、决策和对客观事物的认知。

二、信息技术

信息技术（information technology，IT）是指在信息的获取、整理、加工、存储、传递和利用过程中所采用的技术和方法。

信息技术主要包括以下四个方面。

（1）感测与识别技术，其作用是扩展人获取信息的感觉器官的功能。这类技术总称为"传感技术"，包括信息识别、信息提取、信息检测等技术。传感技术、测量技术与通信技术相结合而产生的遥感技术，更使人们感知信息的能力得到进一步的加强。信息识别包括文字识别、语音识别和图像识别等，通常采用"模式识别"的方法实现。

（2）信息传递技术，其主要功能是实现信息快速、可靠、安全地传输。各种通信技术都属于这个范畴。广播技术也是一种传递信息的技术。

（3）信息处理与再生技术，其中，信息处理包括对信息的编码、压缩、加密等；信息的再生是指在对信息进行处理的基础上，还可形成一些新的更深层次的信息。

（4）信息施用技术，是信息过程的最后环节，包括控制技术、显示技术等。

在使用计算机处理信息时，必须将要处理的有关信息转换成计算机能够识别的符号，信息的符号化就是数据，因此数据是信息的具体表现形式。

三、信息社会

20世纪60年代开始的第五次信息技术革命，使人类开始迈入信息化社会。特别是20世纪90年代以来，多媒体和网络技术的普及正在以惊人的速度改变着人们的工作方式和生活方式。

信息社会也称为信息化社会，是指经过工业化社会以后，信息起主要作用的社会。在农业社会和工业社会中，物质和能源是主要资源，人们所从事的是大规模的物质生产。而在信息社会中，信息成为与物质和能源同等重要的资源，以开发和利用信息资源为目的的信息经济活动迅速增多，逐渐取代工业生产活动而成为国民经济活动的主要内容。

信息社会在各个方面都呈现出与工业社会显著不同的特征：一是信息成为重要的战略资源；二是信息产业上升为最重要的产业；三是信息网络成为社会的基础设施。

四、计算机文化

20世纪70年代初，在瑞士洛桑召开的第三届世界计算机教育大会上，科学家提出，要树立计算机教育是文化教育的观念，呼吁人们高度重视计算机文化教育。此后，"计算机文化"的说法为各国计算机教育界所接受。

所谓计算机文化，就是以计算机为核心，集网络文化、信息文化、多媒体文化于一体，并对社会生活和人类行为产生广泛、深远影响的新型文化。

计算机文化是随着人类社会的生存方式因使用计算机而发生根本性的变化而产生的一种崭新的文化形态，这种形态表现在：计算机理论及其技术对自然科学、社会科学的广泛渗透表现出丰富的文化内涵；计算机的软硬件设备和相应的技术丰富了人类文化的物质设备和思维方式；计算机理论和技术渗透到人类社会的各个领域，从而创造了科学思想、科学方法、科学精神和价值标准等，并形成了一种崭新的文化观念。

计算机文化是人类文化发展的四个里程碑之一（前三个分别是语言的产生、文字的使用和印刷术的发明），且内容更深刻，影响更广泛。人们利用计算机使自己从浩瀚的知识海洋和繁重的记忆性劳动中解放出来，更多地从事创造性劳动，因此计算机文化代表一种新的时代文化。

■ 第二节 计算机技术概述

一、计算机的起源与发展

计算机是用电子元件组装而成，能自动、高速进行大量计算工作，具有逻辑判断功能和存储记忆功能的机器。

人类一直在追求计算速度和精度的提高，早在原始社会，人类就用绳结、垒石和枝条作为进行计数和计算的工具。在我国，春秋时代就有用算筹计数的"筹算法"。公元6世纪左右，中国人开始将算盘作为计算工具。算盘是我国人民的独特创造，是一种彻底的采用十进制的计算工具。

1620年，欧洲人发明计算尺；1642年，计算器出现；1854年，英国数学家布尔（George Boole，1824～1898）提出了符号逻辑的思想；19世纪中期，英国数学家巴贝奇（Charles Babbage，1792～1871）最先提出通用数字计算机的基本设计思想。他于1832年开始设计一种基于计算自动化的程序控制的分析机时，已经提出了几乎是完整的计算机设计方案，被称为"计算机之父"。

1946年2月，世界上第一台电子计算机ENIAC（electronic numerical integrator and computer）诞生于美国宾夕法尼亚大学。它使用了18 000个电子管、10 000只电容和7000个电阻，占地170平方米，重达30吨，耗电150千瓦，每秒可进行5000次加、减法运算，价值40万美元。当时它的设计目的是为美国陆军弹道实验室解决弹道特性的计算问题，虽然它无法同现今的计算机相比，但在当时它可把计算一条发射弹道的时间缩短到30秒以内，使工程设计人员从繁重的计算中解放出来。这在当时是一个伟大的创举，它开创了计算机的新时代。

从第一台计算机诞生以来的60多年里，每隔数年在软、硬件方面就有一次重大的突破，至今计算机的发展已经历了以下五代。

1. 第一代电子计算机

第一代电子计算机是电子管电路计算机，时间为1946～1958年。其基本特征是采用电子管作为计算机的逻辑元件，如图1-1、图1-2所示。由于当时电子技术的限制，每秒运算速度仅为几千次，内存容量仅几个KB（千字节）。

1904年，世界上第一只电子管在英国物理学家弗莱明（Alexonder Fleming，1881～1955）的手中诞生了，标志着世界从此进入了电子时代。

说起电子管的发明，我们首先得从"爱迪生效应"谈起。爱迪生（Thomas Alva Edison，1847～1931）这位举世闻名的大发明家，在研究白炽灯的寿命时，在灯泡的碳丝附近焊上一小块金属片。结果，他发现了一个奇怪的现象：金属片虽然没有与灯

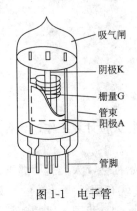

图 1-1 电子管

图 1-2 电子管

丝接触，但如果在它们之间加上电压，灯丝就会产生一股电流，趋向附近的金属片。这股神秘的电流是从哪里来的？爱迪生也无法解释，但他不失时机地将这一发明注册了专利，并称之为"爱迪生效应"。后来，有人证明电流的产生是因为炽热的金属能向周围发射电子。但最先预见到这一效应具有实用价值的，则是英国物理学家和电气工程师弗莱明。

由于电子管具有体积大、功耗大、发热厉害、寿命短、电源利用效率低、结构脆弱而且需要高压电源的缺点，现在已经基本被固体器件晶体管（transistor）所取代。但是电子管负载能力强，线性性能优于晶体管，在高频大功率领域的工作特性要比晶体管更好，所以仍然在一些地方（如大功率无线电发射设备）继续发挥着不可替代的作用。

2. 第二代电子计算机

第二代电子计算机是晶体管电路电子计算机，时间为 1958～1964 年。其基本特征是逻辑元件逐步由电子管改为晶体管，内存所使用的器件大都使用铁淦氧磁性材料制成的磁芯存储器。外存储器有了磁盘、磁带，外设种类也有所增加。运算速度达每秒几十万次，内存容量扩大到几十 KB。

晶体管是一种固体半导体器件，可以用于检波、整流、放大、开关、稳压、信号调制和其他许多功能。晶体管作为一种可变开关，基于输入的电压，控制流出的电流，因此晶体管可作为电流的开关，和一般机械开关的不同之处在于晶体管是利用电信号来控制的，而且开关速度可以非常快，在实验室中的切换速度为 100GHz（吉赫兹）以上。

同电子管相比，晶体管具有诸多优越性。

（1）构件没有消耗。无论多么优良的电子管，都将因阴极原子的变化和慢性漏气而逐渐劣化。早期的晶体管制作也存在着快速老化的问题，但随着材料制作工艺的进步，晶体管的寿命一般能达到电子管寿命的 100～1000 倍，因此称得上永久性器件。

（2）消耗电能极少。功耗仅为电子管的十分之一或几十分之一。它不像电子管那样需要加热灯丝以产生自由电子。一台晶体管收音机只要几节干电池就可以听半年至一年，这是电子管收音机难以做到的。

（3）不需预热，一开机就工作。例如，晶体管收音机一开就响，晶体管电视机一开就很快出现画面。电子管设备就做不到这一点。开机后，非得等一会儿才听得到声音，看得到画面。显然，在军事、测量、记录等方面，晶体管是非常有优势的。

（4）结实可靠。比电子管可靠 100 倍，耐冲击、耐振动，这都是电子管所无法比拟的。另外，晶体管的体积只有电子管的十分之一到百分之一，放热很少，可用于设计小型、复杂、可靠的电路。晶体管的制造工艺虽然精密，但工序简便，有利于提高元器件的安装密度。晶体管的出现，是电子技术之树上绽开的绚丽多彩的奇葩。正因为晶体管的性能如此优越，晶体管诞生之后，便被广泛地应用于工农业生产、国防建设及人们的日常生活中。

3. 第三代电子计算机

第三代电子计算机是集成电路（integrated circuit）计算机，时间为 1964～1970 年。其基本特征是逻辑元件采用小规模集成电路和中规模集成电路。第三代电子计算机的运算速度每秒可达几十万到几百万次。

集成电路是一种微型电子器件或部件。采用一定的工艺，把一个电路中所需要的晶体管、二极管、电阻、电容和电感等元件及布线连在一起，制作在一小块或几小块半导体晶片或介质基片上，然后封装在一个管壳内，成为具有所需电路功能的微型结构；其中的所有元件在结构上已组成一个整体，这样，整个电路的体积大大缩小，且引出线和焊接点的数目也大为减少，从而使电子元件向着微型化、低功耗和高可靠性方面迈进了一大步。

集成电路具有体积小、重量轻、引出线和焊接点少、寿命长、可靠性高、性能好等优点，同时成本低，便于大规模生产。它不仅在工业、民用电子设备（如收录机、电视机、计算机）等方面得到广泛的应用，同时在军事、通信、遥控等方面也得到广泛的应用。用集成电路来装配电子设备，其装配密度比晶体管可提高几十倍至几千倍，也可大大增加设备的稳定工作时间。

4. 第四代电子计算机

第四代电子计算机称为大规模集成电路电子计算机，时间为 1971～1991 年。计算机开始分化为通用大型机、巨型机、小型机和微机。出现了共享存储器、分布存储器及不同结构的并行计算机，并相应产生了用于并行处理和分布处理的软件工具和环境。第四代计算机的代表机型为 Cray-2 和 Cray-3 巨型机计算机的速度可以达到每秒百亿次。

5. 第五代电子计算机

从 1991 年至今的计算机系统，都可以认为是第五代计算机。超大规模集成电路工艺的日臻完善，是推动计算机技术发展的基本动力之一，然而以硅为基础的芯片制造技术的发展不是无限的，由于存在磁场效应、热效应、量子效应及制作上的困难，人们正在开拓新的芯片制造技术。为此，世界各地研究人员正在加紧开发以量子计算机、分子计算机、生物计算机和光计算机等为代表的未来计算机。但是，目前还没有真正意义上的新一代计算机问世。

我国自 1956 年开始研制计算机。第一台计算机于 1958 年研制成功，我国自行研制的第一台晶体管计算机也于 1964 年问世。1971 年又研制成功了集成电路计算机。1985 年研制出第一台 IBM PC 兼容微型机。2001 年我国第一款通用中央处理单元（central processing unit，CPU）——"龙芯"芯片研制成功，2002 年推出了完全自主知识产权的"龙腾"服务器。目前，我国自主开发了"银河"、"曙光"、"深腾"和"神威"等系列高性能计算机，取得了令人瞩目的成果。以"联想"、"清华同方"、"方正"、"浪潮"等为代表的我国计算机制造业非常发达，已成为世界计算机主要制造中心之一。但是，一些计算机核心技术（如 CPU、操作系统等）仍掌握在西方发达国家手中。

二、计算机的特点

1. 运算速度快

现代的计算机已达到每秒几百亿、几万亿次的运算速度。许多以前无法做到的事情现在利用高速计算机都可以实现。例如，众所周知的天气预报，若不采用高速计算机，就不可能对几天后的天气变化作较准确的预测。另外，像我国 10 多亿人的人口普查，离开了计算机也无法完成。

2. 计算精度高

计算机采用二进制数运算，可通过增加二进制数的位数来获得高的计算精度，在程序设计方面也可使用某些技巧，使计算精度达到人们的要求。众所周知的圆周率 π，一位美国数学家花了 15 年时间计算到 707 位，而目前采用计算机计算已达到小数点后上亿位。

3. 具有记忆和逻辑判断能力

计算机的存储器不仅能存放原始数据和计算结果，更重要的是能存放用户编制好的程序。其容量都是以兆字节计算的，可以存放几十万至几千万个数据，在需要时，又可快速、准确地取出来。

计算机还具有逻辑判断能力，这使得计算机能解决各种不同的问题。例如，判断一个条件是真还是假，并且根据判断的结果，自动确定下一步该怎么做。例如，数学中的著名难题"四色问题"——对任意地图，要使相邻区域颜色不同，用四种颜色就够了——就是美国数学家在 1976 年用了上百亿次判断，三台计算机共用了 1200 小时才解决的。

4. 可靠性高，通用性强

现代计算机由于采用超大规模集成电路，具有非常高的可靠性，可以安全地应用于各行各业，特别是像银行这种可靠性要求高的行业。计算机同时具有计算和逻辑判断等功能，使得计算机不但可用于数值计算，还可对非数据信息进行处理，如图形图像处理、文字编辑、语言识别、信息检索等各个方面。

三、计算机的分类

计算机的分类方法很多，有按计算机的原理将其分为数字计算机、模拟计算机和混合式计算机三大类的；也有按用途将其分为通用机和专用机两大类的；这里我们按照 1989 年美国电气和电子工程师协会（IEEE）的科学巨型机委员会对计算机的分类提出的报告，对计算机的各种类型进行分别介绍。按照这一分类方法，计算机被分成巨型机、小巨型机、大型主机、小型机、工作站、个人计算机六类。

1. 巨型机

巨型机在六类计算机中是功能最强的一种，当然价格也最昂贵，它也被称做超级计算机，它具有很高的速度及巨大的容量，能对高品质动画进行实时处理。巨型机的指标通常用每秒多少次浮点运算来表示。20 世纪 70 年代的第一代巨型机为每秒 1 亿次浮点运算；80 年代的第二代巨型机为每秒 100 亿次浮点运算；90 年代研制的第三代巨型机速度已达到每秒万亿次浮点运算。目前的许多巨型机都是采用多处理机结构，用大规模并行处理来提高整机的处理能力。

目前巨型机大多用于空间技术、中长期天气预报、石油勘探、战略武器的实时控制等领域。生产巨型机的国家主要是美国和日本，俄罗斯、英国、法国、德国也都开发了自己的巨型机。我国在 1983 年研制了"银河Ⅰ"型巨型计算机，其速度为每秒 1 亿次浮点运算。1992 年研制了"银河Ⅱ"型巨型计算机，其速度为每秒 10 亿次浮点运算。1997 年推出的"银河Ⅲ"型巨型计算机属于每秒百亿次浮点运算的机型，它相当于第二代巨型机。2001 年我国又成功推出了"曙光 3000"巨型计算机，其速度为每秒 4000 亿次。2003 年 12 月推出的联想"深腾 6800"巨型计算机达到每秒 4 万亿次。2010 年 10 月由国防科学技术大学研制的"天河-1A"巨型计算机运算速度达每秒 2.5 千万亿次，速度位列全球超级计算机第一位。

2. 小巨型机

由于巨型机性能虽高但价格昂贵，为满足市场的需求，一些厂家在保持或略降低巨型机性能的前提下，大幅度降低价格而形成一类机型，即巨型机。小巨型机的发展一是将高性能的微处理器组成并行多处理机系统，二是将部分巨型机的技术引入超小型机使其功能巨型化。目前流行的小巨型机处理速度为每秒 250 亿次浮点运算，价格只相当于巨型机的十分之一。

3. 大型主机

大型主机实际上包括了我们常说的大型机和中型机。这类计算机的特点是具有大容量的内、外存储器和多种类型的输入/输出端口（I/O），能同时支持批处理和分时处理等多种工作方式。最新出现的大型主机还采用多处理机、并行处理等技术，整机处理速度大大提高，具有很强的处理和管理能力。几十年来，大型主机系统在大型公司、银行、高等院校及科研院所的计算机应用中一直居统治地位。但随着个人计算机（PC）局域网的发展，大型主机系统这种采用集中处理的终端工作模式的系统受到了巨大冲击，特别是现在微型机的性价比大幅提高，客户机/服务器体系结构日益成熟，更是没有大型主机系统发挥其特长的空间。但是在一些需要集中处理大量数据的部门，如银行或某些大型企业仍然需要用到大型主机系统。

4. 小型机

比起大型主机来，小型机由于结构简单、成本较低、易于使用和维护，更受中、小用户的欢迎。小型机的特征有两类：一类是采用多处理机结构和多级存储系统，另一类是采用精减指令系统。前者是使用多处理机来提高其运算速度；后者是在指令系统中，只将比较常用的指令集用硬件实现，很少使用的、复杂的指令留给软件去完成，这样既提高了运算速度，又降低了价格。

5. 工作站

首先这里所说的工作站和网络中用做站点的工作站是两个完全不同的概念，这里的工作站是计算机中的一个类型。

工作站实际上是一种配备了高分辨率大屏幕显示器和大容量内、外存储器，并且具有较强数据处理能力与高性能图形功能的高档微型计算机，它一般还内置网络功能。工作站一般都使用精减指令（RISC）芯片，使用 UNIX 操作系统。目前也出现了基于奔腾（Pentium）系列芯片的工作站，这类工作站一般配置 Windows 操作系统。由于这一类工作站和传统的使用精减指令芯片的高性能工作站还有一定的差距，所以，常把这类工作站称为"个人工作站"，而把传统的高性能工作站称为"技术工作站"。

6. PC

PC，主要在办公室和家庭中使用，它的核心是微处理器。目前，微机使用的微处理芯片主要由 Intel 的 Pentium 系列、AMD 公司的 Athlon 系列和 IBM 公司的 Power PC 等。网络的发展，使得 PC 能发挥更大的作用。

四、计算机的应用

计算机的出现是 20 世纪科学技术的卓越成就之一，它的诞生导致了一场伟大的技术革命，计算机在科学技术、工农业生产及国防等各个领域得到了广泛应用，推动着社会的发展。计算机的主要应用在如下五个方面。

1. 科学计算

科学计算一直是计算机的重要应用领域之一，如数学、物理、天文、原子能、生物学等基础学科，以及导弹设计、飞机设计、石油勘探等方面大量、复杂的计算都需用到计算机。利用计算机进行数值计算，可以节省大量时间、人力和物力。

有些科技问题，计算工作量实在太大，以至于人工根本无法计算，还有一类问题是人工计算太慢，算出来已失去了实际意义。例如，天气预报，计算量大、时间性强，对于大范围地区的天气预报，采用计算机计算几分钟就能得到结果，若人工计算需用几个星期的时间，这时"预报"已失去了意义。

另外，有些问题用人工计算很难选出最佳方案。现代工程技术往往投资大、周期长，因此设计方案的选择非常关键。为了选择一个理想的方案，往往需要详细计算几十个甚至上百个方案，从中选优，只有计算机才可能做到这一点。

2. 数据处理

数据处理也称非数值计算。人类在科学研究、生产实践、经济活动和日常生活中获得了大量的信息，为了更全面、深入、精确地认识和掌握这些信息所反映的问题，需要对大量信息进行分析加工，这就是数据处理的课题。数据处理的任务，就是对数据信息进行收集、分类、排序、计算、传送、存储，以及打印报表或打印各种所需图形等。数据处理一般不涉及复杂的数学问题，但要处理的数据量大，有大量的逻辑运算与判断，输入/输出量也很大。

目前，数据处理广泛应用于办公自动化、企业管理、事务管理、情报检索等，数据处理已成为计算机应用的一个重要方面。随着社会信息化的发展，数据处理还在不断地扩大使用范围。

3. 过程控制

利用计算机在生产过程、科学实验过程以及其他过程中，及时地收集、检测数据，并由计算机按照某种标准或最佳值进行自动调节和控制，这就是过程控制。

计算机广泛应用于工业生产中，可节省大量的人力和物力，而且还提高了产品的数量和质量。计算机同时也广泛地应用于宇航和军事领域，如导弹、人造卫星、宇宙飞船等飞行器的控制都离不开计算机，现代化武器系统也离不开计算机的控制。

4. 计算机辅助系统

计算机辅助系统包括计算机辅助设计（computer aided design，CAD）、计算机辅助制造（computer aided manufacturing，CAM）、计算机辅助教学（computer aided instruction，CAI）等。

CAD，就是利用计算机的图形能力来进行设计工作。随着图形输入/输出设备及软件的发展，CAD 技术已广泛应用于飞行器、建筑工程、水利水电工程、服装、大规模集成电路等的设计中，许多设计院现已完全实现了计算机制图。

CAM，就是利用计算机进行生产设备的管理、控制和操作的过程。使用 CAM 技术可以提高产品质量、降低成本、缩短生产周期。

将 CAD 与 CAM 技术集成，实现设计生产自动化，称为计算机集成制造系统。它很可能会成为未来制造业的主要生产模式。

CAI 是随着多媒体技术的发展而迅猛发展的一个领域，它利用多媒体计算机的图、文、声功能实施教学，是未来教学的发展趋势。

5. 人工智能

人工智能的主要目的是用计算机来模拟人的智能，人工智能的研究领域包括模式识别、景物分析、自然语言理解和生成、博弈、专家系统、机器人等。当前人工智能的研究已取得了一些成果，如自动翻译、战术研究、密码分析、医疗诊断等，但距真正的智能还有很长的路要走。

五、计算机的发展趋势

微处理器的发展大大地推动了计算机的发展，目前性价比大幅度提高，采用多处理机技术的大型机使用数十个微处理器芯片的产品已经系列化。新一代的操作系统采用友好的图形界面使用户学习和使用计算机更加容易。面向对象的程序设计语言的使用，使程序员能更快、更好地设计高质量的软件。将来计算机的发展趋势将表现在以下四个方面。

（1）多极化。虽然今天个人计算机已席卷全球，但由于计算机应用的不断深入，对大型机、巨型机的需求也在稳步增长。巨型机、大型机、小型机、微型机各有自己的应用领域，形成了一种多极化的形势。

（2）网络化。利用现代通信技术和计算机技术，把分布在不同地点的计算机互联起来，按照网络协议互相通信，以共享软、硬件资源。

（3）多媒体化。多媒体是在 20 世纪 90 年代初发展起来的一项新技术，过去人机交互的媒体仅仅是文字，而多媒体技术则是以图形、图像、声音、文字等多种媒体进行人机交互。在短短的几年中多媒体技术已走向成熟，CAI 的蓬勃发展也全靠多媒体技术的支持。多媒体技术被认为是 20 世纪 90 年代信息领域的一次革命。

（4）智能化。智能化是新一代计算机实现的目标，日本宣布的第五代计算机研制计划就是研制智能计算机。神经网络计算机和生物计算机更强调计算机具有像人一样的听、说和逻辑思维能力。智能化的主要研究领域为模式识别、机器人、专家系统、自然语言的生成与理解等方面。目前在这些领域都取得了不同程度的进展，将来随着第五代计算机的诞生，计算机技术将发展到一个更高、更先进的水平。

计算机中最重要的核心部件是 CPU 芯片，以硅片为基础的芯片制造技术的发展并不是无限的，不久的将来就可能达到发展的极限，目前认为有可能引发下一次计算机技术革命的技术主要包括纳米技术、光技术、量子技术和生物技术。未来的计算机发展方向是光计算机、生物计算机、分子计算机、量子计算机。

第三节　计算机中信息的表示

一、数制及其转换

（一）进位计数制

所谓进位计数制，是指用进位的方法进行计数的数制。在日常生活中，人们使用十进制数，这是因为人类是从数手指开始学习计数的。在计算机内部采用二进制数来表示各种信息，其主要原因有三个方面：①二进制数在物理上最容易实现，与电子元件的二态性相对应；②二进制数的运算规则简单；③二进制数的两个符号"1"和"0"正好与逻辑命题的两个值"真"和"假"相对应。

一切进位计数制都有两个要素：基数和位权值。按基数来进位、借位，用位权值来计数。

一种计数制中数码的个数称为基数，不同的计数制是以基数来区分的。若以 R 代表基数，则：

$R=2$ 为二进制，可使用的数字为 0，1，共 2 个数符；

$R=8$ 为八进制，可使用的数字为 0，1，2，…，6，7，共 8 个数符；

$R=10$ 为十进制，可使用的数字为 0，1，2，…，8，9，共 10 个数符；

$R=16$ 为十六进制，可使用的数字为 0，…，9，A，B，C，D，E，F，共 16 个数符。

所谓"按基数来进位、借位"，就是在执行加法或减法时，要遵循"逢 R 进一，借一当 R"的规则。例如，二进制数的规则是"逢二进一，借一当二"；十进制数的规则是"逢十进一，借一当十"；十六进制数的规则是"逢十六进一，借一当十六"。

在任何数制中，一个数的每个位置各有一个"位权值"。例如，十进制数 357.65 有 5 个数符，从左到右它们的位权值分别为 10^2，10^1，10^0，10^{-1}，10^{-2}，虽然第二、五两个位置上的数符都是 5，但第二位上的 5 表示 50（5×10^1），第五位上的 5 表示 0.05（5×10^{-2}）。按照"用位权值计数"的原则，十进制数 357.65 的值可以写为

$$(357.65)_{10} = 3 \times 10^2 + 5 \times 10^1 + 7 \times 10^0 + 6 \times 10^{-1} + 5 \times 10^{-2}$$
$$= 300 + 50 + 7 + 0.6 + 0.05$$

在计算机内部，一切信息的存储、处理与传送均采用二进制的形式。但由于二进制数的阅读与书写很不方便，所以，在计算机外部通常将二进制数用十六进制或八进制来表示，这是因为十六进制和八进制与二进制之间有着非常简单的对应关系。表 1-1 为常用计数制的对照表。

表 1-1　各种数制对照表

十进制	二进制	八进制	十六进制
0	0000	0	0
1	0001	1	1
2	0010	2	2
3	0011	3	3
4	0100	4	4
5	0101	5	5
6	0110	6	6
7	0111	7	7
8	1000	10	8
9	1001	11	9
10	1010	12	A
11	1011	13	B
12	1100	14	C
13	1101	15	D
14	1110	16	E
15	1111	17	F

在书写不同进制的数时，常用如下的后缀来标识："B"表示二进制数；"O"或"Q"表示八进制数；"H"表示十六进制数；"D"表示十进制数（通常省略）。

（二）数制的转换

1. 十进制数转换成二进制数

转换方法是，整数部分"除以 2 取余数反序排列"；小数部分"乘 2 取整数正序排列"。

例如，将十进制整数 156 转换成二进制数。

用除 2 取余法，转换过程如下：

```
2 | 156
   2 | 78        取余数  0（最低位）
      2 | 39      取余数  0
         2 | 19    取余数  1
            2 | 9   取余数  1  ↑
               2 | 4  取余数  1
                  2 | 2  取余数  0
                     2 | 1  取余数  0
                        0  取余数  1（最高位）
```

即 156 ＝10011100B。

例如，将十进制小数 0.625 转换成二进制数。用乘 2 取整法，转换过程如下：

$$0.625×2=1.25 \quad 取整 1（最高位）$$
$$0.25×2＝0.5 \quad 取整 0 \quad ↓$$
$$0.5×2＝1.0 \quad 取整 1（最低位）$$

即 0.625 ＝0.101B。

需要说明的是，有的十进制小数不能用二进制小数精确地表示出来，即上述乘法过程永远不能达到小数部分为零而结束。这时可根据精度要求取够一定位数的二进制数即可。

例如，将十进制小数 0.1 转换成二进制数。用乘 2 取整法，转换过程如下：

$$0.1×2=0.2 \quad 取整 0 \quad （最高位）$$
$$0.2×2=0.4 \quad 取整 0 \quad ↓$$
$$0.4×2=0.8 \quad 取整 0 \quad ↓$$
$$0.8×2=1.6 \quad 取整 1 \quad ↓$$
$$0.6×2=1.2 \quad 取整 1 \quad ↓$$
$$0.2×2=0.4 \quad 取整 0 \quad ↓$$

↓   ↓

运算到这里可以看出，乘法过程进入了循环状态，永远无法结束。这时可根据要求取够一定位数的二进制数即可，如取小数点后 5 位，结果就是 0.00011B。

对于既有整数部分又有小数部分的十进制数的转换，可以将两部分的转换分开进

行，最后再将结果合并在一起即可。例如，十进数 156.625 转换成二进制数为 10011100.101B。即

$$156.625 = 10011100.101B$$

2. 二进制、八进制、十六进制数转化为十进制数

对于任意一个二进制数、八进制数、十六进制数，可以写出它的按权展开式，再相加求和即可。例如：

$(1111.11)_2 = 1\times2^3 + 1\times2^2 + 1\times2^1 + 1\times2^0 + 1\times2^{-1} + 1\times2^{-2} = 15.75$

$(A10B.8)_{16} = 10\times16^3 + 1\times16^2 + 0\times16^1 + 11\times16^0 + 8\times16^{-1} = 41\ 227.5$

3. 二进制数与八进制数的相互转换

二进制数转换成八进制数的方法是"三位合一位"法。

例如，将 11111101.101 转换成八进制数：

$$011\quad 111\quad 101\ .\quad 101$$
$$\downarrow\qquad \downarrow\qquad \downarrow\qquad \downarrow$$
$$3\qquad 7\qquad 5\ .\qquad 5$$

转换结果为 11111101.101B ＝ 375.5Q。

八进制数转换成二进制数方法，正好与二进制数转换成八制数的方法相逆，即"一位扩展三位"法。按表 1-1 中的对应关系将每位八进制数化成 3 位二进制数，便可得到转换结果。

4. 二进制数与十六进制数的相互转换

二进制数转换成十六进制数的方法是"四位合一位"法。

例如，将 1110101.01B 转换成十六进制数：

$$0111\qquad 0101\ .\qquad 0100$$
$$\downarrow\qquad\qquad \downarrow\qquad\qquad \downarrow$$
$$7\qquad\qquad 5\qquad\qquad 4$$

转换结果为 1110101.01B ＝ 75.4H。

十六进制数转换成二进制数方法，正好与二进制数转换成十六进制数的方法相逆，即"一位扩展四位"法。按表 1-1 中的对应关系将每位十六进制数化成 4 位二进制数，便可得到转换结果。

例如，将 3A6.C5H 转换成二进制数：

$$3\quad A\quad 6\ .\quad C\quad 5$$
$$\downarrow\quad \downarrow\quad \downarrow\qquad \downarrow\quad \downarrow$$
$$0011\ 1010\ 0110\ .\ 1100\ 0101$$

转换结果为 3A6.C5H ＝ 1110100110.11000101B。

其他进制之间的转换可以通过二进制作为中间桥梁，先转化为二进制数，再转化为其他进制数。

（三）二进制的运算规则

（1）加法：

$$0+0=0 \qquad 0+1=1 \qquad 1+0=1 \qquad 1+1=0\text{（有进位）}$$

（2）减法：

$$0-0=0 \qquad 1-1=0 \qquad 1-0=1 \qquad 0-1=1\text{（有借位）}$$

（3）乘法：

$$0\times0=0 \qquad 0\times1=0 \qquad 1\times0=0 \qquad 1\times1=1$$

（4）除法：

$$0\div1=0 \qquad 1\div1=1$$

可以看出，二进制具有极其简单的运算规则。

二、信息的编码

（一）计算机中数据的单位

计算机中的数据要占用不同数量的二进制位。为了便于表示数据量的多少，引入了数据单位的概念。

1. 位

位（bit）是计算机表示数据的最小单位。在计算机内部，数据均是以二进制来表示的，其中的每一位二进制数称为 1 个位。每个二进制位只有 0 和 1 两种状态，即 1 个 bit 只能表示 1 个 "1" 或 "0"。

2. 字节

字节（Byte）简记为 B。规定 1 个字节等于 8 个二进制数位，即 1Byte＝8 bits。

字节是计算机处理数据的基本单位，计算机的存储器是以字节为单位组织的，存储器的容量也是以字节数来度量的。经常使用的单位有 B、KB、MB、GB、TB 等，换算关系如下：

$$1KB=2^{10}B=1024B$$
$$1MB=1024KB=2^{20}B$$
$$1GB=1024MB=2^{30}B$$
$$1TB=1024GB=2^{40}B$$

3. 字

CPU 进行一次运算所处理的二进制位的集合称为一个字（word），一个字含有的二进制位数称为字长。字长是衡量计算机性能的一个重要标志，字长越长，计算机处理数据的速度越快。

（二）计算机中有符号数的表示

1. 符号位的表示

在计算机中，一切信息都是以二进制数的形式表示的，正负号也不例外。通常规定将一个二进制数的最高位作为符号位，用"0"表示正，用"1"表示负。

把在机器内部存放的正负号数码化后的数称为机器数，把在机器外部存放的由正负号表示的数称为真值。常见的机器数有原码、反码和补码等。

2. 原码

一个数的原码表示如下：符号位用 0 表示正，用 1 表示负；数值部分与该数二进制真值的数值部分相同。例如，+5 的原码为 00000101B（此处假定用一个字节存放机器数），−6 的原码为 10000110B。

注意：0 的原码有两种形式，+0 的原码＝00000000B，−0 的原码＝10000000B。

3. 反码

一个数的反码表示为正数的反码与原码相同；负数的反码，符号位为 1，数值位为原码的数值位按位取反。例如，+5 的反码为 00000101B，−6 的反码为 11111001B。

注意：0 的反码有两种形式，+0 的反码＝00000000B，−0 的反码＝11111111B。

4. 补码

一个数的补码表示方式：正数的补码与原码相同；负数的补码为反码的末位加 1。例如，+5 的补码为 00000101B，−6 的补码为 11111010B。

在计算机内部有符号数的表示，一般采用补码形式。这是因为补码具有一个奇妙的特性：两个数的补码之和等于和的补码，求和时符号位直接参加运算。例如：

$$[5]_补 + [-6]_补 ＝ 00000101B + 11111010B = 11111111B = [-1]_补$$

5. 举例

【例 1-1】　已知某数 X 的原码为 10110100B，试求 X 的反码和补码。

解：由 $[X]_原$＝10110100B 可知，X 为负数。求其反码时，符号位不变，数值部分按位求反；求其补码时，再在其反码的末位加 1。

　　　　　　　原码 1 0 1 1 0 1 0 0
　　　　　　　反码 1 1 0 0 1 0 1 1（符号位不变，数值位取反）
　　　　　　　补码 1 1 0 0 1 1 0 0（末位加 1）

故，$[X]_反=11001011B$，$[X]_补=11001100B$。

【例 1-2】 已知某数 X 的补码 11101110B，试求其真值。

分析：按照负数求补码的逆过程，负数的原码应为补码最低位减 1，然后取反。但是对二进制数来说，先减 1 再取反和先取反再加 1 得到的结果是一样的，故仍可采用取反加 1 的方法。

解：由 $[X]_补=11101110B$ 知，X 为负数，故可采用取反加 1 的方法求其原码。

       补码　1 1 1 0 1 1 1 0

       取反　1 0 0 1 0 0 0 1（符号位不变，数值位取反）

       原码　1 0 0 1 0 0 1 0（末位加 1）

       真值　−0 0 1 0 0 1 0（即−18）

（三）字符在计算机中的表示

计算机除了用于数值计算外，还要处理大量的字符信息，如英文字母、汉字等。在计算机内部，通常采用二进制编码的形式来表示各种字符。

1. ASCII 码

在字符编码中，使用最广泛的是 ASCII 码（american standard code for information interchange），即美国信息交换标准代码。

标准 ASCII 码由 7 位二进制数组成，最大编码数量为 128，即可以表示 128 个不同的字符。标准 ASCII 码在计算机内部存储时，一般在高位补 1 个 0，占用 1 个字节的存储空间。表 1-2 为标准 ASCII 码的编码表。

表 1-2 ASCII 编码表

$b_6b_5b_4$ / $b_3b_2b_1b_0$	000	001	010	011	100	101	110	111
0000	NUL	DLE	SP	0	@	P	`	p
0001	SOH	DC1	!	1	A	Q	a	q
0010	STX	DC2	"	2	B	R	b	r
0011	ETX	DC3	#	3	C	S	c	s
0100	EOT	DC4	$	4	D	T	d	t
0101	ENG	NAK	%	5	E	U	e	u
0110	ACK	SYN	&	6	F	V	f	v
0111	BEL	ETB	'	7	G	W	g	w
1000	BS	CAN	(	8	H	X	h	x
1001	HT	EM	)	9	I	Y	i	y
1010	LF	SUB	*	:	J	Z	j	z

$b_3 b_2 b_1 b_0$ ＼ $b_7 b_6 b_5$	000	001	010	011	100	101	110	111
1011	VT	ESC	+	;	K	[	k	{
1100	FF	FS	,	<	L	\	l	|
1101	CR	GS	−	=	M	]	m	}
1110	SO	RS	.	>	N	∧	n	~
1111	SI	US	/	?	O	_	o	DEL

2. Unicode 码

Unicode 码是为了解决传统的字符编码方式的局限性而产生的。很多传统的字符编码方式都具有一个共同的问题，即允许计算机进行双语环境式的处理，但却无法同时支持多语言环境式的处理（如同时处理中文、英文和阿拉伯文）。

Unicode 码是由 Unicode 组织制订的可以容纳世界上所有常用文字和符号的字符编码方案。目前普遍采用的是 UCS-2 编码，它用两个字节来编码一个字符，所以 UCS-2 最多能编码 65 536 个字符。比如汉字"经"的编码是 0x7ECF（其中 0x 是十六进制数的前缀）。

目前，包括 Windows 在内的许多软件已经可以支持 Unicode 码。

3. 汉字编码

由于 8 位二进制数的单字节编码，最多只能表示 256 个字符，而对于中文来说，常用汉字就有 7000 左右，所以采用单字节编码不足以表示数量众多的汉字字符，故通常采用双字节编码来表示汉字字符。

（1）汉字交换码。汉字交换码是指在不同的计算机系统之间交换汉字信息时所使用的代码标准。1981 年，我国发布了《信息交换用汉字编码字符集：基本集》（GB2312—80），该字符集共收录了 6763 个汉字和 682 个图形符号。2000 年，发布了 GBK18030 编码方案，此方案完全兼容 GB2312—80 标准，是在 GB2312—80 标准基础上的内码扩展规范，共收录了 27 484 个汉字，同时收录了藏文、蒙文、维吾尔文等主要的少数民族文字。

（2）汉字机内码。汉字机内码是计算机内部用来存储和处理汉字信息的代码。但国标码 GB2312—80 并不能直接作为机内码使用，这是因为它忽略了与标准 ASCII 码的冲突问题。比如，汉字"大"的国标码是 3473H，与字符组合"4S"的 ASCII 码相同。为了能区分汉字与 ASCII 码，在计算机内部表示汉字时把交换码两个字节的最高位改为 1，作为机内码。这样当某个字节的最高位是 1 时，必须和下一个最高位同样为 1 的字节组合起来，代表一个汉字；而当某个字节的最高位是 0 时，就代表一个 ASCII 码字符。GBK18030 编码的两个字节中，只有第一个字节的最高位固定为1，其他各位可以自由编码。GBK18030 编码可以直接作为机内码使用，实现了交换码与机内码合二为一。

（3）汉字字形码。所谓的汉字字形码实际上是用来将汉字显示到屏幕上或打印到纸上所需要的图形数据。常用的汉字字形码有两种编码：点阵码和矢量码。点阵码是一种用点阵表示汉字字形的编码，常用的有 16×16 点阵或 24×24 点阵或 48×48 点阵，如图 1-3 所示。已知汉字点阵的大小，可以计算出存储一个汉字所需要的存储空间。例如，用 16×16 点阵表示一个汉字，就是将每个汉字用 16 行、每行 16 个点表示。黑白字符中的一个点需要用 1 位二进制数表示，16 个点需要占用 2 个字节，而16 行就需要占用 32 个字节的存储空间。点阵码的缺点是进行缩放时容易失真。矢量码使用一组数学矢量来记录汉字的外形轮廓，这种字体容易放大和缩小且不会出现锯齿状边缘，屏幕上的字形和打印输出的效果完全一致，且节省存储空间。

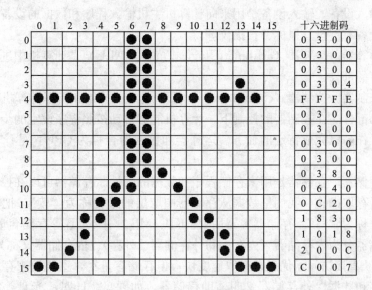

图 1-3　汉字点阵字形

4. 汉字输入码

目前，汉字输入方法有键盘、手写、语音、扫描识别等多种，但是键盘输入法仍是目前最主要的汉字输入方法。根据编码规则是按读音还是字形，汉字输入码可分为流水码、音码、形码、音形结合码四种。例如，全拼输入法、搜狗拼音输入法和微软拼音输入法等为音码，五笔字型输入法为形码。音码重码多，输入速度慢；形码重码少，输入速度快，但是学习和掌握较困难。

■ 第四节　计算机系统

一个完整的计算机系统包括硬件系统和软件系统两大部分。计算机硬件是指计算机系统中的各种物理装置，是计算机系统的物质基础，如 CPU、存储器、输入/输出设备等。计算机软件是相对于硬件系统而言的。软件系统着重解决如何管理和使用机器的问题。硬件和软件是相辅相成的。没有任何软件支持的计算机称为裸机，裸机本身几乎不具备任何功能，只有配备一定的软件，才能发挥其功能。

一、计算机硬件系统

按照冯·诺依曼（Von Neumann，1903～1957）的计算机结构思想，计算机硬件系统由五部分构成，即输入设备、运算器、控制器、存储器和输出设备。

（1）输入设备。输入设备是用来向计算机主机输入程序和数据的设备，计算机常用的输入设备有键盘、鼠标、扫描仪等。

（2）运算器。运算器（arithmetic logical unit，ALU）是计算机中进行算术运算和逻辑运算的部件。

（3）控制器。控制器（control unit，CU）是统一控制和指挥计算机的各个部件协调工作的部件。在控制器的控制下，计算机能够自动按照程序设定的步骤进行一系列指定的操作，以完成特定的任务。运算器和控制器合称为 CPU，是计算机系统的核心部件。

（4）存储器。存储器是用来存储程序和数据的部件。存储器可以在控制器控制下对数据进行存取操作，我们把数据从存储器中取出的过程称为"读"，把数据存入存储器的过程称为"写"。存储器容器用 B、KB、MB、GB、TB 等存储容量单位表示。通常将存储器分为内存储器（内存）和外存储器（外存）。内存储器又称为主存储器，可以由 CPU 直接访问，优点是存取速度快，但存储容量小，主要用来存放系统正在处理的程序和数据。外存储器又叫辅助存储器，如硬盘、U 盘、光盘等。存放在外存中的数据必须调入内存后才能运行。外存存取速度慢，但存储容量大，主要用来存放暂时不用但又需长期保存的程序或数据。

（5）输出设备。输出设备是将计算机处理的数据、计算结果等内部信息按人们要求的形式输出的设备。常见的输出设备有显示器、打印机、绘图仪等。

CPU 和内存储器合称为主机。各种输入设备、输出设备、外存储器称为外部设备。

二、计算机软件系统

所谓软件是指使计算机解决问题所需要的程序、数据和有关文档的总和。数据是程序的处理对象，文档是与程序的开发、维护和使用有关的资料。

软件系统可分为系统软件和应用软件两大类。

（一）系统软件

系统软件由一组控制计算机系统并管理其资源的程序组成，其主要功能如下：启动计算机，存储、加载和执行应用程序，对文件进行排序、检索，将程序语言翻译成机器语言等。实际上，系统软件可以看做用户与计算机的接口，它为应用软件和用户提供了控制、访问硬件的手段，这些功能主要由操作系统完成。此外，编译系统和各种工具软件也属此类，它们从另一方面辅助用户使用计算机。下面分别介绍它们的功能。

1. 操作系统

操作系统（operating system，OS）是管理、控制和监督计算机软、硬件资源协调运行的程序系统，由一系列具有不同控制和管理功能的程序组成，它是直接运行在计算机硬件上的、最基本的系统软件，是系统软件的核心。操作系统是计算机发展中的产物，它的主要目的有两个：一是方便用户使用计算机，是用户和计算机的接口，如用户键入一条简单的命令就能自动完成复杂的功能，这就是操作系统帮助的结果；二是统一管理计算机系统的全部资源，合理组织计算机工作流程，以便充分、合理地发挥计算机的效率。

2. 语言处理系统

如前所述，机器语言是计算机唯一能直接识别和执行的程序语言。如果要在计算机上运行高级语言程序就必须配备程序语言翻译程序（简称翻译程序）。翻译程序本身是一组程序，不同的高级语言都有相应的翻译程序。

对于高级语言来说，翻译的方法有两种。

（1）解释。早期的 BASIC 源程序的执行都采用这种方式。它调用机器配备的 BASIC "解释程序"，在运行 BASIC 源程序时，逐条把 BASIC 的源程序语句进行解释和执行，它不保留目标程序代码，即不产生可执行文件。这种方式速度较慢，每次运行都要经过"解释"，边解释边执行。

（2）编译。它调用相应语言的编译程序，把源程序变成目标程序（以 .obj 为扩展名），然后再用连接程序，把目标程序与库文件相连接形成可执行文件。尽管编译的过程复杂一些，但它形成的可执行文件（以 .exe 为扩展名）可以反复执行，速度较快。

对源程序进行解释和编译任务的程序，分别叫做编译程序和解释程序。例如，FORTRAN、COBOL、PASCAL 和 C 等高级语言，使用时需有相应的编译程序；BASIC、LISP 等高级语言，使用时需用相应的解释程序。

3. 服务程序

服务程序能够提供一些常用的服务性功能，它们为用户开发程序和使用计算机提供了方便，像微机上经常使用的诊断程序、调试程序、编辑程序均属此类。

4. 数据库管理系统

在信息社会里，社会和生产活动产生的信息很多，使人工管理难以应付，人们希望借助计算机对信息进行搜集、存储、处理和使用。数据库系统（data base system，DBS）就是在这种需求背景下产生和发展的。

数据库是指按照一定规则存储的数据集合，可为多种应用共享。数据库管理系统（data base management system，DBMS）则是能够对数据库进行加工、管理的系统软件。其主要功能是建立、消除、维护数据库及对库中数据进行各种操作。数据库系统主要由数据库、数据库管理系统以及相应的应用程序组成。数据库系统不但能够存放大量的数据，更重要的是能迅速、自动地对数据进行检索、修改、统计、排序、合并等操作，以得到所需的信息。这一点是传统的文件柜无法做到的。

数据库技术是计算机技术中发展最快、应用最广的一个分支。可以说，在今后的计算机应用开发中大都离不开数据库。因此，了解数据库技术尤其是微机环境下的数据库应用是非常必要的。

（二）应用软件

为解决各类实际问题而设计的程序系统称为应用软件。从其服务对象的角度，又可分为通用软件和专用软件两类。

（1）通用软件。这类软件通常是为解决某一类问题而设计的，而这类问题是很多人都要遇到和解决的。例如，文字处理、表格处理、电子演示等。

（2）专用软件。在市场上可以买到通用软件，但有些具有特殊功能和需求的软件是无法买到的。比如，某个用户希望有一个程序能自动控制车床，同时也能将各种事务性工作集成起来统一管理。因为它对于一般用户来说太特殊了，所以只能组织人力开发。当然开发出来的这种软件也只能专用于这种情况。

第二章

微型计算机系统

本章主要介绍微型计算机系统的硬件组成。通过介绍微型计算机各组成配件的功能、结构、维护和选购等内容，帮助读者打开学习计算机相关知识的第一扇大门。

微型计算机硬件系统主要由主机和外部设备构成。其中包括算术逻辑单元和控制单元，即 CPU；存储器，包括内部存储器和外部存储器，如 RAM（random access memory）内存条、硬盘；输入设备，如键盘、鼠标、扫描仪等；输出设备，如显示器、打印机、绘图仪等。

■ 第一节 主板

一、主板结构

主板是计算机中各种设备的连接载体，这些设备各不相同，而且主板本身也有芯片组、各种输入/输出控制芯片、扩展插槽、扩展接口、电源插座等元器件，因此必须制定一个标准以协调各种设备的关系。所谓主板结构就是根据主板上各元器件的布局排列方式、尺寸大小、形状、所使用的电源规格等制定出的通用标准，所有主板厂商都必须遵循。

主板结构有很多种，主要包括 ATX（advanced technology extended）、Micro ATX、EATX、WATX 及 BTX（balanced technology extended）等结构。其中，EATX 和 WATX 多用于服务器/工作站主板；ATX 是目前市场上最常见的主板结构，扩展插槽较多，PCI（peripheral component interconnection）插槽数量在 4～6 个；Micro ATX 是 ATX 结构的简化版，就是常说的"小板"，扩展插槽较少，PCI 插槽数量在 3 个或 3 个以下，多用于品牌机并配备小型机箱；而 BTX 则是 Intel 制定的最新一代主板结构。

（1）线路板。PCB（printed circuit board）印刷电路板是所有计算机板卡所不可或缺的材料。它实际是由几层树脂材料黏合在一起的，内部采用铜箔走线。一般的PCB线路板有四层，最上和最下的两层是信号层，中间两层是接地层和电源层将接地层和电源层放在中间，可以容易地对信号线作出修正。一些要求较高的主板的线路板可达到6~8层或更多。

(2) 芯片组。芯片组是主板的核心组成部分，按照在主板上的排列位置的不同，通常分为北桥芯片和南桥芯片。①北桥芯片是主桥，其一般可以和不同的南桥芯片进行搭配使用以实现不同的功能与性能。北桥芯片提供对CPU的类型和主频、内存的类型和最大容量、各类插槽、纠错等支持，通常位于主板上接近CPU插槽的位置(图2-1)，由于此类芯片的发热量一般较高，所以在此芯片上装有散热片。②南桥芯片。南桥芯片主要用来与输入/输出设备及ISA (industrial standard architecture) 设备相连，并负责管理中断及DMA (direct memory access) 通道，让设备工作得更顺畅，同时提供对键盘控制器、实时时钟控制器、USB (universal serial BUS)、数据传输方式和高级能源管理等的支持，通常位于接近PCI槽的位置。

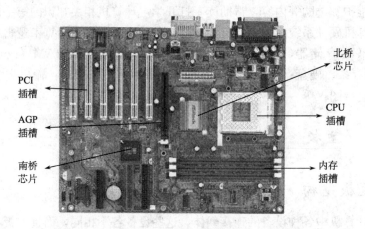

图 2-1   ATX 主板结构图

(3) 晶振。晶振是石英晶体振荡器的简称，如图2-2所示。它是时钟电路中最重要的部件，它的主要作用是向显卡、网卡、主板等配件的各部分提供基准频率。主板上晶振主要包括以下四种。①时钟晶振：与时钟芯片相连、频率为14.318MHz、工作电压为1.1~1.6伏；②实时晶振：与南桥芯片相连、频率为32.768MHz、工作电压为0.4伏左右；③声卡晶振：与声卡芯片相连、频率为24.576MHz、工作电压为1.1~2.2伏；④网卡晶振：与网卡芯片相连、频率为25.000MHz、工作电压为1.1~2.2伏。主板上几乎所有的频率都是以时钟晶振为基础的，如果它们损坏，主板将不能正常工作。

(4) CPU插槽。CPU插槽就是主板上安装CPU的地方。目前CPU的接口大都是针脚式接口，Intel新推出的Socket 775为触点式接口。不同类型的CPU要匹配不

图 2-2 晶振

同的 CPU 插槽，它们在插孔数、体积和形状等方面都有变化，不能互相接插。目前，主流的 CPU 插槽主要有 Intel 的 Socket 775、478 和 AMD 的 Socket 754、939、AM2 等几种。其中，Socket 775 支持酷睿系列处理器；Socket 478 支持 Pentium 4 系列处理器；Socket 754、939 和 AM2 插槽均支持 AMD 的 Athlon 64、Athlon 64 FX、Sempron 这三个系列的处理器。

（5）内存插槽。内存插槽是主板上用来安装内存的地方。目前常见的内存插槽为 SDRAM（synchronous dynamic RAM）内存插槽和 DDR（double data rate）内存插槽。不同内存插槽的引脚、电压、性能、功能都不同，不同的内存在不同的内存插槽上不能互换使用。

（6）PCI 插槽。PCI 插槽是基于 PCI 局部总线的扩展插槽。其颜色一般为乳白色，在主板上的位置如图 2-1 所示。PCI 插槽的位宽为 32 位或 64 位，工作频率为 33MHz，最大数据传输率为 133MB（32 位）和 266MB（64 位）。PCI 插槽可插接显卡、声卡、网卡、内置调制解调器（Modem）、内置 ADSL Modem、USB2.0 卡、IEEE1394 卡、IDE 接口卡、RAID 卡、电视卡、视频采集卡及其他多种扩展卡。PCI 插槽是主板的主要扩展插槽，通过插接不同的扩展卡可以获得目前计算机能实现的几乎所有功能，是名副其实的"万用"扩展插槽。

（7）AGP 插槽。图形加速端口（accelerated graphics port，AGP）的简称，它是 Intel 为了提高受到 PCI 总线结构性能限制的高档 PC 机的图形处理能力而开发的一种标准。它不是一种总线，而是一种接口规范。AGP 插槽是应用于显示卡的专用插槽。它直接与主板的北桥芯片相连，且该接口让视频处理器与系统主存直接相连，避免形成系统瓶颈，增加 3D 图形数据传输速度。在显存不足的情况下还可以调用系统主内存，因此它拥有很高的传输速率，这是 PCI 等总线无法比拟的。AGP 插槽主要可分为 AGP 1X/2X/PRO/4X/8X 等类型。

（8）ATA 接口。ATA（advanced technology attachment）接口是用来连接硬盘和光驱等设备的接口，如图 2-3 所示。早期的 ATA 接口是并行 ATA，最高传输速率可达到 133MB/S。目前市场主流是串行 ATA 接口，采用 Serial ATA 3.0 标准，它的传输速率可达到 600MB/S，而且这个数值还会增长。较之并行 ATA 接口，串行 ATA 接口具有轻薄、接线灵活、支持热插拔、功耗低、散热快、安装简便等优点。

（9）电源插口及主板供电部分。目前电源插座主要是 ATX。其作用是把 220 伏的交流电源转换为计算机内部使用的 5 伏、12 伏、24 伏的直流电源。另外还有 BTX 电源。它与 ATX 电源兼容，其内部结构和工作原理也基本相同，BTX 电源是 Intel 定义并引导的平台新规范。BTX 架构，可支持下一代计算机系统设计的新外形，使其能够在散热管理、系统尺寸和形状，以及噪声方面实现最佳平衡。

（10）BIOS 及电池。BIOS（basic input/output system，基本输入输出系统）是计算机中最基础、最重要的程序，这段程序保存在主板上一块不需要供电的 EPROM（erasable programmable read-only memory）或 EEPROM（electrically EPROM）芯片中，外观如图 2-4 所示。它为计算机提供最底层的、最直接的硬件控制与支持。CMOS（complementary metal oxide semiconductor）是主板上的一块可读写的 RAM 芯片，主要用来保存当前系统的硬件配置和操作人员对某些参数的设定。CMOS RAM 芯片由系统通过一块后备电池供电，因此无论是在关机状态中，还是遇到系统掉电情况，CMOS 信息都不会丢失。这里大家需要明确 BIOS 与 CMOS 的区别。CMOS 芯片只有保存数据的功能，而对 CMOS 中各项参数的修改要通过 BIOS 的设定程序来实现。

图 2-3　主板 ATA 接口

图 2-4　主板 BIOS

（11）外部接口。主板的外部接口统一集成在主板后半部。用不同的颜色表示不同的接口，以免搞错。如图 2-5 所示，一般键盘和鼠标都是采用 PS/2 圆口，只是键盘接口一般为蓝色，鼠标接口一般为绿色，便于区别。并口是一个 25 针的双排 D 型接口，非常普遍地应用于连接打印机的接口，也可用于少部分连接数码相机、扫描仪和游戏手柄等设备。串口是一种很老式的接口，为一个 9 针的 D 型接口，除了用来

连接老式鼠标，已经基本没什么用了。很多新主板只提供了一个这样的接口。USB
接口为扁平状，可接 Modem、光驱、扫描仪等 USB 接口的外设。按照速度的不同可
以划分为 USB1.0 和 USB2.0 两种，后者提供了速率为 480Mbps 的高速传输。较之
以前的串口和并口，USB 接口实现了真正的热插拔。IEEE1394 接口也时常被称为
"数码接口"，分为"大口"和"小口"两种不同的连接方式。"大口"是 6 针接口，
相对"小口"增加了一对电源线，增强对外设的供电，多用于台式计算机。"小口"
多见于 DV 和便携式计算机等移动设备。音频接口部分，一般包括声道输入、扬声器
输出和麦克风输入三个接口。

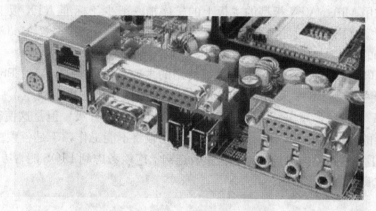

图 2-5　　主板外部接口

二、主板的主要性能指标及选购

（1）支持 CPU 的类型与频率范围。CPU 插座类型的不同是区分主板类型的主要
标志之一，尽管主板型号众多，但总的结构是很类似的，只是在诸如 CPU 插座等细
节上有所不同，现在市面上主流的主板 CPU 插槽分 Socket 370、Socket A、Socket
478、Slot 1 和 Slot A 等几类，它们分别与对应的 CPU 搭配。CPU 只有在相应主板
的支持下才能达到其额定频率，CPU 主频等于其外频乘以倍频，CPU 的外频由其自
身决定。而由于技术的限制，主板支持的倍频是有限的，这样，就使得其支持的
CPU 最高主频也受限制。另外，现在的一些高端产品，出于稳定性的考虑，也限制
了其支持的 CPU 的主频。因此，在选购主板时，一定要使其能足够支持所选的
CPU，并且留有一定的升级空间。

（2）对内存的支持。内存插槽的类型决定了主板所支持的内存类型，插槽的线
数与内存条的引脚数一一对应。内存插槽一般有 2～4 个，表现了其不同程度的扩
展性。

（3）对显示卡的支持。对于采用 i815、sis630/730、VIA KM133 等芯片组整合
了显示功能的主板，是否提供额外的 AGP 插槽也是其一项重要指标。没有 AGP 插

槽的主板就几乎等于失去了升级显示卡的可能。因此，对显示系统有较高要求的用户，不适宜采用这种主板。

（4）对硬盘与光驱的支持。主板上的 IDE （integrated drive electronics） 接口是用于连接 IDE 硬盘和 IDE 光驱的，IDE 接口为 40 针和 80 针双排插座，主板上都至少有两个 IDE 设备接口，分别标注 IDE1，或 Primary IDE 和 IDE2 或 Secondary IDE。

（5）扩展性能与外围接口。除了 AGP 插槽和内存插槽外，主板上还有 PCI、ISA 等扩展槽标志了主板的扩展性能。PCI 是目前用于设备扩展的主要接口标准，声卡、网卡、内置 Modem 等设备主要都接在 PCI 插槽上。主板上一般设有 2~5 条 PCI 插槽，且采用 Mirco ATX 板型的主板上的扩展槽一般少于标准 ATX 板上扩展槽的数量。一般家庭用户，可能需要一个 PCI 槽接声卡，另一个接内置 Modem 或网卡，再考虑以后的升级需要，三个 PCI 插槽可能是最低的要求。

（6）BIOS 技术。现在市场上的主板使用的主要是 Award、AMI、Phoenix 几种 BIOS。早期主板上 BIOS 采用 EPROM 芯片，一般用户无法更新版本，后来采用了 Flash ROM （内存），用户可以更改其中的内容以便随时升级。但是这使得 BIOS 容易受到病毒的攻击，而 BIOS 一旦受到攻击，主板将不能工作，于是各大主板厂商对 BIOS 采用了种种防毒的保护措施，在主板选购上应该考虑到 BIOS 能否方便地升级，是否具有优良的防病毒功能。

第二节　CPU

CPU 也就是我们常说的微处理器。CPU 是计算机的核心，其重要性就像大脑对于人一样，因为它负责处理、运算计算机内部的所有数据。CPU 的种类决定了操作系统和相应软件的处理能力。

一、CPU 的发展

CPU 的生产领域里，Intel 是当之无愧的龙头老大。从 1968 年，Intel 成立到今天，40 多年的历史改变了世界，也一直领跑 CPU 的发展。

1971 年 1 月，Intel 研制成功世界上第一枚 4 位微处理器芯片 Intel 4004，标志着第一代微处理器问世。在其后的 20 多年里，CPU 经历了 8008、8080、8086、80386、、80486 等阶段。

1993 年 3 月 Pentium 芯片问世 （图 2-6）。它的处理能力比 4004 处理器提升了 2400 倍。随后几年，Intel 又陆续发布了 Pentium2、Pentium3 和 Pentium4 处理器。Intel 发布的采用 NetBurst 架构的 Pentium4 系列处理器，它包括 Willamette、Northwood 和 Prescott 等三种采用不同核心的产品。这三种处理器的最高频率，分别达到 2.0GHz、3.4GHz 和 3.8GHz。

图 2-6 奔腾

图 2-7 酷睿 2

CPU 一直追求着高速度，其制作工艺也更加精细。现在大部分 CPU 厂商都采用 45 纳米工艺制造处理器。制造工艺的提高，意味着体积更小，集成度更高，耗电更少。处理器发展到今天，时钟频率已经接近现有生产工艺的极限。同时，散热问题也越来越成为一个无法逾越的障碍。实际上，在 Pentium4 推出后不久，就在批评家那里获得了"电炉"的美称。更有好事者用它来玩煎蛋的游戏。

大家越来越认识到，单纯速度的提升已无法明显提升系统的整体性能。于是多核技术给人们带来了新的希望。它把两个或两个以上的处理器核集成在一块芯片上，在多个内核上分配工作负荷。较之单核处理器能带来更高的性能和生产力优势。

目前，多核 CPU 主要有酷睿 2 双核、酷睿 2 四核、酷睿 i7-980X 六核处理器等（图 2-7）。

"多核毫无疑问是一个趋势，但也是个不得已的选择。"国家智能计算机中心主任孙凝辉这样评价说，"十年以后，多核这条道路可能就到头了。"在他看来，一味增加并行的处理单元是行不通的。并行计算机的发展历史表明，并行粒度超过 100 以后，程序就很难写，能做到 128 个以上的应用程序很少。CPU 到了 100 个核以上后，现在并行计算机系统遇到的问题，在多核 CPU 中一样会存在。

CPU 在技术上是已经到达了顶点，还是遭遇暂时的瓶颈？这仍然是一个有争议的话题。让我们一起关注 CPU 前进的脚步吧。

二、CPU 的分类

CPU 的分类主要有以下五种方法。

（1）按照位数分，有 8 位、16 位、32 位和 64 位微处理器。

（2）按照生产商分，主要品牌有 Intel 和 AMD。其他还有 Cyrix、IBM 等。如图 2-8、图 2-9 所示。

（3）按照机型分，有台式计算机 CPU 和便携式计算机 CPU。

（4）按照频率分，对于 Intel 的 Pentium 4，可分为 1.7GHz、1.8 GHz、2.0 GHz、2.4 GHz、3.0 GHz。

图 2-8　AMD CPU

图 2-9　Cyrix 和 IBM　CPU

（5）按照封装形式，可分为传统针脚式 Socket 架构 CPU 和插卡式 Slot 架构 CPU 两种。

三、CPU 的主要性能指标

描述 CPU 性能的指标有很多，包括主频、工作电压、缓存、制作工艺和核心数目等。

（1）主频，也就是 CPU 的工作频率。主频越高，CPU 的速度就越快。外频就是系统总线的工作频率；而倍频则是指 CPU 外频与主频相差的倍数。用公式表示：主频＝外频×倍频。我们通常说的赛扬 433、PⅢ 550 都是指 CPU 的主频。

（2）工作电压，也就是 CPU 正常工作所需的电压。早期 CPU（386、486）的工作电压一般为 5 伏，现在主流 CPU 的工作电压大多低于 1.5 伏。低电压能解决耗电过大和发热过高的问题，这对于便携式计算机尤其重要。

（3）L1 高速缓存，也就是我们经常说的一级高速缓存。在 CPU 里面内置高速缓存可以提高 CPU 的运行效率。内置的 L1 高速缓存的容量和结构对 CPU 的性能影响较大，不过高速缓存均由静态 RAM 组成，结构较复杂，在 CPU 管芯面积不能太大的情况下，L1 级高速缓存的容量不可能做得太大。

（4）L2 高速缓存，指二级高速缓存。由于 L1 高速缓存容量的限制，为了再次提高 CPU 的运算速度，在 CPU 外部放置高速存储器，即 L2 高速缓存。Pentium Pro 处理器的 L2 和 CPU 运行在相同频率下，成本昂贵。为降低成本，Intel 生产了一种不带 L2 的 CPU，名为赛扬。

（5）制造工艺。在生产 CPU 过程中，要加工各种电路和电子元件，制造导线连接各个元器件。其生产的精度以微米（μm）来表示，精度越高，生产工艺越先进。在同样的材料中可以制造更多的电子元件，连接线也越细，提高 CPU 的集成度，CPU 的功耗也越小。这样 CPU 的主频也可提高，0.25 微米的生产工艺最高可以达到 600MHz 的频率，而 0.18 微米的生产工艺 CPU 可达到 GHz 的水平上。现在很多笔记本的 CPU 已经采用了 65 纳米的生产工艺了，目前最新的 CPU 已经采用了 45 纳米的制作工艺。

（6）核心数目。在单核频率的提升渐渐接近极限的今天，多核 CPU 渐渐成为市场的主流。CPU 的核心数目也由双核发展为三核、四核及更多核。目前，多核心技术在应用上的优势有两个方面：为用户带来更强大的计算性能；更重要的，则是可满足用户同时进行多任务处理和多任务计算环境的要求。

四、CPU 的选购

目前市场上主要有两个 CPU 品牌可供选择：Intel 和 AMD。

Intel CPU 的性能、稳定性和兼容方面通常表现更佳，而 AMD 品牌 CPU 一般是以浮点运算性能见长，主要表现在性价比要稍高一些，而且对游戏的支持更好一些，这也是网吧选择 AMD CPU 比较多的原因之一。但支持 AMD CPU 的主板没有支持 Intel CPU 的主板那么多，所以选择余地也就要小一些。另外，普通应用选择 32 位 CPU 即可，如果用于玩大型游戏，可以选择 64 位 CPU。

如果选择 Intel CPU，至少应选择具有 800MHz 前端总线频率的 Pentium 4 处理器，现在一般都是具有 800MHz 前端总线或以上的双核心 Pentium Dual，或者 Core 2 Duo 双核心处理器（主频至少是 1.8GHz，目前最新的一般在 3GHz 左右）。如果是新装机，建议选择双核心，甚至四核心的 CPU。但要注意的是，如果是自己组装计算机，则在选择 CPU 时一定要同时与主板的选购综合考虑，因为 CPU 也要安装在主板上，必须得主板支持才行。

如果你选择的是 AMD CPU，则建议选择 64 位的 Athlon64 以上型号，最好是双核心，甚至四核心的 Athlon64 CPU，因为 AMD 在 64 位处理方面，相对来说比 Intel 更有优势，特别适用于复杂运算，如大型游戏环境，这也是 AMD 一直与 Intel 竞争的技术法宝。

至于如何识别这些 CPU，事实上，在 Pentium 4 以前，还有一定的规律可循，但现在的处理器系列和型号太多了，很难总结出全面适用的规律。不同品牌和系列的 CPU 的识别方法不一样，比较复杂。大家可以借助于工具软件来测试，如 Intel 的

CPU 可以用 Intel Processor Frequency ID Utility，AMD 的 CPU 可以用 AMD CPU Information Display Utility 工具软件测试，这样更可靠些。

第三节　存储器

存储器是用来存放数据的装置，其功能如仓库一样。存储器可分为内部存储器和外部存储器两类。内部存储器简称内存，主要用于临时存放系统中的数据，其存取速度较快，但存储容量较小，而且断电后数据会丢失。外部存储器称为外存或辅存，主要用于存放永久性的数据，其存储容量大，但存取速度比内存慢，如硬盘、光驱和 U 盘等。另外，现在常用的闪存、移动硬盘等也属于存储器。

一、内存

（一）内存的功能

图 2-10　内存条

内存是计算机中重要的部件之一，它是与 CPU 进行沟通的桥梁。其外观如图 2-10 所示。计算机中所有程序的运行都是在内存中进行的，因此内存的性能对计算机的影响非常大，内存的容量和存取速度直接影响 CPU 处理数据的速度。内存的作用是暂时存放 CPU 中的运算数据，以及与硬盘等外部存储器交换的数据。只要计算机在运行中，CPU 就会把需要运算的数据调到内存中进行运算，当运算完成后 CPU 再将结果传送出来，因此内存的稳定运行也决定了计算机的稳定运行。

内存分为许多单元，每个单元以字节为单位。为了区分不同的内存单元，需要给每个单元编上不同的号码，这个编号叫做地址。CPU 对内存的访问就是按照地址进行的。

由于在计算机系统内部，内存单元中的数据和地址信号都是二进制形式，不易区分。我们可以把内存想象为宾馆，内存单元相当于房间，内存单元中的内容相当于旅客，地址对应房间号。由于旅客是经常变化的，而房间号是不变的，所以我们访问房间要先给出房间号。

在图 2-11 所示的内存中，存放了两个数据分别叫做 DAT1 和 DAT2，其中 DAT1 的值为 34333231H，DAT2 的值为 5678H。由于内存以字节为单位存储数据，所以 DAT1 占用 4 个

DAT1	31H	0
	32H	1
	33H	2
	34H	3
DAT2	78H	4
	56H	5

图 2-11　内存单元

字节，对应的地址是 0，1，2 和 3；DAT2 占用 2 个字节，对应的地址为 4 和 5。

（二）内存的分类

内存一般采用半导体存储单元，可分为 RAM、ROM（read-only Memory）和 Cache。

1. RAM

既可以从 RAM 中读取数据，也可以写入数据。当计算机电源关闭时，存于其中的数据就会丢失。

RAM 是用来存储操作系统和应用程序指令和数据的临时区域。在个人计算机中，可以把 RAM 看做计算机处理器的"候车室"。RAM 中不仅保存着未经处理的指令和数据，同时，已经处理过的数据也在 RAM 中等待写入外存。

比如，使用一种软件来计算学生的总分和平均分。需要通过键盘或者其他输入设备将未经处理的数据输入，这时数据暂存在 RAM 中。软件中用来计算总分和平均分的指令也同时送入 RAM。处理器会利用这些指令来计算总分和平均分并把结果送回到 RAM，再由 RAM 转存至外存或在显示器上输出或通过打印机打印出来。

另外，RAM 中还要存储操作系统中用于控制计算机系统基本功能的指令。每次开机时这些指令就会被载入并一直保持在内存中，直到关闭计算机。

常见的 RAM 包括静态随机存储器（SRAM）、动态随机存储器（DRAM）和同步动态随机存储器（SDRAM）。

SRAM，是一种具有静止存取功能的内存，不需要刷新电路即能保存它内部存储的数据。其优点是速度快，不必配合内存刷新电路，可提高整体的工作效率。缺点是集成度低，功耗较大，相同的容量体积较大，而且价格较高，少量用于关键性部件以提高效率。

DRAM，是最为常见的系统内存。DRAM 使用电容存储，只能将数据保持很短的时间。为了保持数据，必须每隔一段时间刷新一次，如果存储单元没有被刷新，存储的信息就会丢失。

SDRAM，是 DRAM 的一种，同步是指存储器工作时需要同步时钟，内部命令的发送与数据的传输都以时钟为基准。

目前我们的内存条都是支持 DDR SDRAM。老的存储技术我们称为 DDR1，现在市场上的主流内存条都是 DDR2 和 DDR3，未来还有 DDR4 和 DDR5。DDR2 的工作频率在 $800 \sim 1000 \text{MHz}$，DDR3 的工作频率在 $1300 \sim 1600 \text{MHz}$。未来的 DDR4 和 DDR5 将有更高的传输速率和更低的能耗。

2. ROM

在制造 ROM 的时候，信息（数据或程序）就被存入并永久保存。这些信息只能读出，一般不能写入，即使机器停电，这些数据也不会丢失。

主板上的 ROM 中包含了一部分指令叫做 ROM BIOS。这些指令告诉操作系统如何访问硬盘，找到操作系统，并且把操作系统载入 RAM。

常见的 ROM 包括 EPROM、EEPROM 和 Flash ROM。

EPROM 可利用高电压将资料编程写入，抹除时将线路曝光于紫外线下，则资料可被清空，并且可重复使用。通常在封装外壳上会预留一个石英透明窗以方便曝光。

EEPROM，工作原理类似 EPROM，但是抹除的方式是使用高电场来完成，因此不需要透明窗。

FLASH ROM 又称为闪存，它是 EEPROM 的变种。但是比 EEPROM 的速度更快。闪存不能以字节为单位改写数据，因此不能代替 RAM。

EPROM、EEPROM、Flash ROM 的基本性能同 ROM，但可改写。一般读出比写入快，写入需要比读出更高的电压。而 Flash ROM 可以在相同电压下读写，且容量大、成本低，如今在 U 盘、MP3 中使用广泛。

3. Cache

Cache 是一种高速、小容量的临时存储器，通常由 SRAM 构成。

设置 Cache 的原因，首先是 CPU 的速度和性能提高很快而主存速度较低；其次是基于程序访问的局部性原理。对大量典型程序运行情况的分析结果表明，在一个较短的时间内，由程序产生的地址往往集中在存储器逻辑地址空间的很小范围内。因此，对这些地址的访问就自然地具有时间上集中分布的倾向。根据这个原理，就可以在主存和 CPU 之间设置 Cache，把正在执行的指令地址附近的一部分指令或数据从主存调入高速缓存，供 CPU 在一段时间内使用。系统不断地将与当前指令集相关联的一个不太大的后继指令集从内存读到 Cache，然后再与 CPU 高速传送，从而达到速度匹配。

CPU 对存储器进行数据请求时，通常先访问 Cache。由于局部性原理不能保证所请求的数据百分之百地在 Cache 中，这里便存在一个命中率问题，即 CPU 在任一时刻从 Cache 中可靠获取数据的几率。命中率越高，正确获取数据的可靠性就越大。一般来说，Cache 的存储容量比主存容量小得多，但不能太小，也没有必要过大，而且当容量超过一定值后，命中率不会随容量的增加而明显增长。只要 Cache 的空间与主存空间在一定范围内保持适当比例的映射关系，Cache 的命中率还是相当高的。

通过前面 CPU 部分的学习，我们知道 Cache 通常被集成在 CPU 芯片内部。因此，缓存大小也在很大程度上影响着 CPU 的性能，具体内容请参考第二章第一节相关内容。

（三）内存的性能指标及选购

内存的性能指标包括存储速度、存储容量等。

内存的存储速度用 CPU 存取一次数据的时间来表示。内存的速度经常用纳秒和 MHz 来衡量。一纳秒等于十亿分之一秒。纳秒数越少意味着内存刷新数据所需的时间越少，内存越快。比如，8 纳秒的内存就比 10 纳秒的内存要快。MHz 数越高意味着内存越快，如 533 MHz 的内存就比 400 MHz 的内存要快。

内存容量是指一台计算机实际配置的内存储器的容量。现在微机的存储容量一般以 GB 为单位。容量越大，计算机性能功能就越好。

一方面，随着 CPU 的数据处理能力越来越强、速度越来越快，内存速度能否跟上 CPU 的速度并提供足够的运算数据已成为系统发展的"瓶颈"。另一方面，由于造价较高，内存的容量有限，所以提高内存速度和加大内存容量已经成为内存发展的主要决定因素。

目前较常见的内存品牌有三星、现代、胜创、金邦、威刚和金士顿等，用户可根据自己的实际情况进行选择。目前主流的内存容量是 2GB，用户可以选择使用一根 2GB 的内存条，便于日后升级。

经过长时间的使用，内存条表面会沾满灰尘，造成内存条与内存插槽之间的电阻变大，阻碍电流通过，严重时会造成计算机无法正常开机，出现黑屏并且主板不停地报警。这时可先把内存条拔下，用毛刷清扫一下内存插槽，再重新插入内存即可解决故障。

二、外存储器

计算机系统包括多种外部存储器，如软盘驱动器、硬盘驱动器和光盘驱动器。各种驱动器都有它们的优点和缺点。其中，硬盘因为存储容量大、访问时间短、价格低等原因成为主要的外存储器。软盘和磁带在今天的计算机系统当中已经不多见了。

每种存储器都包含两个主要组成部分：存储介质和存储设备。存储介质包括磁盘、CD 或其他的能够包含信息的物质。存储设备就是能在相应的存储介质上记录和恢复数据的机器设备。

硬盘、软盘和磁带等所使用的存储技术叫做磁性存储，通过盘片表面的微小的磁性颗粒来存储数据。磁性存储介质上的数据可以通过简单地调整颗粒的磁化方向以进行修改或删除。

（一）硬盘

1. 硬盘的结构与工作模式

从外观上看，硬盘是一个长方形的盒子，如图 2-12 所示。其正面面板与底板结合形成一个密封的整体，将内部设备隔离起来，不仅保证了硬盘的稳定运行，还能隔绝灰尘。硬盘采用全密封设计，具有容量大、可靠性高以及断电后数据不丢失等特点。

图 2-12 硬盘

硬盘的内部结构非常复杂，主要由主轴电机、盘片、磁头与传动臂等部件组成，其中磁头与盘片构成整个硬盘的核心。当硬盘工作时，主轴电机带动盘片高速旋转，而旋转时所产生的浮力使磁头飘浮在盘片上方，磁头随传动臂沿盘片径向移动，进行数据的读写操作。

磁头是硬盘进行数据存取工作的主要工具。它通过全封闭式的磁阻感应，将信息记录在硬盘内部特殊的介质上。目前所使用的硬盘磁头为巨磁阻（GMR）磁头，这种磁头采用多层结构、由磁阻效应更好的材料制成，使目前硬盘的容量提高了 10 倍以上。

磁头的移动是靠磁头驱动机构来实现的，它由电磁线圈电机、磁头驱动小车及防震动装置构成。高精度的轻型磁头驱动机构能够对磁头进行正确的驱动和定位，并能在很短的时间内精确定位系统指定的磁道。

硬盘驱动器通常包括一个或多个盘片，以及与盘片关联的读写磁头。硬盘盘片由刚性平坦的铝或玻璃制成，表面涂满了磁性氧化物的颗粒。

当磁盘旋转时，磁头若保持在一个位置上，则每个磁头都会在磁盘表面划出一个圆形轨迹，这些圆形轨迹就叫做磁道。磁盘上的信息便是沿着这样的轨道存放的。磁盘上的每个磁道被等分为若干个弧段，这些弧段便是磁盘的扇区，每个扇区可以存放512 个字节的信息。磁盘驱动器在向磁盘读取和写入数据时，要以扇区为单位。硬盘通常由重叠的一组盘片构成，每个盘面都被划分为数目相等的磁道，并从外缘的"0"开始编号，具有相同编号的磁道形成一个圆柱，称之为磁盘的柱面。磁盘的柱面数与一个盘面上的磁道数是相等的。由于每个盘面都有自己的磁头，所以，盘面数等于总的磁头数。

硬盘的工作模式分为 NORMAL、LBA（logical block addressing）和 LARGE 三种。NORMAL 模式是老式硬盘的常用工作模式，其支持的最大容量是 528MB。LBA 模式支持的最大容量是 8.4GB。LARGE 模式，是目前广泛采用的一种模式，主要应用于柱面超过 1024 而 LBA 模式又不支持的容量超过 8.4GB 的硬盘。

2. 硬盘的性能指标

硬盘的性能指标主要包括接口类型、容量、转速、缓存、平均访问时间和保护技术等方面。

（1）硬盘的数据接口为硬盘与主板进行数据交换提供路径。目前硬盘接口主要有 ATA、SATA 和 SCSI 三种。ATA 接口也称为 IDE 接口，是目前硬盘中普遍采用的接口标准。具有兼容性高、速度快及价格低廉等优点。SATA 接口采用串行连接方式，能对数据传输指令进行检查，若发现错误会自动校正，从而提高了数据传输的可靠性。ATA 和 SATA 主要用于 PC。SCSI 接口是一种多用途的高速度传输接口，主要用于高端领域和服务器领域，还可应用于光盘和扫描仪等。

（2）容量表示硬盘能够存储多少数据，通常以 GB 为单位，是硬盘最主要的参数。目前主流硬盘容量是 320～1500GB。影响容量的因素是单碟容量和碟片数量。容量的计算公式是：硬盘容量＝柱面数×扇区数×磁头数×512B。在购买硬盘之后，细心的人会发现，在操作系统当中硬盘的容量与官方标称的容量不符，都要少于标称容量，容量越大则这个差异越大。比如，80GB 的硬盘只有 75GB；而 120GB 的硬盘则只有 114GB。这并不是厂商或经销商以次充好欺骗消费者，而是硬盘厂商对容量的计算方法和操作系统的计算方法不同造成的。众所周知，在计算机中是采用二进制，因此，在操作系统中对容量的计算是以每 1024 为一进制的，即 1024 字节为 1KB，1024KB 为 1MB，1024MB 为 1GB；而硬盘厂商在计算容量方面是以每 1000 为一进制的，即 1000 字节为 1KB，1000KB 为 1MB，1000MB 为 1GB，这二者进制上的差异造成了硬盘容量"缩水"。另外，硬盘需要分区和格式化，操作系统之间存在着差异，再加上安装操作系统时复制文件的行为，硬盘会被占用更多空间，所以在操作系统中显示的硬盘容量和标称容量会存在差异，硬盘的两类容量差值在 5%～10%应该是正常的。

（3）转速是硬盘主轴电机的旋转速度，也就是硬盘盘片在一分钟内所能完成的最大转数。转速的快慢是硬盘性能的重要标志之一，在很大程度上直接影响到硬盘的速度。硬盘的转速越快，硬盘寻找文件的速度也就越快，相对的硬盘的传输速度也就得到了提高。目前主流的硬盘转速都在每分钟 7200 转。

（4）缓存是硬盘控制器上的一块内存芯片，具有极快的存取速度，它是硬盘内部存储和外界接口之间的缓冲器。由于硬盘的内部数据传输速度和外部界面传输速度不同，缓存在其中起到一个缓冲的作用。缓存的大小与速度是直接关系到硬盘的传输速度的重要因素，能够大幅度地提高硬盘整体性能。目前市场上硬盘的缓存大小有8MB、16MB和32MB。

（5）平均访问时间是指磁头从起始位置到达目标磁道位置，并且从目标磁道上找到要读写的数据扇区所需的时间。平均访问时间体现了硬盘的读写速率，它包括硬盘的寻道时间和等待时间，即平均访问时间＝平均寻道时间＋平均等待时间。硬盘的平均寻道时间是指硬盘的磁头移动到盘面指定磁道所需的时间。硬盘的等待时间是指磁头已处于要访问的磁道，等待所要访问的扇区旋转至磁头下方的时间。

（6）硬盘的保护技术主要包括有 SMART 技术、3D 保护技术、Seashield 技术、DFT 技术和"热拔插"技术等。SMART 技术是指自我检测、分析及报告技术。应用 SMART 技术能够检测硬盘的工作状态，预测硬盘使用寿命。3D 保护技术是美国希捷公司独有的一种技术，主要包括磁盘保护、数据保护和诊断保护三个方面的内容。

3. 硬盘的使用、维护及选购

硬盘是计算机中非常精密的设备，因此在日常使用过程中需要小心维护。

我们在日常使用中经常见到硬盘灯猛闪的情况，这时不要担心，它可能是你下载文件时线程过多造成的，或者 CPU 占用率高，虚拟文件读写造成的。硬盘读写频繁对机械和磁头所造成的损耗都在合理的范围之内。但是，在硬盘进行读、写操作处于高速旋转状态时，若突然断电，可能会使磁头与盘片之间产生猛烈摩擦而损坏硬盘。因此，特别注意不要在频繁断电的环境下使用硬盘。也要尽量避免在硬盘读写时冷启动或者做其他加重 CPU 负荷的事情（比如玩大型游戏时欣赏音乐，或者以较高的速度下载数据时玩大型 3D 游戏等），这些对硬盘的伤害比一般人想象的要大得多。

硬盘喜欢清洁的环境。机箱要每隔半年左右清理一下灰尘。机箱要牢固，以免发生共振或共振太大。放置计算机的桌子也不要摇摇晃晃的。移动机箱时一定要停机断电。

每隔两三个月整理一下硬盘的碎片。这样做可以减少磁头移动，降低硬盘磁头寻道的负荷。

硬盘一旦安装使用，要尽量避免插拔硬盘的数据线和电源连接线。硬盘与其他设备的连接线可供插拔的次数是有限的。所以能不插拔就尽量不动它。虽然SATA v2.0及以上版本的技术已经支持热插拔，但还要主板也支持才行。而且即使硬盘和主板都支持了热插拔，还有一个系统和操作技巧问题。

选购硬盘时首先注意不要买水货。水货与正品硬盘的主要区别体现在两方面：质量和服务。目前市场上的水货硬盘，来源比较复杂，零散地周转到用户手中，频繁装卸过程中造成损坏的情况也是有的，生产中的问题也会出现。一些经销商在出售水货的时候保障服务跟不上。行货硬盘与水货硬盘最大的直观区分就是有无包装盒，当然区区一个包装盒对于销售商而言简直是小菜一碟，以水货硬盘外加行货包装盒来欺骗消费者的事也屡有发生。对于这类手段，大家可以通过国内代理商的保修标贴和硬盘顶部的防伪标识来确认。

目前比较大的硬盘厂商有 IBM、昆腾、西部数据、希捷、迈拓等，另外还有富士通、日立、三星和 NEC 等品牌。我们认为只要是正规大厂的产品而且不是水货，由正规代理商出具三年质保，完全可以值得信赖，一般转速越高、缓存越大、接口越先进、容量越大的硬盘价格越高。

（二）虚拟存储技术

虚拟存储技术并不是一种新技术，它是随着计算机技术的发展而发展起来的。该技术的使用最早始于 20 世纪 70 年代。由于当时的存储器，特别是内存成本非常高、容量也很小，大型应用程序或多程序应用受到很大的限制。为了克服这样的限制，人们就采用了虚拟存储技术，其中最典型的应用就是虚拟内存技术。

有时我们需要同时运行几个大型的应用程序，但很少会出现内存不足的情况，这是因为现在计算机的操作系统对系统内存进行了非常合理的分配。如果一个程序超出了分配的内存，操作系统就会在硬盘上开辟一块区域，叫做虚拟内存，来存储部分程序数据。计算机通过有选择性的交换内存和虚拟内存中的数据，大大提升了存储能力。

总之，虚拟内存技术，就是把内存与外存有机地结合起来使用，从而得到一个容量很大的"内存"。

（三）光驱

1. 光盘的基本原理及维护

光盘（图 2-13）可分为两类，一类是只读型光盘，其中包括 CD-Audio、CD-Video、CD-ROM、DVD-Audio、DVD-Video、DVD-ROM 等；另一类是可记录型光盘，它包括 CD-R、CD-RW、DVD-R、DVD＋R、DVD＋RW、DVD-RAM、Double Layer DVD＋R 等各种类型。

图 2-13　光盘

CD 光盘的容量在 700MB 左右，DVD 光盘的单面容量在 4.7GB 左右。DVD 的激光头是橙红色，而蓝光的波长更小，因此蓝光的光盘容量更大，可达到单面单层 25GB，双面 50GB 的容量。

我们常见的 CD 光盘非常薄，只有 1.2 毫米厚，分为五层，包括基板、记录层、反射层、保护层、印刷层等。

基板是无色透明的聚碳酸酯板，在整个光盘中，它不仅是各功能性结构的载体，更是整个光盘的物理外壳。

记录层是光盘刻录信号的地方。其主要的工作原理是在基板上涂抹专用的有机染料，以供激光记录信息。一次性记录的CD-R光盘主要采用钛菁有机染料。激光对基板上涂的有机染料烧录成一个接一个的"坑"，这样有"坑"和没有"坑"的状态就形成了"0"和"1"的信号，这一连串的"0"和"1"的信号就组成了二进制代码，从而能够表示特定的数据。这些"坑"是不能恢复的，这也就意味着此光盘不能重复擦写。对于可重复擦写的CD-RW光盘而言，所涂抹的不是有机染料，而是碳性物质。当激光在烧录时，不是烧成一个接一个的"坑"，而是通过改变碳性物质的极性，来形成特定的"0"和"1"代码序列。这种碳性物质的极性是可以重复改变的，这也就表示此光盘可以重复擦写。

反射层是反射光驱激光光束的区域，借反射的激光光束读取光盘片中的资料。其材料是纯度为99.99%的纯银金属。

保护层是用来保护光盘中的反射层及记录层，防止信号被破坏。

印刷层是印刷盘片的客户标识、容量等相关资讯的地方，在光盘的背面。其实，它不仅可以标明信息，还可以起到一定的保护光盘的作用。

购买光盘时，我们第一眼看到的是它们的颜色，因此习惯上我们把光盘叫做白金盘、黄金盘、蓝盘等。白金盘与黄金盘都使用钛菁染料，钛菁染料本身是淡黄色，它和反射层结合后呈现金色，因此被称做金盘。金盘的稳定性相当好，但是它在刻录时对激光头功率有较高的要求，同时它和光驱的兼容性也不是太好。后来有些厂家在光盘中加入银介质，于是便出现了白金盘，白金盘的兼容性和稳定性都不错，是目前市场上的主流。蓝盘、水蓝盘、深蓝盘，都指的是采用金属化偶氮（AZO）染料的光盘，由于AZO染料和光盘的银质反射层结合后呈蓝色，因此被称做蓝盘。蓝盘的质量稳定可靠，在音乐CD刻录方面表现优秀。除了这些光盘，市场上还有一些如红色、黑色、紫色等颜色的光盘，这些光盘是在反射层内添加一些染色剂，从而改变了光盘的颜色。

另外，购买光盘时还应该留心看一下光盘内圈的防伪喷码、环码和厚度。环码也印刷在光盘的内圈，它为我们提供了盘片的生产厂家、速度、批次等信息。光盘厚度一定不能太厚，太厚的盘片有可能是为了掩盖品牌等信息而二次喷漆形成的。

光盘放置应尽量避免落上灰尘并远离磁场。取用时以手捏光盘的边缘和中心为宜，如图2-14所示。光盘表面如发现污渍，可用干净棉布蘸上专用清洁剂由光盘的中心向外边缘轻揉，切勿使用汽油、酒精等含化学成分的溶剂，以免腐蚀光盘。光盘在闲

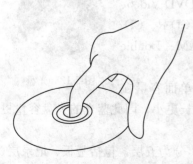

图2-14　正确取用光盘

置时严禁用利器接触光盘，以免划伤。若光盘被划伤会造成激光束与光盘信息输出不协调及信息失落现象，如果有轻微划痕，可用专用工具打磨恢复原样。

2. 光驱的分类和结构

光盘驱动器，简称光驱，是专门用来读取光盘数据或进行数据刻录的外部存储设备。如图 2-15、图 2-16 所示。按读取和写入光盘的类型可以将光驱分为 CD-ROM 驱动器、DVD-ROM 驱动器、康宝（COMBO）驱动器和刻录机驱动器。

图 2-15 光驱正面　　　　图 2-16 光驱背面

CD-ROM 驱动器，是一种只读光存储器。它是最常见的光驱类型，使用它能读取 CD 和 VCD 格式的光盘，以及 CD-R 格式的刻录光盘，具有价格便宜、稳定性好等特点。

DVD 驱动器，是一种可以读取 DVD 碟片的光驱，除了兼容 DVD-ROM、DVD-Video、DVD-R、CD-ROM 等常见的格式外，对于 CD-R/RW、CD-I、Video-CD、CD-G 等都能很好地支持。

"康宝"驱动器是人们对 COMBO 驱动器的俗称。而 COMBO 驱动器是一种集合了 CD 刻录、CD-ROM 和 DVD-ROM 为一体的多功能光存储产品。

刻录机驱动器，包括了 CD-R、CD-RW 和 DVD 刻录机等，其中 DVD 刻录机又分 DVD+R、DVD-R、DVD+RW、DVD-RW 和 DVD-RAM。刻录机的外观和普通光驱差不多，只是其前置面板上通常都清楚地标着写入、复写和读取三种速度。

光驱的内部结构从理论上来讲，无论是以前的 CD 光驱、DVD 光驱还是如今主流的 DVD 刻录机，大致都是相同的。如图 2-17 所示，主要结构包括激光头组件、驱动机械部分、电路及电路板、IDE 解码器及输出接口、控制面板及外壳等部分。其中激光头组件、驱动机械部分是在维修光驱时需要重点了解的部分，因为许多故障都出自这两个部位。

光驱的驱动机械部分主要由三个小电机组成：碟片加载机构由控制进、出盒电机组成，主要完成光盘进盒和出盒；激光头进给机构由进给电机驱动，完成激光头沿光盘的半径方向由内向外或由外向内平滑移动，以快速读取光盘数据；主轴旋转机构主要由主轴电机驱动完成光盘旋转。

图 2-17　光驱的内部结构

　　光驱的激光头组件是最重要也是最脆弱的部件，如图 2-18 所示，它主要包括激光发生器（又称激光二极管）、半反光棱镜、物镜、透镜及光电二极管等。

图 2-18　　光驱激光头

当光驱在读光盘时，从光电二极管发出的电信号经过转换，变成激光束，再由平面棱镜反射到光盘上。由于光盘是以凹凸不平的小坑代表"0"和"1"来记录数据，所以它们接受激光束时所反射的光也有强弱之分，这时反射回来的光再经过平面棱镜的折射，由光电二极管变成电信号，经过控制电路的电平转换，变成只含"0"、"1"信号的数字信号，计算机就能够读出光盘中的内容了。

3. 光驱的性能参数

可能很多读者会认为光驱的速度越快，其性能就越高。其实，光驱的速度只是指其驱动电机的转速，而要真正衡量其性能高低，还要看下面六个指标。

（1）传输速率，这是光驱最基本的性能指标，该指标直接决定了光驱的数据传输速度，通常以 KB/s 来计算。最早出现的 CD-ROM 的数据传输速率只有 150KB/s，当时有关国际组织将该速率定为单速，而随后出现的光驱速度与单速标准是一个倍率关系，如 2 倍速的光驱，其数据传输速率为 300KB/s，4 倍速为 600KB/s，8 倍速为 1200KB/s，12 倍速时传输速率已达到 1800KB/s，依此类推。目前市场上光驱的最大读取倍速有 12 倍速，16 倍速，18 倍速等。

（2）CPU 占用时间，指光驱在维持一定的转速和数据传输速率时所占用 CPU 的时间。该指标是衡量光驱性能的一个重要指标，从某种意义上讲，CPU 的占用率可以反映光驱的 BIOS 编写能力。优秀产品可以尽量减少 CPU 占用率，这实际上是一个编写 BIOS 的软件算法问题，当然这只能在质量比较好的盘片上才能反映。如果碰上一些磨损非常严重的光盘，CPU 占用率自然就会直线上升，如果用户想节约时间，就必须选购那些读"磨损严重光盘"的能力较强、CPU 占用率较低的光驱。

（3）Cache 容量，也有些厂商用 Buffer Memory 表示。它的容量大小直接影响光驱的运行速度。其作用就是提供一个数据缓冲，它先将读出的数据暂存起来，然后一次性进行传送，目的是解决光驱速度较 CPU 慢的问题。

（4）平均访问时间，即"平均寻道时间"，作为衡量光驱性能的一个标准，是指从检测光头定位到开始读盘这个过程所需要的时间，单位是豪秒，该参数与数据传输速率有关。

（5）容错性，尽管目前高速光驱的数据读取技术已经趋于成熟，但仍有一些产品为了提高容错性能，采取调大激光头发射功率的办法来达到纠错的目的，这种办法的最大弊病就是人为地造成激光头过早老化，减少产品的使用寿命。

（6）稳定性，指一部光驱在较长的一段时间（至少一年）内能保持稳定的、较好的读盘能力。

4. 光驱的维护和选购

光驱是一个非常娇贵的部件，加上使用频率高，寿命的确很有限。因此，很多商家对光驱部件的保修时间要远短于其他部件。其实影响光驱寿命的主要是激光头，激光头的寿命实际上就是光驱的寿命。延长光驱的使用寿命，应注意以下六点。

（1）保持光驱、光盘清洁。光驱采用精密光学部件，光学部件最怕灰尘污染。灰尘来自于光盘的装入、退出的整个过程，光盘是否清洁对光驱的寿命也有直接影响。所以，光盘在装入光驱前应进行必要的清洁，对不使用的光盘要妥善保管，以防灰尘污染。

（2）定期清洁保养激光头。光驱使用一段时间后，激光头染上灰尘，使光驱读盘能力下降。具体表现为读盘速度减慢，显示屏画面和声音出现马赛克或停顿，严重时可听到光驱频繁读取光盘的声音。这些现象对激光头和驱动电机及其他部件都有损害。因此，使用者要定期对光驱进行清洁保养或请专业人员维护。

（3）保持光驱水平放置。在机器使用过程中，光驱要保持水平放置。其原因是光盘在旋转时会因重心不平衡而发生变化，轻微时可使读盘能力下降，严重时可能损坏激光头。有些人使用光驱在不同的机器上安装软件，常把光驱拆下拿来拿去，甚至随身携带，这对光驱损害很大。其危害是光驱内的光学部件、激光头因受震动和倾斜放置发生变化，导致光驱性能下降。

（4）关机前取盘。光驱内一旦有光盘，不仅计算机启动时要有很长的读盘时间，而且光盘也将一直处于高速旋转状态。这样既增加了激光头的工作时间，也使光驱内的电机及传动部件处于磨损状态，无形中缩短了光驱的寿命。因此，关机前最好取出光盘。

（5）减少光驱的工作时间。在硬盘空间允许的情况下，可以把经常使用的光盘做成虚拟光盘存放在硬盘上，如教学软件、游戏软件等，这样以后可直接在硬盘上运行。如果需要经常播放影碟，建议将播放内容拷入硬盘或者买一个廉价的低速光驱专门用来播放 VCD。

（6）正确开、关盘盒。无论哪种光驱，前面板上都有出盒与关盒按键，利用此按键开关光驱盘盒是正确的方法。按键时手指不能用力过猛，以防按键失控。用手直接推回盘盒的操作对光驱的传动齿轮是一种损害，最好不要这样开关盘盒。另外，多利用媒体播放程序中的"弹出"盘盒功能，以减少故障发生率。

另外，大家尽量少用盗版光盘，盗版光盘的盘片质量较差，激光头需要多次重复读取数据，使得电机和激光头增加了工作时间，从而大大缩短了光驱的使用寿命。

总的来说，要想自己的光驱"长寿"，维护是必不可少的。但是，选购一款好的光驱才是所有工作的开始。

光驱的品牌大致可分为四类：日本品牌，包括索尼、东芝、松下、日立、NEC、三洋等；韩国品牌，包括三星、LG、高士达、现代等；中国台湾品牌，包括精英、BTC、华硕等；新加坡品牌，包括创新、维用等；其他一些如飞利浦等品牌就难以一一罗列了。

总的来说，日本品牌的光驱较为稳定，性能曲线平坦，长期使用后性能下降不明显，噪声较小，但读盘能力一般，面板设计保守，往往不带播放键，样式庄重但不甚美观；韩国品牌的光驱一般读盘能力较好，面板设计也较好，但长期使用后性能下降明显，噪声也较大；中国台湾品牌的光驱读盘能力比韩国的略差，面板很有特色，性能也比韩国品牌稳定，但噪声大了一些；新加坡品牌的光驱读盘能力比日本品牌好一点，面板设计非常美观，按键手感舒适，创新的部分产品还带有智能遥控器，但性能仍不如日本品牌稳定，噪声稍大了一点。当然，这里指的是一般情况，具体情况可能会随产地、组装水平、某一特定品牌等因素而有所不同。

现在光驱速度的选择余地很大，4～48 倍速都可以在市场上找到。具体选用何种光驱要根据需求来定。总的来说，用于一般家庭娱乐、玩光盘游戏的朋友可以考虑购买 8～16 倍速的光驱；对于不经常安装使用大型软件或经常用计算机看 VCD 的朋友来说，4 倍速光驱具有不错的读盘能力和低廉的价格，值得考虑；使用的光盘质量较好，对速度有较高要求的朋友可以购买 24 倍速以上的光驱。

另外，高速光驱的实际传输速率往往达不到理论标称值，不必盲目追求光驱的标称速度。现在有一种说法是光驱速度越高读盘能力越差，这是一个误解。24 倍速光驱都采用了自动降速、恒定角速度（constant angular velocity，CAV）和恒定线速度（constant linear velocity，CLV）混合读取等技术，读盘能力也是相当不错。因此高速光驱的主要弊端并不在于读盘能力差，而在于 CPU 占用率高、噪声大、振动大、耗电量大及发热量高，放入一张质量较差的光盘后，你可明显感到振动并听到转动的噪声，工作一段时间后取出光盘可以感觉到光盘有些烫手。

光驱的产地是一个非常重要的选择依据，却往往被大家忽视。正如日本彩电不一定是在日本生产的一样，现在很多光驱都不在原产地组装，而是在马来西亚、中国香港、中国内地等地方生产，由于组装水平和生产工艺的问题，不同地区生产的同一品牌产品，性能也有差异，甚至每一批产品的质量都有所不同。总的来说，原产地最好，马来西亚、中国香港次之，中国内地的组装水平还有待提高。

（四）其他移动存储设备

U 盘是一种可以直接插入计算机 USB 接口使用的移动存储设备，其特点是读写速度快、可重复读写、容量大（图 2-19）。U 盘中的文件可以像硬盘上的文件一样打开、编辑和删除。同时，U 盘中的程序也可以直接运行。

在使用 U 盘时常见的故障是无法读取 U 盘内容，原因主要是前置面板的 USB 接口供电不足或数据线过长。此时可将 U 盘直接插入机箱后面即可排除故障。

目前 U 盘的容量有 1GB、2GB、4GB、8GB、16GB 和 32GB 几种，知名的厂家有爱国者、联想、金士顿、纽曼等。选购 U 盘时只要是从正规的渠道购买正规厂家的产品，这样的产品一般是可以信赖的。在关注品牌的同时，也要考虑 U 盘的抗震性、数据安全性和速度等几个方面。

随着价格的下降，除了 U 盘以外，移动硬盘也逐渐成为一种常见的移动存储设备（图 2-20）。移动硬盘在工作时采用 USB 接口进行供电并传输数据，具有容量大、读写速度快、支持热拔插等优点。目前市场上移动硬盘存储容量从 40GB 到 4TB 不等。其中个人用户常用的是 80GB、160GB 和 320GB 几种类型。

图 2-19   U 盘   图 2-20   移动硬盘

选购移动硬盘与选购 U 盘的注意事项基本一致，主要考虑品牌、抗震性、数据安全性，除此之外，还有体积大小、散热情况等几个方面。

第四节   输入/输出设备

输入设备是向计算机输入数据和信息的设备，常见的输入设备有键盘、鼠标、摄像头、扫描仪等。输出设备用于将计算机运算处理后的结果以人们可视、可听的方式，如字符、图形、声音及视频等形式表达出来。常见的输出设备有显示器、音箱和打印机等。

一、键盘

键盘是最常见的计算机输入设备，它广泛应用于微型计算机和各种终端设备上。计算机操作者通过键盘向计算机输入各种指令、数据，指挥计算机的工作。计算机的运行情况输出到显示器，操作者可以很方便地利用键盘和显示器与计算机对话，对程序进行修改、编辑，控制和观察计算机的运行。

大部分键盘都有 80～110 个按键，现在市场主流的键盘一般拥有 104 个按键，如图 2-21 所示。为了增加操作的方便性和舒适性，人体工程学键盘、多功能因特网键盘、遥控键盘、手写板键盘等新型键盘不断出现，甚至还有携带方便的可折叠键盘，如图 2-22 所示。这些键盘都集成了一些特别的功能，但基本功能和使用方法与普通的 104 键盘几乎一样。

键盘的分类方法主要有以下两种：

（1）根据按键材料不同，键盘分为机械触点式、薄膜式和电容式。目前键盘以电容式按键为主流，该按键是无触点非接触式，磨损率小，噪声小，手感好。

图 2-21 普通键盘

图 2-22 可折叠键盘

（2）根据接口类型不同，键盘可以分为 PS/2 接口键盘、USB 接口键盘和无线键盘三种。

PS/2 接口键盘上的 PS/2 接口是一种 6 针的圆形接口，传输速度比最早的 AT 接口稍快一些，而且是 ATX 主板的标准接口。键盘接口呈紫色，如图 2-23 所示。USB 接口的键盘支持热插拔和即插即用，所以逐渐成为首选目标。无线连接方式没有键盘连线的束缚，在离计算机主机一定

图 2-23 键盘 PS/2 接口

范围（一般在 5 米左右）内可以随心所欲地移动手中的键盘而不影响操作，特别适用于某些特殊场合。其缺点是价格相对较高，需要额外的电源，必须定期更换电池或充电，而且信号传输相对而言易受干扰。无线连接的具体方式可分为红外、蓝牙和无线电等。

二、鼠标

鼠标是我们和计算机进行交流的主要设备之一，它随着图形化操作系统的出现而诞生，并随着操作系统的广泛使用而普及。鼠标全称是显示系统纵横位置指示器，因形似老鼠而得名"鼠标"。

作为使用最多的输入设备，鼠标的发展不仅仅局限于功能上的改进，其外形也更加标新立异，还会增加比较贴心的附加功能，吸引我们眼球的同时，也刺激着我们的购买欲望。比如，有的鼠标有鲜艳的色彩，有的鼠标有可爱的外形，还有的鼠标可以吹出冷风或者暖风。无论是图 2-24 所示的普通鼠标，还是图 2-25 所示的概念鼠标，其构成都是基本相同的，一般包括左键、滚轮、右键和多个功能键。

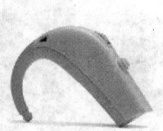

图 2-24　传统鼠标　　　　　　　　　图 2-25　概念鼠标

按照鼠标的接口类型可以将其分为 PS/2 接口鼠标、无线鼠标和 USB 接口鼠标三种。

PS/2 接口鼠标因 PS/2 接口最早出现在 IBM 的 PS/2 计算机上而得名。该类鼠标的接口是一种 6 针的圆形接口，与 PS/2 键盘接口不同的是，这个接口是绿色的。

无线鼠标没有连接线，因而在便利性上优于有线鼠标。不过无线鼠标需要在计算机上安装一个 USB 接口的收发器，用来接收鼠标发出的无线信号进行操作，其有效距离一般在 5 米左右。

USB 接口鼠标已成为市场上的主流产品。选购时最好选购 USB 2.0 标准接口的鼠标。

按照鼠标的工作原理可以将其分为机械式鼠标、光电式鼠标和轨迹球鼠标三种。

机械式鼠标的底部有一个可以自由滚动的小球，如图 2-26 所示。用户通过移动鼠标来带动这个小球转动，从而使鼠标内的感应器向计算机发出相应的鼠标控制命令。由于这种鼠标容易沾上灰尘，所以需要经常清理才能保证其定位精度，目前该类鼠标已基本被淘汰。

光电式鼠标主要由四部分核心组件构成，分别是发光二极管、透镜组件、光学引擎及控制芯片。如图 2-27 所示，在光电鼠标内部，通过发光二极管发出的光线，照亮光电鼠标底部表面（这就是为什么鼠标底部总会发光的原因），然后将光电鼠标底部表面反射回的一部分光线，经过一组光学透镜，传输到一个光感应器件内成像。这样，当光电鼠标移动时，其移动轨迹便会被记录为一组高速拍摄的连贯图像，最后利用光电鼠标内部的一块专用图像分析芯片对移动轨迹上摄取的一系列图像进行分析处理，通过对这些图像上特征点位置的变化进行分析，来判断鼠标的移动方向和移动距离，从而完成光标的定位。现在最先进的鼠标已经采用激光作为定位光线了。

轨迹球鼠标大多应用于便携式计算机，如图 2-28 所示，从外形看上去就像一个倒过来的机械鼠标，其内部原理也与机械鼠标有很多的类似之处。相对一般鼠标，轨迹球由于其设计上的特点，有定位精确、不易晃动等优点，适合图形设计、3D 设计等。不过也由于这个设计上的特点，不太适合一般的游戏等应用。

图 2-26　机械鼠标内部结构　　　　图 2-27　光电鼠标底部　　　　图 2-28　轨迹球鼠标

三、显示器

显示器是计算机中最重要的输出设备，也是人机交互的窗口，只有通过显示器，才能将显卡输出的数据信号转换为人眼可见的光信号，使用户能从显示屏幕中了解计算机的最终输出结果及计算机当前的工作状态。

目前市场上主要的显示器类型有阴极射线管（cathode ray tube，CRT）显示器和液晶显示器（liquid crystal display，LCD）两种，另外还有一种占市场份额较少的等离子显示器，它们是按照显示器的工作原理来进行分类的。下面分别对这三种显示器进行讲解。

（一）CRT 显示器

1. 工作原理

CRT 显示器主要由五部分组成：电子枪、偏转线圈、荫罩、荧光粉层和玻璃外壳（图 2-29）。其工作原理是由灯丝加热阴极，阴极发射电子，然后在加速极电场的作用下，经聚焦积聚成很细的电子束，在阳极高压作用下，获得巨大的能量，以极高的速度去轰击荧光粉层。这些电子束轰击的目标就是荧光屏上的三基色。因此，电子枪发射的电子束不是一束，而是三束，它们分别受计算机显卡 R（红）、G（绿）、B（蓝）三个基色视频信号电压的控制，

图 2-29　CRT 显示器

去轰击各自的荧光粉单元。受到高速电子束的激发，这些荧光粉单元分别发出强弱不同的红、绿、蓝三种光。根据空间混色法产生丰富的色彩，用这种方法可以产生不同色彩的像素，而大量的不同色彩的像素可以组成一张漂亮的画面，而不断变换的画面就成为可动的图像。很显然，像素越多，图像越清晰、细腻，也就更逼真。

CRT 显示器是应用很广的显示器之一，它的图像色彩鲜艳，画面逼真。其中CRT 纯平显示器更是具有可视角度大、无坏点、色彩还原度高、色度均匀、可调节的多分辨率模式、响应时间极短等 LCD 显示器难以超过的优点。但是，CRT 显示器

具有较强的电磁辐射，长时间使用很容易损害视力。

2. 性能指标

CRT 显示器的性能指标主要有显示器大小、点距、刷新率、分辨率等四个方面。

显示器大小指显像管的对角线长度，单位为英寸[①]，如 21 英寸、19 英寸。

点距是显像管水平方向上相邻两个同色像素单元之间的距离，单位为毫米。点距越小，显示屏上的图像就越清晰。市面上主流 CRT 显示器的点距都在 0.21 毫米以下，有些专业显示器可以达到更小的点距。

刷新率就是屏幕画面每秒被刷新的次数，刷新率分为垂直刷新率和水平刷新率，以 Hz 为单位。刷新率越高，图像就越稳定，图像显示就越自然清晰，对眼睛的影响也越小。刷新率越低，图像闪烁和抖动得就越厉害，眼睛疲劳得就越快。一般来说，如能达到 80 Hz 以上的刷新频率就可完全消除图像闪烁和抖动感，眼睛也不会太容易疲劳。

分辨率是指显像管水平方向和垂直方向所显示的像素，通常以"长度×宽度"的形式表示。例如，分辨率为 1024×768 就表示水平方向上能显示 1024 个像素，垂直方向上能显示 768 个像素。一般来说，分辨率越高，屏幕上的像素就越多，图像越精细。

3. 维护与选购

出于环保和自身健康的考虑，当显示器使用一段时间后，一定要注意日常保养与清洁。如果保养清洁不当，很容易缩短显示器的使用寿命，影响其可靠性，以至于产生各种故障。

首先，应将显示器放置在干净清洁的环境中使用，但是灰尘是无孔不入的，建议给显示器买个专用的防尘罩，每次用完计算机应及时罩上防尘罩。这样可最大限度地防止灰尘受静电吸引而跑进显示器内部，造成线路动作异常，影响使用寿命。

其次，不能用任何碱性溶液或化学溶液擦拭 CRT 显示器的玻璃表面。它看似一片坚固的黑色玻璃，其实在这层玻璃上有一层特殊的涂层。这层特殊涂层的主要功能就在于防止使用者在使用时受到其他光源的反光及炫光，同时加强显示器本身的色彩对比效果。不过因为各厂商所使用的这层镀膜材料不尽相同，使得它的耐久程度也会有所差异。因此在清洁时，可选择专用镜面擦拭纸、干面纸、干绒布或沾少量清水的湿绒布，小心地从屏幕中心向外擦拭。另外，注意避免硬物触碰显示器的镜面，以免刮伤。

再次，在摆放显示器时还要注意地磁干扰对显示器产生影响，反应在显示效果上

---

① 1 英寸＝2.54 厘米。

就是偏色，所以显示器的摆向最好是南北（面朝南或面朝北），东西摆向的显示器出现偏色的概率可能会更大一些。不要在显示器周围堆放杂物，以保证显示器的正常散热。

最后，特别需要注意的是，由于显示器内部有高压（断电后，显示器内部的高压包仍可能有余电），如果想清除显示器内部的灰尘，必须请专业人员操作，不能私自拆卸显示器外壳，以免造成高压触电的严重后果。

目前，市场上 CRT 显示器的品牌按受欢迎程度排列，主要有以下五种：三星、优派、飞利浦、AOC、LG，其他还有 ACER、长城、三菱等品牌。

市场上主流的 CRT 显示器是 17 英寸和 19 英寸的纯平 CRT 显示器。选购时应从正规的渠道选择正规品牌的显示器。这样，产品质量有保证，同时售后也可以得到保证。究竟如何来选择 CRT 显示器呢？

先将显示器的最佳分辨率设置为 1024×768，刷新率设置为 85Hz。然后，将显示画面调整到满屏。打开显示器的 OSD 菜单，将对比度和亮度均调到最小，然后看看屏幕是否全黑，部分低档显示器会略显发灰。之后调节亮度和对比度到个人的适合位置，看看屏幕左上角"我的电脑"四个字是否清晰，并将这个图标拖动到屏幕四个角，以及屏幕中心看看屏幕整体聚焦情况如何。最后是与颜色相关的一个问题——色纯，色纯不好的显示器，颜色看起来很"脏"，在全屏幕显示同一种色彩时尤其明显。我们可以将桌面的背景调成红、黄或蓝色来查看色纯情况。

（二）LCD

1. 工作原理

LCD 如图 2-30 所示。什么是液晶呢？液晶是一种介于液体和固体之间的物质，能同时呈现出液体和固体的某些特征。大多数液晶都属于有机复合物。这些晶体分子的物理特性是：当通电时导通，排列变得有秩序，使光线容易通过；不通电时排列混乱，阻止光线通过。液晶的这个特点使得它可以如闸门般阻隔或让光线穿透。

LCD 由两块玻璃板构成，厚约 1 毫米，液晶被灌注到这两个平面之间。这两个平面上布有细槽且这些槽相互垂直，也就是说，若一个平面上的分子南北向排列，则另一个平面上的分子东西向排列。

图 2-30　LCD

因为液晶材料本身并不发光，所以在显示屏两边都设有作为光源的灯管，而在液晶显示屏背面有一块背光板和反光膜，背光板是由荧光物质组成的，可以发射光线，其作用主要是提供均匀的背景光源。背光板发出的光线在穿过第一层偏振过滤层之后进入包含成千上万液晶液滴的液晶层。液晶层中的液滴都被包含在细小的单元格结构中，一个或多个单元格构成屏幕上的一个像素。

在玻璃板与液晶材料之间是透明的电极，电极分为行和列，在行与列的交叉点上，通过改变电压而改变液晶的旋光状态，液晶材料的作用类似于一个个小的光阀。在液晶材料周边是控制电路部分和驱动电路部分。当 LCD 中的电极产生电场时，液晶分子就会产生扭曲，从而将穿越其中的光线进行有规则的折射，然后经过第二层过滤层的过滤在屏幕上显示出来。

对于彩色 LCD 而言，还要具备专门处理彩色显示的色彩过滤层。通常，在彩色 LCD 面板中，每一个像素都是由三个液晶单元格构成，其中每一个单元格前面都分别有红色、绿色或蓝色的过滤器。这样，通过不同单元格的光线就可以在屏幕上显示出不同的颜色。

和 CRT 显示器相比，LCD 的优点是很明显的。由于通过控制是否透光来控制亮和暗，当色彩不变时，液晶也保持不变，这样就无须考虑刷新率的问题，所以也就不会有闪烁感且图像很稳定。LCD 还通过液晶控制透光度的技术让底板整体发光，所以它做到了真正的完全平面。一些高档的数字 LCD 采用了数字方式传输数据、显示图像，这样就不会产生由于显卡造成的色彩偏差或损失。LCD 完全没有辐射，即使长时间观看 LCD 屏幕也不会对眼睛造成很大伤害。体积小、能耗低也是 CRT 显示器无法比拟的，一般一台 15 寸 LCD 的耗电量也就相当于 17 寸纯平 CRT 显示器的三分之一。

但是，相比 CRT 显示器，LCD 图像质量仍不够完善。LCD 的色彩表现和饱和度都在不同程度上输给了 CRT 显示器，而且 LCD 的响应时间也比 CRT 显示器长，当画面静止的时候还可以，一旦用于玩游戏、看影碟这些画面更新速度快而剧烈的显示时，液晶显示器的弱点就暴露出来了，画面延迟会产生重影、脱尾等现象，严重影响显示质量。

2. 性能指标

LCD 的性能指标主要有面板亮度、对比度、响应时间、分辨率和可视角度等五个方面。

对 LCD 来说，背光的亮度实际上决定了显示器的亮度。亮度高决定画面显示的层次更丰富，从而提高画面的显示质量。理论上，显示器的亮度是越高越好，不过太高的亮度对眼睛的刺激也比较强，因此没有特殊需求的用户不需要过于追求高亮度。

LCD 的背光源是持续亮着的，而液晶面板也不可能完全阻隔光线，因此 LCD 实现全黑的画面非常困难。而同等亮度下，黑色越深，显示色彩的层次就越丰富，所以 LCD 的对比度非常重要。一般人眼可以接受的对比度在 250∶1 左右，低于这个对比度就会感觉模糊或有灰蒙蒙的感觉。对比度越高，图像的锐利程度就越高，图像也就越清晰。一般 CRT 显示器可以轻易地达到 500：1 甚至更高，而 LCD 达到 400：1 就算是很好了。通常的 LCD 对比度为 300：1，做文档处理和办公应用足够了，但玩游戏和看影片就需要更高的对比度才能达到更好的效果。

响应时间决定了显示器每秒所能显示的画面帧数，通常当画面显示速度超过每秒 25 帧时，人眼会将快速变换的画面视为连续画面，不会有停顿的感觉，因此响应时间会直接影响你的视觉感受。当响应时间为 30 毫秒时，显示器每秒钟能显示 33 帧画面；而响应时间为 25 毫秒时，显示器每秒钟就能显示 40 帧画面。响应时间越短，显示器每秒显示的画面就越多。

LCD 的物理分辨率是固定不变的。而在日常应用中不可能永远都是用一个相同的分辨率，对于 CRT 显示器，只要调整电子束枪的偏转电压，就可接收新的分辨率；但是对于 LCD 就复杂得多了，必须通过运算来模拟出显示效果，而实际上的分辨率并不会因此而改变。此外，由于受到响应时间的影响，LCD 的刷新率并不是越高越好，一般设为 60Hz 最好，也就是每秒钟换 60 次画面，调高了反而会影响画面的质量。所以选择时不必过分追求高的刷新率。

当我们从非垂直的方向观看 LCD 的时候，往往看到显示屏会呈现一片漆黑或者是颜色失真。这就是 LCD 的视角问题。日常使用中可能会几个人同时观看屏幕，所以可视角度应该是越大越好。水平视角 90°～100°，垂直视角 50°～60°就能满足平常的使用了。

另外，液晶面板的厚度、边框尺寸和支架设计也会影响到使用的方便性和美观。

3. 维护与选购

LCD 的维护与 CRT 显示器是基本一致的，这里不再赘述。

LCD 越来越为大家所喜爱，但我们知道它也有缺点，因此，在选购一款适合自己的 LCD 时，最好注意以下三点。

首先，不是越亮越好。亮度就是显示器在呈现画面时所发出的光线强度。一般来说，高亮度的画面看得比较清楚，眼睛比较舒服，但因为 LCD 是利用背光模块来发光，所以增加亮度的直接方法就是增加背光源的亮度，如增加灯管数、采用四灯管设计或增加背光灯的功率。但这种方法有一定的缺点：如果设计不好会造成显示器亮度不均，而且随着亮度的提升，LCD 的功耗及热量也随着提升。这将对 LCD 的散热系统提出更高的要求，如果散热处理不当的话，会缩短背光源的使用寿命。

其次，选择 D-Sub 接头和 DVI 接头。一般 LCD 的信号接头有 D-Sub 和 DVI 两种。D-Sub 就是一般 CRT 屏幕最常用的接头，使用模拟信号，DVI 则是将显卡的信号直接用数字的方式传到屏幕，而不再转成模拟信号。一般来说，采用 DVI 接口的画质会比较好。鉴于目前的显卡一般都配备了 D-Sub 和 DVI 两种接头，所以建议大家考虑提供 D-Sub 和 DVI 双接口的 LCD。

最后，由于显示器具有一定的辐射，在选购时要挑选通过了认证标准的显示器，最为权威的标准是 TCO 安全认证。如图 2-31 所示。TCO 03 是针对 LCD 所制定的最新认证标准，通过 TCO 03 认证的 LCD 在质量上有一定的保障。

图 2-31　认证标志

（三）等离子显示器

等离子显示器是采用了近几年来高速发展的等离子平面屏幕技术的新一代显示设备。目前因为价格偏高，在市场上所占份额还比较少。

四、打印机

（一）打印机的分类及工作原理

打印机（printer）是计算机的重要输出设备之一，用于将计算机处理结果打印在相关介质上。打印机按照工作原理不同可以分为以下三种：针式点阵打印机、喷墨打印机和激光打印机。如图 2-32、图 2-33、图 2-34 所示。

图 2-32　针式打印机　　　图 2-33　喷墨打印机　　　图 2-34　激光打印机

1. 针式点阵打印机

针式点阵打印机是利用直径 0.2～0.3 毫米的打印针通过打印头中的电磁铁吸合或释放来驱动打印针向前击打色带，将墨点印在打印纸上而完成打印动作的。通过对色点排列形式的组合控制，实现对规定字符、汉字和图形的打印。所以，针式点阵打印机实际上是一个机电一体化系统。它由两大部分组成：机械部分和电气控制部分。

机械部分主要完成打印头横向移动、打印纸纵向移动以及打印色带循环移动等任务，电气控制部分主要完成从计算机接收传送来的打印数据和控制信息，将计算机传送来的 ASCII 码形式的数据转换成打印数据，控制打印针动作，并按照打印格式的要求控制字车步进电机和输纸步进电机动作，对打印机的工作状态进行实时检测等。

在众多种类的打印机中，针式点阵打印机由于技术成熟、价格适中并具有中等程度的分辨率和打印速度而得到许多用户的青睐。所以，在目前各种类型的打印机激烈竞争的情况下，针式点阵打印机在打印机市场上仍占有一定的比重。

2. 喷墨打印机

喷墨打印机利用喷头将墨水喷到打印纸上来形成文字和图形。根据其喷墨方式的不同，可以分为热泡式喷墨打印机和压电式喷墨打印机两种。惠普、佳能等公司采用的是热泡式技术，而爱普生使用的是压电式喷墨技术。

彩色喷墨打印机有多个喷头，每个喷头都装满了墨盒里流出的墨。大多数喷墨打印机都采用 CMYK 颜色模式，在这种模式下，只需要青色（cyan）、品红（magenta）、黄色（yellow）和黑色（black）墨水就可以形成上千种颜色。墨盒中的墨水经过压电式技术或者热泡式技术后，最终将不同的颜色喷射到一个尽可能小的点上，而大量这样的点便形成了不同的图案和图像。喷墨打印机能打印的详细程度依赖打印头在纸上打印的墨点的密度和精细度。

3. 激光打印机

激光打印机的主要工作原理是利用静电成像技术。静电能使烘干机中的衣物缠绕成一团，还能形成从云端直扑地面的闪电。实际上静电就是在某种绝缘材料（如气球或你的身体）上积聚的电荷。由于带有相反电荷的原子会相互吸引，所以具有异性静电场的材料会紧贴在一起。

激光打印机的核心部件之一是硒鼓，它的整个表面都带有正电荷。当硒鼓旋转时，打印机会发出微弱的激光束照射到硒鼓的表面上，从而将某些区域的正电荷释放掉。这样，激光就"绘制"出了将要打印内容的一幅静电图像。接下来，打印机在硒鼓的表面涂抹带有正电荷的墨粉。由于它带有正电荷，所以墨粉会黏附在硒鼓表面带有负电荷的图像区域，而不会粘在带有正电荷的"背景"上。粘上墨粉图案之后，当带有负电荷的纸张经过硒鼓时，纸张表面负电荷的强度大于静电图像负电荷的强度，所以墨粉就会被印到纸张上。最后，当纸张通过温度很高的定影器时，原先松散的墨粉会融化，并与纸张纤维融合在一起，从而得到最终清晰的打印页面。这下你该知道为什么从激光打印机中出来的纸张总是有点热了吧？

从本质上说，彩色激光打印机的工作方式与单色激光打印机完全相同，但是它需要进行四次打印才能完成整个打印过程——青色、品红色、黄色和黑色各打印一次。通过按照不同的比例来混合这四种颜色，就可以产生所需要的各种颜色。

与针式打印机和喷墨打印机相比，激光打印机具有输出速度快、分辨率高及运转费用低等优点。

（二）打印机的主要性能指标

各种打印机的工作原理各不相同，综合考虑，衡量打印机的性能指标主要包括分辨率、打印速度和打印耗材等。

分辨率即每英寸打印的点数（dpi），由横向和纵向两方面的点数组成。一般来说，分辨率越高，打印质量就越好。

打印速度以每分钟打印页数为标准，不包括系统处理时间。一般来说，激光打印机的打印速度要比喷墨打印机快，文本打印比图片打印快。

打印耗材指打印机使用的打印纸、墨盒和硒鼓等。不同打印机使用的打印耗材是不同的。墨盒是为喷墨打印机提供墨水的容器，而硒鼓是为激光打印机提供墨粉的容器。

（三）打印机的维护

不同的打印机维护的重点不尽相同。

对于针式打印机，打印头需要每隔一段时间用无水酒精擦洗一下。打印头的位置要根据纸张的厚薄进行调整，不要离得太近。如果发现色带有破损，一定要立即更换新的色带。不要使用破旧色带，否则有可能将打印针挂断。若发现走纸和针头小车运行困难时，不要用手强行移动，要及时查出原因并处理，否则易损坏机械部件和电路。

对于喷墨打印机，应避免用手指或工具碰撞喷嘴面，以防止喷嘴面损伤或杂物、油质等阻塞喷嘴。墨水盒不能放在日光直射的地方，安装墨水盒时注意避免灰尘混入墨水造成污染。墨水应与打印机型号相匹配，以免影响打印质量。

对于激光打印机，也需要定期清洁其内部和外部，以防止灰尘、纸屑等进入。

■ 第五节　适配器

适配器是微机系统中为驱动某一个外部设备而设计的功能模块电路的统称。适配器一般做成一块电路板，插在主板的扩展槽内。适配器必须包含两个接口：一个是与主机连接的总线接口；一个是与外部设备连接的外设接口。适配器又称为"某卡"，如声卡、显卡、网卡等。

一、声卡

声卡也叫音频卡。声卡是多媒体技术中最基本的组成部分，是实现声波与数字信号相互转换的一种硬件。声卡的功能是把来自话筒、磁带、光盘的原始声音信号加以转换，输出到耳机、扬声器、扩音机、录音机等声响设备，或通过音乐设备数字接口（MIDI）使乐器发出美妙的声音。

（一）基本功能

声卡负责进行声音处理。它有三个基本功能：一是音乐合成发音功能；二是混音器和数字声音效果处理器功能；三是模拟声音信号的输入和输出功能。声卡处理的声音信息在计算机中以文件的形式存储。声卡工作要有相应的软件支持，包括驱动程序、混频程序和 CD 播放程序等。

简单来讲，声卡的功能就是把来自话筒、收录音机、激光唱机等设备的语音、音乐等声音变成数字信号交给计算机处理，并以文件形式存盘，还可以把数字信号还原成为真实的声音输出。也就是实现模拟信号和数字信号两者的转换。因此，声卡具有模数转换电路和数模转换电路两部分，模数转换电路负责将麦克风等声音输入设备采到的模拟声音信号转换为数字信号；而数模转换电路负责将数字声音信号转换为喇叭等设备能使用的模拟信号。

声卡尾部从机箱后侧伸出，上面有连接麦克风、音箱、游戏杆和 MIDI 设备的接口。

声卡有板卡式、集成式和外置式三种类型。板卡式声卡拥有很好的性能及兼容性，支持即插即用，如图 2-35 所示。但为了追求更加廉价和简便，集成式声卡就成为了市场的主流。如图 2-36 所示，它集成在主板上，不占用 PCI 接口，且技术日趋成熟，能够满足普通用户对音频的绝大多数需求。外置式声卡通过 USB 接口与主机连接，具有使用方便、便于移动的优点。但这类产品主要应用于特殊环境，因此市场上并不多见。

图 2-35　PCI 声卡

图 2-36　集成式声卡

（二）声卡的主要性能指标及选购

声卡的性能指标均与声音相关。主要有以下三个。

（1）采样的样本深度。有 8 位、16 位和 24 位三种，目前的主流产品都是 24 位。

当用 8 位声卡录音时，可以把声音分为 256 种不同的幅度，当用 16 位声卡录音时，可以把声音分为 65 536 种幅度，依次类推。因此，深度越大，精度越高，录制的声音质量也越好。

（2）最高采样频率。一般声卡提供了 11KHz、22KHz、48KHz 和 96KHz 四种采样频率，目前大部分声卡的采用频率都在 48KHz 以上。我们知道，声波是连续的，而计算机对声波的测量却是断续的，它测量的频率就叫做采样频率。如果声卡只能记录来自一个方向的声音，那么它记录下的声音就是单声道；如果记录两个方向的声音则是立体声。目前的声卡主要有 2.1 声道、5.1 声道、7.1 声道三种。

（3）数字信号处理器。数字信号处理器，一块单独的专门用于处理声音的处理器，它使得计算机处理声音的速度更快，同时提供了更好的音质。不带数字信号处理器的声卡要依赖 CPU 来完成所有工作，不仅降低了速度也使音质减色不少。

另外，声卡上的 CD-ROM 接口类型、是否对因特网提供支持、是否内置混音芯片及声卡的兼容性也是我们衡量声卡性能的指标。

购买声卡的时候，请参考上面的性能指标来选择。除此之外，还要注意一下随卡附带的驱动程序及软件。驱动程序在很大程度上决定着声卡性能的发挥。因此许多著名声卡厂商都很重视对驱动程序的开发和完善。如今的 PCI 声卡的驱动程序及应用软件大都保存在随卡附赠的光盘上，便于使用及保存。

目前主流的声卡品牌有创新、TerraTec、乐之邦、华硕和 B-Link。声卡的价格也从 200 到 2000 元不等。

二、显卡

显卡全称为显示接口卡，又称为显示适配器，是计算机最基本的组成部分之一。显卡的用途是将计算机系统所需要的显示信息进行转换驱动，并向显示器提供行扫描信号，控制显示器的正确显示，是连接显示器和计算机主板的重要元件。对于从事专业图形设计的人来说显卡尤为重要。如图 2-37 所示。

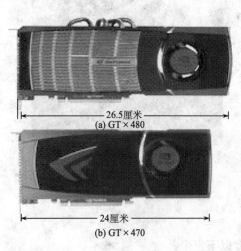

26.5厘米
(a) GT×480

24厘米
(b) GT×470

图 2-37　Fermi GF100 GTX480 和 GTX470 显卡

（一）基本结构

显卡的基本结构包括以下四部分。

（1）图形处理器（graphic processing unit，GPU）。GPU 的功能类似于 CPU。这是 NVIDIA 在发布 GeForce 256 图形处理芯片时首先提出的概念。GPU 减少了显卡对 CPU 的依赖，尤其是在 3D 图形处理时它承担了部分原本属于 CPU 的工作。

从而提供了更好的图像处理效果和更快的处理速度。GPU 的生产厂商主要有 NVIDIA 与 ATI 两家。

（2）显存。它类似于主板的内存。其主要功能就是暂时储存显示芯片要处理的数据和处理完毕的数据。图形核心的性能越强，需要的显存也就越多。目前市面上的显卡大部分采用的是 GDDR3 显存，现在最新的显卡则采用了性能更为出色的 GDDR4 或 GDDR5 显存。显存主要由传统的内存制造商提供，如三星、现代、金士顿等。

（3）显卡 BIOS。它类似于主板的 BIOS。显卡 BIOS 主要用于存放显示芯片与驱动程序之间的控制程序，另外还存有显卡的型号、规格、生产厂家及出厂时间等信息。现在多数显卡的 BIOS 可以通过专用的程序进行改写或升级。

（4）显卡 PCB 板。它类似于主板的 PCB 板，即显卡的电路板。

（二）工作原理

简单来讲，处理数据从 CPU 到达显示屏可以分为两步，第一步是由 CPU 进入显卡，第二步由显卡送至显示屏。详细划分的话，可以分为以下四步。

（1）从总线进入 GPU。将 CPU 送来的数据送到 GPU 里面进行处理。

（2）从 GPU 进入显存。将 GPU 处理完的数据送到显存。

（3）从显存进入数/模转换器。将显存读取出的数据送到数/模转换器进行数据转换的工作（数字信号转模拟信号）。

（4）从数/模转换器进入显示器。将转换完的模拟信号送到显示屏。

（三）产品分类

显卡有集成显卡和独立显卡两类。

集成显卡是将显示芯片、显存及其相关电路都做在主板上，与主板融为一体。集成显卡的显示芯片有单独的，但大部分都集成在主板的北桥芯片中。一些集成显卡也在主板上单独安装了显存，但其容量较小，集成显卡的显示效果与处理性能相对较弱，且不能对显卡进行硬件升级。集成显卡的优点是功耗低、发热量小，部分集成显卡的性能已经可以媲美入门级的独立显卡。

独立显卡是指将显示芯片、显存及其相关电路单独做在一块电路板上，作为一块独立的板卡存在，它需占用主板的扩展插槽（目前主要是 AGP 或 PCI-E 插槽）。独立显卡单独安装了显存，一般不占用系统内存，在技术上也较集成显卡先进得多，与集成显卡相比能够得到更好的显示效果和性能，容易进行显卡的硬件升级；其缺点是系统功耗有所加大，发热量也较大。

（四）显卡主要性能指标及选购

显卡的主要性能指标有以下六个方面。

（1）GPU。显卡的核心是 GPU，GPU 的性能很大程度上决定了显卡的运算能力。目前主流的核心有 Cypress（也叫 RV870，用于 Radeon HD 5800 系列），Juniper（也叫 RV840，用于 Radeon HD 5700 系列），GT200（GTX 200 系列，GTS250 除外）等。

（2）显存位宽。显存位宽是一个时钟周期内能传输数据的位数，它决定了显卡的数据传输能力。目前主流显卡的显存位宽有 128bit、256 bit、384 bit、448 bit 等。

（3）显存类型。显存经过 5 代进化后，目前的主流是 GDDR3 和 GDDR5，而 GDDR4 在同频率下比 GDDR3 延迟大，因此同频率的 GDDR4 性能甚至比 GDDR3 还要弱，现在逐渐退出市场。目前显存厂商以三星、奇梦达、现代为代表。

（4）显存带宽。显存带宽是一个隐藏参数，指显存每秒能传输的数据量。

（5）显存容量。这个比较容易理解。显存容量越大，暂存的数据越多，速度就越快。目前市场上的显卡显存大小有 256MB、512MB、1GB、2GB、4GB 等。

（6）制作工艺。制作工艺是指内部晶体管和晶体管之间的距离，制作工艺越小集成度越高，功耗和发热也越小。目前主流的工艺是 55 纳米和 40 纳米。这个参数并不影响性能，只是跟功耗有关。

选购显卡当然是要看它的各项性能指标，但是仍有几个细节是需要大家注意的。

首先，按需选购。针对自己的实际预算和具体应用来选择。高性能的显卡往往对应着高价格，而显卡是计算机配件中更新较快的产品，因此价格和性能之间要平衡。另外，并不是所有的应用都需要一个高性能的显卡，因此，"够用"远比"用不上"更明智。

其次，不要盲目追求大的显存。显存容量也不是越大越好，提升到一定程度后再增加容量对性能的提升效果不大，因为 GPU 处理的速度是有限的，就算显存足够大，把数据放在那里也没用。因此一块低端的显示芯片配备 1GB 的显存容量，除了大幅提升显卡的价格外，显卡性能的提升并不显著。

再次，关注显卡所属系列。这直接关系到显卡的性能，如 NVIDIA GeForce9 系列，ATI 的 X 系列与 HD 系列等。越新推出的系列显卡往往功能越强大，并且支持更多的特效。

最后，还要注意一下显卡的做工、风扇和散热管是否优良。现在显卡的 PCB 板绝大多数都是 4 层板或 6 层板，层数越多越结实。需要特别注意的是做工精细的显卡应该打磨出斜边，这样在拔插显卡时不容易弄坏扩展槽，而其他三边应该打磨得比较光滑，这样在拔插时就不容易将手划破，显卡挡板应该比较结实，不能太软。由于显卡性能的提高，其发热量也越来越大，所以选购一块带有优质风扇与散热管的显卡十分重要。显卡散热能力的好坏直接影响到显卡工作的稳定性与超频性能。

显卡的品牌主要有七彩虹、影驰、双敏、索泰、微星、昂达等。价格为 300～3000 元。

三、网卡

计算机与外界局域网的连接是通过主机箱内插入一块网络接口板（或者是在便携式计算机中插入一块 PCMCIA 卡）来实现的。网络接口板又称为通信适配器或网络适配器或网络接口卡（network interface card，NIC），简称"网卡"。

1. 基本功能

网卡是局域网中连接计算机和传输介质的接口，不仅能实现与局域网传输介质之间的物理连接和电信号匹配，还涉及帧的发送与接收、帧的封装与拆封、介质访问控制、数据的编码与解码以及数据缓存的功能等。

网卡上面装有处理器和存储器。网卡和局域网之间的通信是通过电缆或双绞线以串行传输方式进行的。而网卡和计算机之间的通信则是通过计算机主板上的 I/O 总线以并行传输方式进行。因此，网卡的一个重要功能就是要进行串行/并行转换。由于网络上的数据率和计算机总线上的数据率并不相同，因此在网卡中必须装有对数据进行缓存的存储芯片。

2. 组成部分

一块网卡主要由 PCB 线路板、主芯片、数据汞、金手指（总线插槽接口）、Boot ROM 槽、EEPROM、晶振、RJ45接口、指示灯、固定片，以及一些二极管、电阻电容等组成。如图 2-38 所示。下面介绍一下其中的五个主要组成部分。

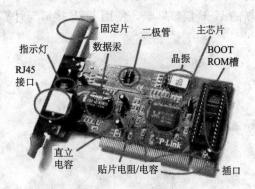

图 2-38　网卡组成

（1）主芯片。网卡的核心元件，一块网卡性能的好坏和功能的强弱，主要就是看这块芯片的质量。它一般采用 3.3伏的低耗能设计、0.35 微米的芯片工艺，这使得它能快速计算流经网卡的数据，从而减轻 CPU 的负担。

（2）Boot ROM 槽。也就是常说的无盘启动 ROM 接口，是用来通过远程启动服务构造无盘工作站的。在 Boot ROM 插槽中心一般还有一颗芯片，它相当于网卡的BIOS，里面记录了网卡芯片的供应商 ID、子系统供应商 ID、网卡的 MAC 地址、网卡的一些配置，如总线上物理层（详见 OSI 参考协议）地址、Boot ROM 的容量、是否启用 Boot ROM 引导系统等内容。

（3）LED 指示灯。一般来讲，每块网卡都有 1 个以上的 LED 指示灯，用来表示网卡的不同工作状态，以方便我们查看网卡是否工作正常。典型的 LED 指示灯有Link/Act、full、power 等。Link/Act 表示连接活动状态，Full 表示是否全双工

(full duplex)，而 Power 是电源指示灯。

（4）晶振。时钟电路中最重要的部件，作用是向显卡、网卡、主板等配件的各部分提供基准频率，由于制造工艺不断提高，现在晶振主要技术指标都很好，已不容易出现故障，但在选用时仍要留意一下晶振的质量。例如，某网卡的时钟电路采用了高精度的晶振，保证了数据传输的精确同步性，大大减少了丢包的可能性，并且在线路的设计上尽量靠近主芯片，使信号走线的长度大大缩短，可靠性进一步增加。而如果采用劣质晶振，这样做虽然可以降低一点网卡成本，但因为频率的准确性问题，极易造成传输过程中的数据丢包。

（5）网线接口。常见网卡接口是 RJ-45 接口。RJ-45 接口网卡通过双绞线连接集线器或交换机，再通过集线器或交换机连接其他计算机和服务器。

3. 产品分类

网卡的分类方法主要有以下三种。

（1）按总线接口类型分。我们一般使用 PCI 接口网卡，如图 2-39 所示，它也是目前主流的个人计算机网卡接口。在服务器上使用的最新的接口类型是 PCI-X 总线接口。便携式计算机所使用的网卡是 PCMCIA 接口类型的。它是便携式计算机专用的，分为两类，一类为 16 位的 PCMCIA，另一类为 32 位的 CardBus。另外，还有最新的 USB 接口网卡，使用 USB 接口与计算机主板相连，如图 2-40 所示。

图 2-39　PCI 接口网卡　　　　图 2-40　USB 接口网卡

（2）按网络接口划分。网卡有一个接口使网线通过它与其他计算机网络设备连接起来。不同的网络接口适用于不同的网络类型，常见的接口有以太网的 RJ-45 接口、细同轴电缆的 BNC 接口和粗同轴电缆的 AUI 接口、FDDI 接口、ATM 接口等。而且有的网卡为了适用于更广泛的应用环境，提供了两种或多种类型的接口。RJ-45 接口网卡是最为常见的一种网卡，也是应用最广的一种网卡，这主要得益于双绞线以太网应用的普及。这种 RJ-45 接口类型的网卡就是应用于以双绞线为传输介质的以太网中。BNC 接口网卡对应于用细同轴电缆为传输介质的以太网或令牌网中。AUI 接口网卡对应于以粗同轴电缆为传输介质的以太网或令牌网中。这两种接口类型的网卡目前很少见，因为用同轴电缆作为传输介质的网络是很少的。FDDI 接口网卡是适应于 FDDI 网络中，它所使用的传输介质是光纤，所以这种 FDDI 接口网卡的接口也是光模接口的。随着快速以太网的出现，它的速度优越性已不复存在，因此目前也非常少见。ATM 接口网卡是应用于 ATM 光纤（或双绞线）网络中。它能提供物理的传输速度达 155Mbps。

（3）按带宽划分。目前主要是 10/100Mbps 网卡、100Mbps 网卡和 1000Mbps 网卡。其中 10/100Mbps 网卡是一种 10Mbps 和 100Mbps 带宽自适应的网卡，也是目前应用最为普及的一种网卡类型。100Mbps 网卡是一种技术比较先进的网卡，一般用于骨干网络中。1000Mbps 的网卡用在千兆以太网中。它是一种高速局域网技术，能够在铜线上提供 1Gbps 的带宽。

4. 无线网卡

随着无线网络技术的成熟和普及，无线网卡也越来越为我们所熟悉，如图 2-41 所示。无线网卡是使你的计算机可以利用无线方式来上网的一个装置，但是有了无线网卡也还需要一个可以连接的无线网络，如果家里或者所在地有无线路由器或者无线接入点（AP）的覆盖，就可以通过无线网卡以无线的方式连接无线网络来上网了。

图 2-41　USB 无线网卡

我们常用的无线网卡有四种：台式计算机专用的 PCI 接口无线网卡；便携式计算机用的 PCMCIA 接口网卡和 MINI-PCI 无线网卡；USB 无线网卡。目前这几种无线网卡在价格上差距不大，在性能、功能上也差不多，按需选择即可。

最后请大家注意无线网卡和无线上网卡的区别。

无线网卡和无线上网卡外观基本一致，二者都可以实现无线上网功能，但其实现的方式和途径却大相径庭。所有无线网卡只能局限在已布有无线局域网的范围内。如果要在无线局域网覆盖的范围以外，也就是通过无线广域网实现无线上网功能，就必须在拥有无线网卡的基础上，同时配置无线上网卡。

也就是说，无线网卡主要应用在无线局域网内用于局域网连接，要有无线路由或无线 AP 这样的接入设备才可以使用，而无线上网卡就像普通的 Modem 一样用在手机信号可以覆盖的任何地方进行 Internet 接入。由于手机信号覆盖的地方远远大于无线局域网的环境，所以无线上网卡大大减少了对地域方面的依赖，对广大个人用户而言更加方便适用。

5. 性能指标及选购

网卡的性能指标主要有以下四个。

（1）网卡速度。网卡的首要性能指标就是它的速度，也就是它所能提供的带宽。

由于我们目前大多采用百兆以太网，因此要选择能达到 100Mbps 的网卡。现在市场上大部分的网卡都是 10M/100M 自适应的。

（2）是否支持全双工。全双工的意思是两台计算机之间能同时向对方传送和接收数据。现在的网卡一般都支持全双工。

（3）对多操作系统的支持。虽然局域网操作系统以 Windows 为主，但是如果你想用 Linux，总不能换一块网卡。现在的大部分网卡驱动程序比较完善，除了能用于 Windows 之外，也能支持 Linux 和 UNIX。

（4）是否支持远程唤醒。远程唤醒就是在一台计算机上通过网络启动另一台已经处于关机状态的计算机。虽然处于关机状态，计算机内置的网卡仍然始终处于监控状态，不断收集网络唤醒数据包，一旦接收到该数据包，网卡就激活计算机电源使得计算机系统启动。这种功能特别适合机房管理人员使用。

选购网卡除了要参考它的性能指标外，还需要注意的就是"按需选择"了。不仅仅要根据自己的用途和网络情况来选择，还要匹配总线接口类型。当然，这都是根据我们的实际需求来确定的。

目前，市场上网卡的主要品牌有 Intel、TP-LINK、D-LINK、B-LINK 等，价格也从几十元人民币到上千元人民币不等。网卡的芯片主要有 Intel 系列、Realtek 系列等。

第六节　机箱和电源

一、机箱

机箱作为计算机的一部分，它的主要作用是放置和固定各种配件，起到一个承托和保护作用。此外，机箱还具有屏蔽电磁辐射的重要作用。

1. 机箱的构成与分类

机箱一般包括外壳、支架、面板上的各种开关、指示灯等。外壳用钢板和塑料结合制成，硬度高，主要起保护机箱内部元件的作用；支架主要用于固定主板、电源和各种驱动器。面板上配有电源键、重启键、电源指示灯和硬盘指示灯。如图 2-42 所示就是普通机箱的外观，为了追求视觉效果的冲击，也有很多个性的机箱，如图 2-43 所示的车轮机箱。

机箱有很多种类型。现在市场比较普遍的是 ATX、Micro ATX 及最新的 BTX 机箱。ATX 机箱是目前最常见的机箱，支持现在绝大部分类型的主板。Micro ATX 机箱是在 ATX 机箱的基础之上建立的，为了进一步的节省桌面空间，因而比 ATX 机箱体积要小一些。各个类型的机箱只能安装其支持的类型的主板，一般不能混用，而且电源也有所差别。

图 2-42　普通机箱　　　　　　图 2-43　车轮机箱

最新推出的 BTX，是 Intel 定义并引导的桌面计算平台新规范。BTX 架构，可支持下一代计算机系统设计的新外形，使行业能够在散热管理、系统尺寸和形状，以及噪声方面实现最佳平衡。

另外，机箱还有超薄、半高、3/4 高、全高，立式、卧式机箱之分。3/4 高和全高机箱拥有三个或者三个以上的 5.25 英寸驱动器安装槽和两个 3.5 英寸软驱槽。超薄机箱只有 1 个 3.5 英寸软驱槽和 2 个 5.25 英寸驱动器槽。半高机箱主要是 Micro ATX 和 Micro BTX 机箱，它有 2～3 个 5.25 寸驱动器槽。

2. 选购

机箱不像 CPU、显卡、主板等配件能迅速提高整机性能，所以一直不被列为重点考虑对象。作为一台计算机的外壳，选购时不能仅仅注意它的外观和价格，机箱质量好坏对系统稳定的运行也会产生很大影响。因此还需要注意以下五点。

（1）可扩展性。一般家用的话，5 英寸驱动器架有 3 个就够了，不必非得追求 4 个甚至更多 5 英寸驱动器架的机箱，除非你以后用来升级或做个人服务器。

（2）机箱的设计。好的机箱在内部设计方面是下了一番工夫的，一般来说各个品牌的机箱之间除了质量上的差异就是设计方面的不同了。有的机箱在 3 英寸和 5 英寸驱动器架的位置安装了一块挡板，能够提高安装在这个位置的驱动器的防尘能力，而且有滑动、推拉、伸缩等多种方式；有些机箱采用了免螺丝设计，如果想拆卸某个部件的话根本不需要螺丝刀，有的就连主板都采取抽拉式的，比较适合经常拆卸计算机的 DIY 玩家使用。很多机箱在前部和后部均留有散热孔以及机箱风扇的位置，如果在这两个位置各安装一个机箱风扇的话，可以大幅度提高整机的散热性能。

（3）质量及工艺。首先掂掂重量，好的机箱由于使用了足够厚的板材，其重量必然不会轻，根据使用材料的不同，机箱重量介于 1～5 千克之间。除了重量，再看看板材是否厚重，用手试试能不能将其弄变形，好的机箱应该十分坚固。然后看一看机箱板材的边缘是否光滑，有无锐口、毛刺等，现在大多数机箱的边缘都做了折边处理，但是有些廉价机箱仅在比较明显的部分做了折边处理，较为隐蔽的地方就偷工减料。如果机箱带有防尘面板的话，开关几次试试灵活不灵活，同样不能有毛刺、异常突起等粗糙的痕迹。

（4）功能。现在有的机箱面板上没有做出 Reset 键的位置，这样的机箱不宜购买，因为谁也不能保证自己的计算机永远不死机，按 Reset 键要比重复开关对计算机的损害小得多。有的机箱的 Reset 键做得太过突出，稍微不留神就会碰到，也有的机箱把 Reset 做得非常小，非得用什么尖的东西捅才行。另外，现在很多机箱都有前置 USB 口，这样就不必转到后面去插 USB 口。还有就是机箱上要有睡眠指示灯，免得看不出来一台计算机正处于睡眠模式而将其误关了。这些都是需要注意的。

（5）散热。现在计算机的速度越来越快，其发热量也越来越大，所以散热工作尤其重要，购买机箱时要注意看看有无预留的机箱风扇位置，最好前后都有。其次要看看内部空间的大小，以及有没有散热孔，这些方面对计算机散热都起着至关重要的作用。

目前市场上机箱的主要品牌有 DELUX（多彩）、金河田、大水牛、长城、华硕、爱国者等，价格从 100 多元人民币到几千元人民币不等。

二、电源

1. 工作原理

作为计算机的动力来源，电源的重要性不言而喻，它能直接影响到整部机器的稳定运行和整体性能发挥。如图 2-44、图 2-45 所示。近年来随着硬件设备特别是 CPU 和显卡的高速发展及更新换代，个人计算机的供电需求大幅提高，因此电源对整个系统稳定性起着越来越重要的作用。

图 2-44 电源

图 2-45 电源接口

为了能用于驱动机箱内的各种设备，电源主要通过运行高频开关技术将输入的较高的交流电压（AC）转换成工作所需要的直流电输出（DC），这是电源的基本工作原理。

从图 2-46 我们可以看出电源的工作流程：当市电进入电源后，先通过扼流线圈和电容滤波去除高频杂波和干扰信号，然后经过整流和滤波得到高压直流电；接着通过开关电路把高压直流电转成高频脉动直流电，再送高频开关变压器降压；最后滤除高频交流部分，这样最后输出供计算机使用的是相对纯净的低压直流电。

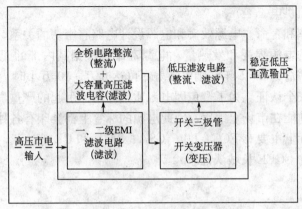

图 2-46 PC 电源工作流程

2. 性能指标

电源的性能指标主要有以下九点。

（1）电源功率。这是电源最主要的性能参数，一般指直流电的输出功能。现在市场上电源的功率都在 300 瓦以上。功率越大，可连接的设备越多，计算机的扩充性就越好。电源功率的相关参数在电源标识上一般都可以看到。

（2）过压保护。电源的电压太高，可能烧坏主板及其插卡，所以市面上的电源大都具有过压保护功能。即当电源一旦检测到输出电压超过某一值时，就自动中断输出，以保护板卡。

（3）噪声和滤波。噪声大小用于表示输出直流电的平滑程度，而滤波品质的高低代表输出直流电中包含交流成分的高低。噪声和滤波这两项性能指标需要专门的仪器才能做定量分析。

（4）瞬间反应能力。瞬间反应能力也就是电源对异常情况的反应能力，它是指当输入电压在允许的范围内瞬间发生较大变化时，输出电压恢复到正常值所需的时间。

（5）电压保持时间。计算机系统中应用的不间断电源（UPS）在正常供电状态下一般处于待机状态，一旦外部断电，它会立即进入供电状态，不过这个过程需要 2～10 毫秒的切换时间，在此期间需要电源自身能够靠内部储备的电能维持供电。一般优质电源的电压保持时间为 12～18 毫秒，都能保证在 UPS 切换到供电期间维持正常供电。

（6）电磁干扰。电源在工作时内部会产生较强的电磁振荡和辐射，从而对外产生电磁干扰，这种干扰一般是用电源外壳和机箱进行屏蔽，但无法完全避免这种电磁干扰，为了限制它，国际上制定了 FCCA 和 FCCB 标准，国内也制定了国标 A（工业级）和国标 B（家用电器级），优质电源都能通过 B 级标准。

（7）开机延时。开机延时是为了向微机提供稳定的电压而在电源中添加的新功能，因为在电源刚接通电时，电压处于不稳定状态，为此电源设计者让电源延迟 100～500 毫秒之后再向微机供电。

（8）电源效率和寿命。电源效率和电源设计电路有密切的关系，提高电源效率可以减少电源自身的电源损耗和发热量。电源寿命是根据其内部的元器件的寿命确定的，一般元器件寿命为 3～5 年，则电源寿命可达 8 万～10 万小时。

（9）电源的安全认证。为了避免因电源质量问题而引起的严重事故，电源必须通过各种安全认证才能在市场上销售，因此电源的标签上都会印有各种国内、国际认证标记。其中，国际上主要有 FCC、UL、CSA、TUV 和 CE 等认证，国内认证为中国的安全认证机构的 CCEE 长城认证。

3. 选购

在选购计算机配件时，你是不是只看重 CPU、显卡、主板等而忽略了电源呢？虽然电源的好坏与整机性能没有直接联系，但它是所有配件的动力之源，如果电源出现问题，整机就会瘫痪，甚至可能烧坏板卡，因此马虎不得。选购电源可以从以下四个方面入手。

（1）检查外观。由于散热片在机箱电源中作用巨大，影响整个机箱电源的功效和寿命，所以要仔细检查电源的散热片是否够大。另外一点就是要检查电源的电缆线是否够粗，因为电源的输出电流一般较大，很小的一点电阻值就会产生很大的压降损耗，质量好的电源电缆线都比较粗，电缆线的质量也比较好。

（2）散热片用料检查。从散热片来看，质量好的名牌电源一般都采用铝质或铜质的散热片，且大而厚。劣质电源虽然也采用铝质或铜质材料，但散热片小而薄，有时甚至使用铁片作为散热片，一般来说这些都是假冒伪劣产品。

（3）做一个简单试验。在电源没有接上地线的情况下，用手触摸电源外壳（没有危险），应该有一种麻手的触电感，这是因为电源通电启动后其外壳上约有 110 伏交流电压。听听电源风扇的声音，电源在空载运行时风扇的运行声音应该小而均匀（接上负载后风扇声音有所增大）。

（4）如果有可能，打开电源盒，可以发现质量好的电源用料考究，如多处采用方形 GBB 电容，输入滤波电容值一般大于 470 微法，输出滤波器滤波电容值也比较大，同时内部电感电容滤波网络电路比较多，并有完善的过压、限流保护元器件，同时线路板印刷清楚，布线整齐。

第三章

Windows 操作系统
与 Office 办公软件

Windows 操作系统与 Office 办公软件是个人计算机上最常用的软件。本章将介绍 Windows XP 操作系统、Word2003 文字处理软件、Excel2003 电子表格软件与 Power Point2003 演示文稿软件的基本使用方法。

第一节　Windows 操作系统

Windows 操作系统是一款由美国微软公司开发的窗口化操作系统。它采用图形化操作模式，使之更容易操作、更人性化。Windows 操作系统是目前世界上使用最广泛的操作系统。

一、操作系统简介

操作系统是管理计算机硬件与软件资源的程序，同时也是计算机系统的内核与基石。

按作业处理方式，操作系统可分为：批处理操作系统、分时操作系统、实时操作系统。

批处理操作系统是早期的一种大型机用操作系统，主要针对第二代通用计算机。用户将一批作业提交给操作系统后就不再干预，由操作系统控制它们自动运行。

分时操作系统按照相等的时间片调度进程轮流运行，由调度程序自动计算进程的优先级，而不是由用户控制进程优先级。这种系统无法实时响应外部突发事件。分时操作系统主要应用于科学计算和一般实时性要求不高的场合。

实时操作系统能够在限定的时间内执行完所规定的功能，并能在限定的时间内对外部的突发事件作出响应。实时操作系统主要应用于过程控制、数据采集、通信、多媒体信息处理等对时间敏感的场合。

按同时使用的用户数，操作系统可分为单用户操作系统和多用户操作系统。早期的 DOS 和 Windows XP 都是单用户操作系统，Linux、Unix 是多用户操作系统。这里的多用户是指可以同时接受多个用户登录，因此 Windows 系列都是单用户操作系统系统，Linux 和 Unix 是多用户操作系统。

按应用领域，操作系统可分为专用操作系统、网络操作系统、桌面操作系统、嵌入式操作系统和分布式操作系统。下面我们介绍其中几种典型的操作系统。

典型的桌面操作系统有 Windows 2000/XP/2003/Vista 和 Macintosh。Windows 操作系统将在本节下文进行详细介绍。Macintosh 操作系统基于 Unix 核心，能通过对称多处理技术充分发挥双处理器的优势，提供无与伦比的 2D、3D 和多媒体图形性能以及广泛的字体支持和集成的 PDA（personal digital assistant）功能。

典型的网络操作系统有 Windows NT/2000/2003、Unix 和 Linux。

Unix 系统是一个强大的多用户、多任务操作系统，支持多种处理器架构，它属于分时操作系统。Unix 主要安装在巨型计算机、大型机上作为网络操作系统使用，也可用于 PC 和嵌入式系统。Unix 曾经是服务器操作系统的首选，现在跟 Windows Server 及 Linux 平分秋色。

Linux 操作系统是一个自由使用和自由传播的类 Unix 系统，也是自由软件和开放源代码最著名的例子。它由世界各地成千上万的程序员设计和实现，其目的是建立不受任何商品化软件的版权制约、全世界都能自由使用的 Unix 兼容产品。

嵌入式操作系统有短小精悍的内核，追求高效，实时性强，一般被固化在嵌入式系统的 ROM 中。常见的嵌入式操作系统有 VxWorks、嵌入式 Linux、Palm 和 Windows CE。

VxWorks 操作系统是一种嵌入式实时操作系统。它以其良好的可靠性和卓越的实时性被广泛应用在通信、军事、航空、航天等高精尖技术及实时性要求极高的领域中，如卫星通信、军事演习、弹道制导、飞机导航等。在美国的 F-16、FA-18 战斗机、B-2 隐形轰炸机和爱国者导弹上，甚至连 1997 年 4 月在火星表面登陆的火星探测器上也使用到了 VxWorks。

嵌入式 Linux 操作系统已成为嵌入式操作系统的理想选择，大约有 50％的正在开发的嵌入式系统会选择它作为操作系统。它被广泛应用在移动电话、PDA、媒体播放器、消费性电子产品以及航空航天等领域中。

Palm 操作系统是 3Com 公司专门为 PDA 开发的 32 位嵌入式操作系统，利用它可以方便地与其他外部设备通信、传输数据。小到个人管理、游戏，大到行业解决方案，Palm 操作系统无所不包，基于 Palm 操作系统的 PDA 功能得以不断扩展。

Windows CE 是微软公司开发的一个开放的、可升级的 32 位嵌入式操作系统，是基于 PDA 类的电子设备的操作系统，它的图形用户界面相当出色。

二、Windows 操作系统

微软公司从 1983 年开始研制 Windows 操作系统。

第一个版本 Windows 1.0 于 1985 年问世，它是一个具有图形用户界面的系统软件。后来又陆续推出了 Windows 2.0 版、Windows 3.0 版。现今流行的 Windows 窗口界面的基本形式也是从 Windows 3.0 开始基本确定的。

Windows 9X 系列操作系统包括 Windows 95、Windows 98、Windows ME。它们提供了更强大、更稳定、更实用的桌面图形用户界面。

Windows NT 系列操作系统包括 Windows NT 3.1/3.5/3.51/4.0、Windows 2000 和 Windows XP。Windows NT 是纯 32 位操作系统，使用先进的 NT 核心技术，稳定性较强。Windows XP 是微软把所有用户要求合成一个操作系统的尝试。它包含了 Windows 2000 所有高效率及安全稳定的性质以及 Windows ME 所有多媒体的功能。Windows XP 是目前我国市场占有率最高的操作系统，2009 年 CNZZ 的报告数据显示 Windows XP 的市场份额高达 94%。

大家在安装 Windows XP 操作系统时经常会看到 "SP3" 字样，其实它的全称是 Service Pack 3，表示服务软件包。作为坚持不懈地改进其软件产品的努力的一部分，微软向客户发布已知问题的更新和修补程序，经常性地将很多修补程序放入一个软件包内，以便用户安装在自己的计算机上。这些软件包就被称为 Service Pack。它最初的版本是 SP1，目前最新的版本是 SP3。

Windows Vista 在 2006 年发布。微软公司表示，Vista 包含了上百种新功能，并针对 Windows XP 系统经常出现安全漏洞、易受到恶意软件和计算机病毒攻击、缓存溢出等问题实行了 "可信计算的政策"，以改进 Vista 的安全性。但是 Vista 并没有获得预期的成功，用微软公司某高管的话说：Vista 在中国几乎没卖出去。而 Windows 7 的上市使得 Vista 很可能成为一个过渡性操作系统，结局和 Windows ME 差不多。

Windows 7 在 2009 年 10 月正式发布。Windows 7 是具有革命性变化的操作系统。该系统旨在让人们的日常计算机操作更加简单和快捷，为人们提供高效易行的工作环境。除了提供更强大的功能外，大家最关注的大概就是 Windows 7 的反盗版策略了。如果使用盗版 Windows 7，前三天并无提醒，4～26 天时每天提醒一次，27～29 天时每 4 小时提醒一次，到第 30 天开始每小时提醒一次。30 天期满之后进入非正版体验，一开机就会弹出激活窗口，然后弹出用户教育界面。运行一段时间后，提示无法获取可选更新，最后弹出激活窗口。两分钟以后它会变成无色背景（黑屏）。

微软的下一代操作系统被命名为 Windows 8，并计划于 2012 年发布，让我们一起期待吧。

三、Windows XP 的安装

（一）Windows XP 安装前的设置

在安装系统之前，我们需要进行一些相关的设置，如 BIOS 启动项的调整、硬盘分区的调整以及格式化等。正所谓"磨刀不误砍柴工"，正确、恰当地调整这些设置将为我们顺利安装系统，乃至日后方便地使用系统打下良好的基础。

1. 在 BIOS 中将光驱设置为第一启动项

进入 BIOS 的方法随 BIOS 的不同而不同，一般来说在开机自检通过后按 Del 键或者是 F2 键等。具体设置方法请参考《大学计算机基础实践教程》第二章相关内容。设置成功后，重新启动计算机会看到从光盘启动的提示信息，如图 3-1 所示。

图 3-1　从 CD-ROM 启动

2. 选择系统安装分区

在图 3-2 所示的硬盘分区列表中选择其中一个分区，通常选择 C 盘，然后按 Enter 键即可将 Windows XP 安装到该分区。

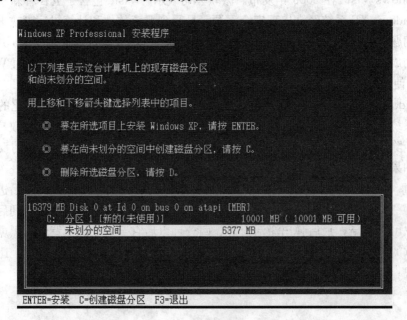

图 3-2　选择安装分区

图 3-2 中还有另外两个选项："要在尚未划分的空间中创建磁盘分区，请按 C"和 "删除所选磁盘分区，请按 D"。

按字母 C 键将在硬盘上创建一个分区，这个选项为我们提供了一个使用 Windows XP 系统安装盘来对新硬盘进行分区的方法。

我们选择图 3-2 中的未划分空间，并按 C 键，出现如图 3-3 所示界面，输入新创建分区的大小，单位是 MB。然后按 Enter 键即创建成功。

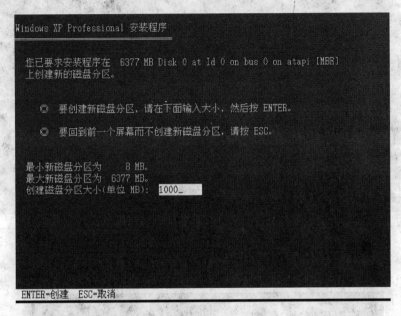

图 3-3　确定硬盘分区大小

重复此操作即可完成对新硬盘的分区工作。

如果需要删除硬盘上某个已有分区，则需按 D 键。例如，要在图 3-4 所示硬盘上删除第二个分区。首先选中该分区，然后按 D 键。

此时，出现图 3-5 所示界面，确定要删除该分区按 L 键，否则按 Esc 键取消。

3. 磁盘格式化

在上一步操作中选择合适的系统安装分区后，按 Enter 键，进入下一步，选择所需文件系统的类型，如图 3-6 所示。

这里有六个选项："用 NTFS 文件系统格式化磁盘分区（快）"、"用 FAT 文件系统格式化磁盘分区（快）"、"用 NTFS 文件系统格式化磁盘分区"、"用 FAT 文件系统格式化磁盘分区"、"将磁盘分区转换为 NTFS" 和 "保持现有文件系统（无变化）"。

文件系统是磁盘上文件的组织方式。一个分区或磁盘作为文件系统使用前，需要初始化，并将数据结构写到磁盘上，这个过程就叫做建立文件系统。

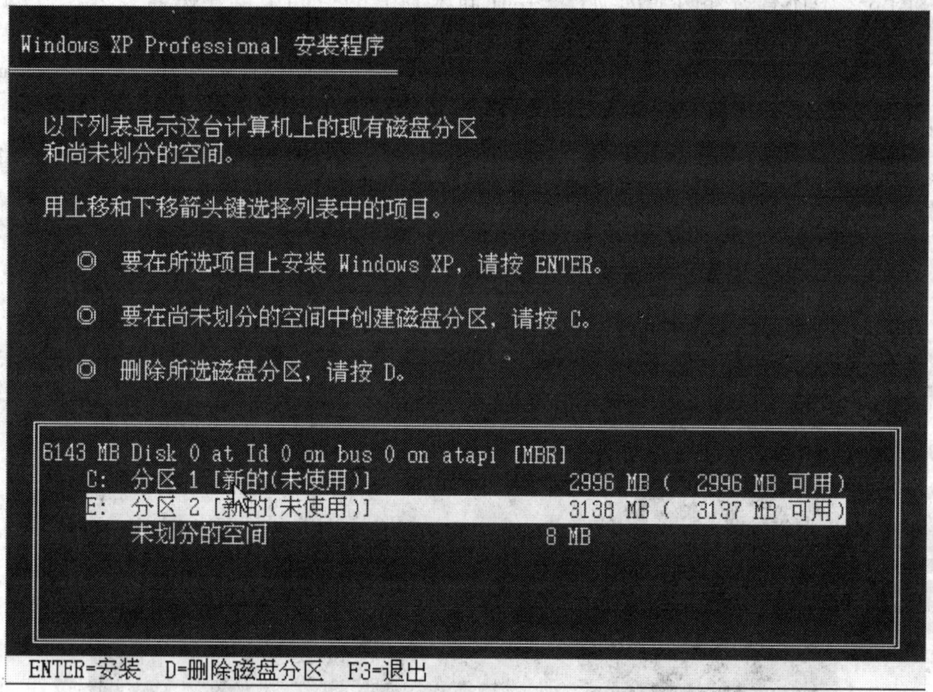

Windows XP Professional 安装程序

以下列表显示这台计算机上的现有磁盘分区
和尚未划分的空间。

用上移和下移箭头键选择列表中的项目。

　　◎　要在所选项目上安装 Windows XP，请按 ENTER。

　　◎　要在尚未划分的空间中创建磁盘分区，请按 C。

　　◎　删除所选磁盘分区，请按 D。

```
6143 MB Disk 0 at Id 0 on bus 0 on atapi [MBR]
    C:  分区 1 [新的(未使用)]              2996 MB (   2996 MB 可用)
    E:  分区 2 [新的(未使用)]              3138 MB (   3137 MB 可用)
        未划分的空间                        8 MB
```

ENTER=安装　D=删除磁盘分区　F3=退出

图 3-4　待删除分区

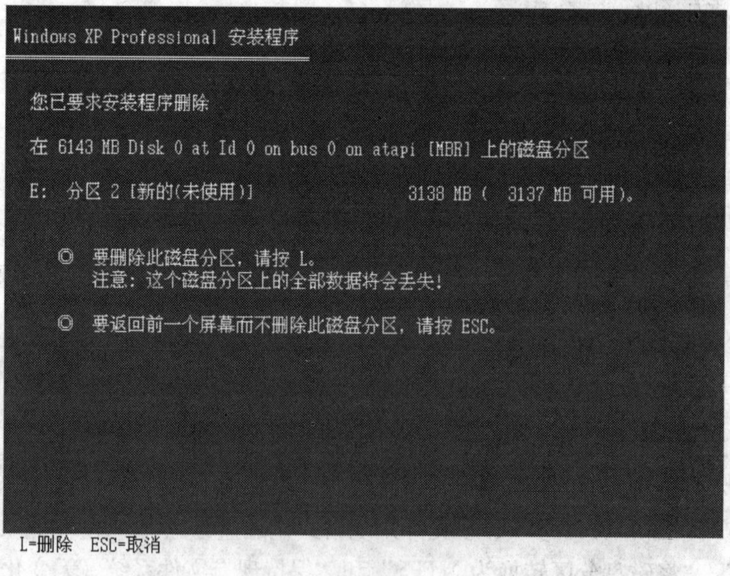

Windows XP Professional 安装程序

您已要求安装程序删除

在 6143 MB Disk 0 at Id 0 on bus 0 on atapi [MBR] 上的磁盘分区

E:　分区 2 [新的(未使用)]　　　　　　3138 MB (　3137 MB 可用)。

　　◎　要删除此磁盘分区，请按 L。
　　　　注意：这个磁盘分区上的全部数据将会丢失！

　　◎　要返回前一个屏幕而不删除此磁盘分区，请按 ESC。

L=删除　ESC=取消

图 3-5　确定删除分区

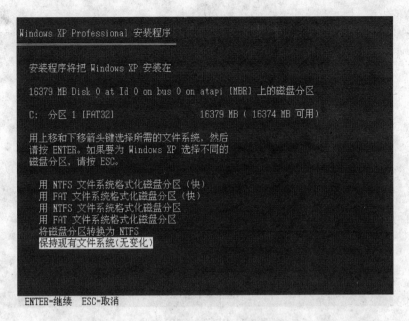

图 3-6 选择 Windows 安装分区

下面我们来了解一下 FAT 格式和 NTFS 格式的区别。目前 FAT 格式使用 32 位寻址，它可以在容量从 512MB 到 2TB 的磁盘驱动器上使用，最大支持 32GB 的卷。随着硬盘容量越来越大，分区也越来越大，所以现在我们一般选择 NTFS 格式，它支持的卷的大小远远大于 FAT32 格式，并且有效地降低了磁盘空间的浪费、减少了产生磁盘碎片的可能。

最后我们来决定选择哪一项。

如果选择快速格式化，那么将只在分区文件分配表中做删除标记，不扫描磁盘，不检查是否有坏扇区。而标准格式化会在当前分区的文件分配表中将分区上每一个扇区标记为空闲可用，同时扫描硬盘以检查是否有坏扇区，并进行标记。

一般情况下，新硬盘使用标准格式化，其他使用快速格式化就可以了，磁盘检查的操作可以以后再做。如果需要将 FAT 格式转换成 NTFS，那么需选择"将磁盘分区转换为 NTFS"一项。如果不希望改变现有文件系统，可选择最后一项"保持现有文件系统（无变化）"。

接下来根据提示即可完成格式化操作。

（二）Windows XP 正式安装

完成格式化操作后进入文件复制界面。等待几分钟，文件复制完成后，计算机将重新启动。此时计算机需从硬盘启动。启动后，进入安装 Windows 的阶段，如图 3-7 所示。

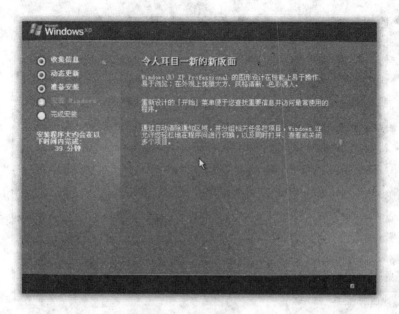

图 3-7　Windows XP 安装

在这一过程中，主要完成的操作有安装区域和语言选项、输入序列号、设置计算机名和管理员密码、设置时间和日期、安装网络组件、设置工作组等内容。直到再次重新启动计算机后，即可完成整个安装过程。当然现在很多 Windows XP 安装盘都是自动完成这些操作的，对操作人员的要求越来越低。

四、资源管理器

在 Windows XP 中，资源管理器是最常用的程序之一，下面介绍资源管理器的基本用法。

（一）文件名

文件名就是为文件指定的名称。为了区分不同的文件，必须给每个文件命名，计算机对文件实行按名存取的操作方式。

操作系统规定文件名由主文件名和扩展名两部分组成，两者之间用一个小圆点隔开。

DOS 规定主文件名由 1～8 个字符组成，扩展名由 1～3 个字符组成。可以使用的合法字符包括英文字母（大小写等价）、数字（0～9）、汉字和特殊符号（＄、＃、&、@等）。文件名中不允许使用空格、各种控制符和<、>、/、\、*、? 等符号。

Windows 操作系统突破了 DOS 对文件命名规则的限制，允许使用长文件名，其主要命名规则：文件名最长可以使用 255 个字符；可以使用多间隔符扩展名，如

win. ini. txt 就是一个合法的文件名，但其文件类型由最后一个扩展名决定；文件名中允许使用空格；使用文件名时不区分英文字母大小写。

文件扩展名用来辨别文件类型，帮助计算机将文件分类，并标识这一类扩展名的文件用什么程序去打开。扩展名不能随意更改，否则不仅造成文件无法使用，还有可能损坏文件。常见的文件扩展名有 .doc、.wps、.xls、.ppt、.mdb、.gif、.jpg、.txt、.rar、.htm、.pdf、.mp3、.wma 和 .rmvb 等。

考虑系统之间的兼容性，建议大家定义文件名时首先要做到见名知义，其次尽量不要使用太长的文件名。

文件被命名后就可以存储到指定的位置了，这个位置就叫做路径。路径分绝对路径和相对路径两种。

绝对路径是指从根目录开始一直查找到文件所在位置所要经过的所有目录，目录名之间用反斜杠（\）隔开。例如，要显示 Windows 目录下 system32 目录中的 calc. exe 文件，其绝对路径为 "C:\Windows\system32\calc.exe"。

相对路径是指从当前目录开始的路径。假如当前目录为 C:\Windows，那么要描述上述文件的相对路径，只需输入 "system32\calc.exe" 即可。

（二）认识资源管理器

资源管理器是 Windows 系统提供的资源管理工具，可以用它查看计算机的所有资源，特别是它提供的树形文件系统结构，使我们能更清楚、更直观地认识文件和文件夹，这是"我的电脑"所没有的。其界面如图 3-8 所示。

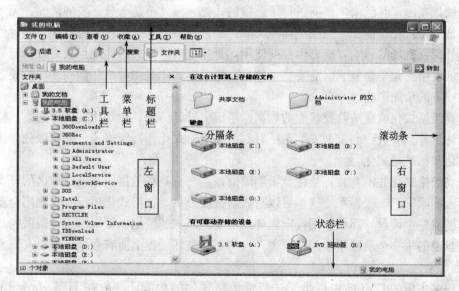

图 3-8　资源管理器

启动资源管理器的方法是：右击任务栏"开始"按钮，或右击桌面上"我的电脑"、"我的文档"、"网上邻居"、"回收站"等系统图标，在弹出的快捷菜单中选择"资源管理器"一项。

资源管理器的左窗口显示各驱动器及内部文件夹列表等。文件夹左边有⊞标记的表示该文件夹有尚未展开的下级文件夹，单击⊞可将其展开（此时变为⊟），没有标记的表示没有下级文件夹。

资源管理器的右窗口显示当前文件夹所包含的文件和下一级文件夹。右窗口的显示方式可以通过单击工具栏上"查看"按钮来改变；图标排列方式可以通过在右窗口空白部分右击，选择快捷菜单中的"排列图标"来改变。

（三）资源管理器的基本操作

1. 磁盘格式化

磁盘格式化，就是把一张空白的盘划分成一个个小区域并编号，即建立磁道和扇区，供计算机储存、读取数据。没有这个工作，计算机就不知在哪写，从哪读。硬盘必须先分区再格式化后才能使用。

格式化分低级格式化和高级格式化两种。通常我们对磁盘进行的都是高级格式化。那么这两者有什么区别呢？

低级格式化将空白磁盘划分出柱面和磁道，再将磁道划分为若干个扇区。这是高级格式化之前的工作。低级格式化只能在 DOS 环境完成，而且只能针对一整块硬盘。每块硬盘在出厂时已由生产商进行了低级格式化，因此不是十分必要的情况，无须再进行低级格式化。但是，当硬盘坏道太多，经常导致存取数据时产生错误，或者硬盘受到外部强磁场的影响，或者因长期使用，盘片上扇区格式磁性记录丢失时，就只有通过低级格式化来修复了。需要指出的是，低级格式化是一种损耗性操作，对硬盘寿命有一定的负面影响。

高级格式化就是清除硬盘上的数据、生成引导区信息、初始化文件分配表、标注逻辑坏道等。一般我们重新安装系统时都是高级格式化。高级格式化又可以分为快速格式化和标准格式化。

高级格式化并没有真正从磁盘上删除数据，它只是在数据所在磁盘扇区的开头部分写入删除标记，告诉系统这里可以写入新数据。只要在格式化后没有立刻用全新的数据覆盖整个硬盘，那么使用特定软件即可恢复原来的数据。低级格式化所做的却是将磁盘上的每一个扇区用"00"覆盖，这将完全破坏硬盘上所有数据，不再有恢复的可能。

很多主板的 CMOS 中提供了进行低级格式化的功能，一般在 HDD Low Level Format 选项中，直接使用其中的 Hard Disk Low Level Format Utility 进行低级格式化。也有很多主板上没有低级格式化功能，这时最好使用该硬盘生产商提供的低级格式化程序。另外，还可以使用一些通用的低级格式化程序，如 DM（Disk Manager）、PC-Tools 等。

在 Windows XP 中对磁盘进行高级格式化的操作步骤如下。

打开资源管理器，在要格式化的磁盘上单击鼠标右键，如图 3-9（a）所示，在快捷菜单中选择"格式化"。这时弹出如图 3-9（b）所示的对话框，单击"开始"按钮即可开始格式化。如果选中"快速格式化"一项即进行快速格式化。

（a）　　　　　　　　　　（b）

图 3-9　磁盘格式化

2. 文件和文件夹的基本操作

关于文件和文件夹的基本操作，每种操作只给出一到两种操作方法，其他的操作方法请自行上机实践。以下操作均需要先启动资源管理器。

（1）创建文件夹：确定新建文件夹位置，在空白部分右击，选择快捷菜单中的"新建"|"文件夹"。

（2）选定文件（夹）：单击左、右窗口的文件夹图标或单击右窗口文件图标即可选定单个文件（夹）；要选中多个连续的文件（夹）需要先单击第一个文件（夹），再按住 Shift 键不放单击最后一个或拖动鼠标框选；要选中多个不连续的文件（夹）需按住 Ctrl 键不放逐一单击；使用组合键 Ctrl＋A 可选中全部对象。

（3）移动与复制文件（夹）：选定要移动（或复制）的对象，单击"剪切"按钮（或"复制"按钮），定位到要移动（或复制）到的目标位置，单击"粘贴"按钮即可。还可以使用鼠标拖动来实现移动与复制。在同一个驱动器中移动文件（夹）时直接拖动到目标位置即可，在不同驱动器之间移动则需按住 Shift 键拖动。在同一个驱动器中复制文件（夹）时按住 Ctrl 键拖动到目标位置即可，在不同驱动器间复制则不用按 Ctrl 键，直接拖动到目标位置即可。

（4）删除文件（夹）：选定要删除的文件（夹），按 Del 键，即把选定的文件（夹）放入回收站中。如果不需要将文件（夹）放入回收站而是直接删除，则需要先按住 Shift 键不放再按 Del 键。

　　(5) 文件查找：单击资源管理器工具栏上的"搜索"按钮，或者使用"开始"|"搜索"|"文件或文件夹"。

　　(6) 设置文件（夹）属性：右击需设置属性的文件（夹），在快捷菜单中选择"属性"。属性可通过单击相应的复选框来改变。常用的有只读和隐藏两个属性。

五、任务管理器

图 3-10　Windows 任务管理器

　　Windows 任务管理器显示了计算机上所运行的程序和进程的详细信息，并提供了有关计算机性能的信息，如果连接到网络，还可以查看网络状态。

　　打开任务管理器的最简单的方法是使用组合键 Ctrl＋Alt＋Del。也可以用鼠标右键单击任务栏空白部分，在快捷菜单中选择"任务管理器"。任务管理器的主界面如图 3-10 所示。

　　任务管理器的用户界面有应用程序、进程、性能、联网和用户五个标签页。窗口底部的状态栏显示了当前系统的进程数、CPU 使用率、当前系统占用的内存量和系统总内存量。这里总内存量包括物理内存和虚拟内存两部分，可以通过修改虚拟内存的值来改变总内存量。默认设置下系统每隔两秒钟对数据更新一次。

　　"应用程序"页显示了所有当前正在运行的应用程序，不过它只会显示当前已打开窗口的应用程序，而 QQ、MSN 等最小化至系统托盘区的应用程序则不会显示出来。在这里可以通过单击"结束任务"按钮直接关闭某个应用程序；单击"新任务"按钮，可以直接打开相应的程序、文件夹、文档或因特网资源。

　　"进程"页显示了所有当前正在运行的进程，包括应用程序、后台服务等，那些隐藏在系统底层深处运行的病毒程序或木马程序都可以在这里找到，当然前提是要知道它的名字。单击"结束进程"按钮可以强行终止选中的进程，不过这种方式将丢失未保存的数据。如果结束的是系统服务，则系统的某些功能可能无法正常使用。

　　"性能"页显示了 CPU 使用情况、CPU 使用记录、PF 使用情况和页面文件使用记录等数据。CPU 使用情况表明处理器工作时间的比重；CPU 使用记录显示处理器的使用程度随时间变化情况的图表；PF 使用率指的正在使用的内存的比率；页面文件使用记录显示页面文件的量随时间变化情况的图表。

　　"联网"页显示了本地计算机所连接的网络通信量，使用多个网络连接时，我们可以在这里比较每个连接的通信量，当然只有安装网卡后才会显示该选项。

"用户"页显示了当前已登录和连接到本机的用户数、标识、活动状态、客户端名。可以通过单击"注销"按钮重新登录，或者通过单击"断开"按钮切断与本机的连接。

六、软件和硬件驱动的安装与卸载

（一）软件的安装和卸载

我们以 360 杀毒软件的安装和卸载过程为例讲解。

首先从 360 官方网站将 360 杀毒软件的安装文件下载下来，一般是一个名为 360sd_setup_1.2.0.1317F.exe 的可执行文件。双击该文件启动安装向导，单击"下一步"按钮打开用户协议界面，单击"我接受"，才能继续安装。如图 3-11 所示。

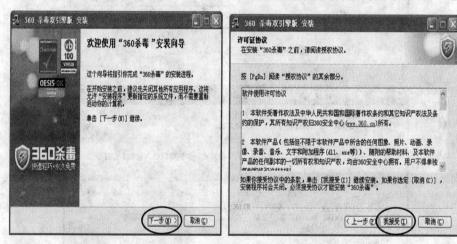

图 3-11　安装 360 杀毒（一）

接下来要确定软件安装位置，如图 3-12 所示。若保持默认位置不变，则直接单击"下一步"，否则单击"浏览"按钮进行修改。

然后在开始菜单中为该软件创建文件夹，输入文件夹的名字或保持默认名不变，如图 3-13 所示。最后单击"安装"按钮，开始安装，等待安装完成即可。

现在各类软件为追求强大的功能和良好的使用效果，在安装时会对系统作一些改动。卸载时需要把其作过的某些改动复原，否则会使系统漏洞越来越多且系统不断肥胖。因此，应使用专门的卸载功能来删除不需要的软件。大多数软件都提供了卸载程序用于复原系统，如图 3-14 所示。

请优先选择软件自带卸载程序来卸载软件，否则，只能使用"开始"|"设置"|"控制面板"|"添加或删除程序"功能来实现卸载。选中要卸载的软件，单击"删除"按钮，根据提示操作即可。

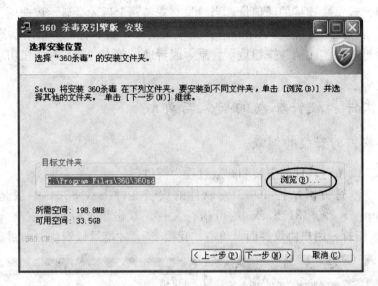

图 3-12 安装 360 杀毒（二）

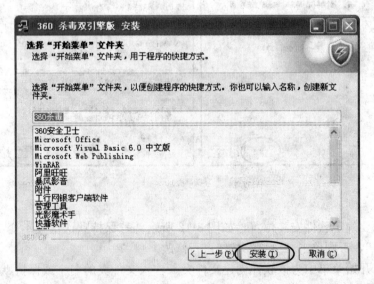

图 3-13 安装 360 杀毒（三）

图 3-14 软件自带卸载程序

（二）硬件驱动的安装和卸载

硬件驱动程序是计算机和硬件设备通信的接口，操作系统只有通过这个接口才能控制硬件设备工作。现在的 Windows XP 系统中已经集成了大部分硬件的驱动程序，如键盘、鼠标、显示器、光驱等。但是一些特别的外设，如游戏手柄、跳舞毯、摄像头、打印机等，就需要自己安装相应的驱动程序了。

首先我们来了解一下什么是驱动文件及如何获得驱动文件。

驱动程序包通常由一些 .vxd（或 .386）、.drv、.sys、.dll、.inf 或 .exe 等文件组成。其中 .inf 文件扮演着非常重要的角色，它说明了要安装的设备类型、生产厂商、型号、要拷贝的文件、拷贝到的目标路径，以及添加到注册表中的信息等。

获得驱动程序一般有两种途径：一是购买硬件附带有驱动程序；二是从因特网下载驱动程序，这也是获得最新驱动程序的方法。最有名的驱动程序下载网站大概要数驱动之家（www.mydrivers.com）了，其他还有中关村驱动下载和驱动中国等。

硬件驱动的安装，我们分以下两种情况来分别讨论。

（1）驱动程序是可执行文件。现在的驱动程序绝大多数都是一个扩展名为 .exe 的可执行文件，能实现驱动文件的自动抽取，其安装过程与普通软件的安装过程一样。安装好驱动程序后，插入新硬件即可正常工作了。

（2）驱动程序不是可执行文件。只要安装了新硬件，计算机都会自动搜索到，并自动打开新硬件安装向导来指导安装驱动程序。如图 3-15 所示。

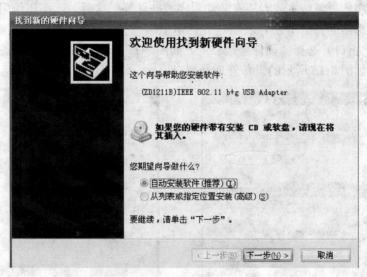

图 3-15　安装硬件驱动

如果选择"自动安装软件（推荐）"，则会在指定位置（一般是"C:\Windows"下的 System、Inf 和 System32 文件夹）自动搜索驱动程序并安装。

　　很多时候我们把驱动程序下载到 C 盘之外的文件夹中，这样，自动安装将无法找到驱动程序。此时需要选择图 3-15 所示对话框中的第二项"从列表或指定位置安装（高级）"，然后单击"下一步"按钮，打开如图 3-16 所示窗口，单击"浏览"按钮来指定驱动程序所在目录，再单击"下一步"按钮，按照提示操作即可。

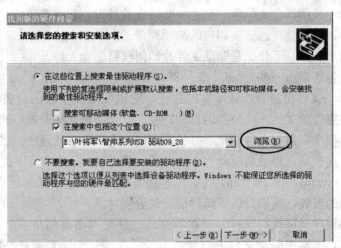

图 3-16　选择驱动程序所在目录

　　硬件驱动程序安装好后并不是万事大吉了，在实际使用过程中，还可能需要不断更新驱动程序到最新版本或者原有驱动程序被破坏等。这时，就需要使用设备管理器了。设备管理器的打开方法：右击"我的电脑"，选择快捷菜单中的"属性"，打开"系统属性"窗口，选择"硬件"这一页，如图 3-17 所示，再单击"设备管理器"按钮即可打开如图 3-18 所示的设备管理器窗口。

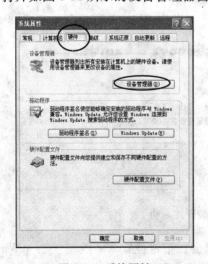

图 3-17　系统属性

图 3-18　设备管理器

计算机上所有的硬件设备都在这个列表中，凡是标有黄色问号标记的设备都是驱动程序出现问题的设备，如图 3-18 所示圈中部分。

需要对驱动程序进行安装、更新、卸载操作的硬件设备，只需要双击硬件名称打开属性窗口，选择"驱动程序"这一页，单击"更新驱动程序"按钮可以为硬件设备安装最新的驱动，当然前提是必须已经下载了最新的驱动文件；单击"卸载"按钮可以卸载该硬件的驱动程序，如图 3-19 所示。

图 3-19　硬件属性

七、控制面板的使用

控制面板为我们提供了一个查看并操作基本系统配置的管理平台。这里，我们介绍系统属性和显示属性的设置，其他功能请参照《大学计算机基础实践教程》第三章实验一的相关内容自行上机实践。

1. 系统属性

双击控制面板中"系统"图标，打开系统属性窗口。

图 3-20 所示的"常规"页给出了当前安装的操作系统的版本信息、用户信息、本机基本硬件信息（CPU 和内存）。第二个页面"计算机名"页用以修改计算机名和网络 ID。图 3-21 所示的"高级"页用来设置性能、用户配置文件以及启动和故障恢复。第五个页面"自动更新"页用来设置 Windows 是否进行自动更新以及自动更新的工作方式。

2. 显示属性

图 3-22 所示"主题"页用来设置桌面主题，它定义了 Windows 各个模块的风格，

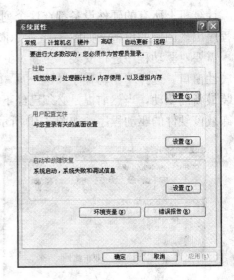

图 3-20　系统属性（一）　　　　　　　图 3-21　系统属性（二）

每一个主题都有个性化的壁纸、鼠标指针、屏保、系统事件声音、图标等，使我们的桌面不再单调，不再千篇一律。第二个页面"桌面"用来设置桌面背景图片。

图 3-23 所示"屏幕保护程序"页用来设置屏幕保护程序。屏幕保护程序的作用就是保护显示器。

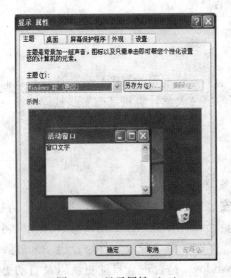

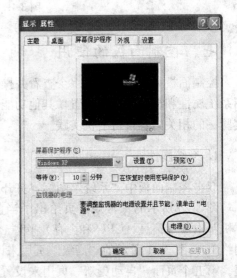

图 3-22　显示属性（一）　　　　　　　图 3-23　显示属性（二）

对 CRT 显示器来说，屏幕保护程序是为了不让屏幕一直保持静态的画面太长时间，在某个点上的颜色必须要不停变化，否则容易造成屏幕上的荧光物质老化进而缩短显示器寿命。但在实际使用中，屏幕保护程序的作用是比较小的。如果长时间不用计算机而又需要主机处于运行状态的话，把显示器关掉是明智的做法，打开屏保反而增加显示器不必要的工作时间，加速显像管的老化。我们知道，LCD 内部使用灯管，所以更不适宜长时间开着，因此建议关闭 LCD 屏保功能。也就是说，屏幕保护程序对 LCD 没有保护作用。为什么会这样呢？

一台正在显示图像的 LCD，其液晶分子一直处在开关的工作状态。响应时间达到 20 毫秒的 LCD 工作 1 秒钟，液晶分子就已经开关了几百次。液晶分子的开关次数受到寿命的限制，到了寿命 LCD 就会出现老化的现象，如坏点等。因此，当我们对计算机停止操作时还让屏幕上显示五颜六色反复运动的屏幕保护程序无疑使液晶分子依旧处在反复开关状态。另外，现在很多屏幕保护程序制作精美、体积庞大，给观赏者以视觉上的享受，但对于计算机硬件来说却成了累赘。由于需要应付不断变化且色彩细节丰富的屏幕保护程序，CPU、硬盘和显卡的工作负荷可能比平时一般的应用还要高。对于有时使用电池供电的便携式计算机来说，这样的屏幕保护程序无疑成了电力杀手。因此，关闭 LCD 才是唯一正确的方法。

单击图 3-23 中"电源"按钮，可以进行电源设置。我们可以选择电源使用方案，如家用/办公桌、便携/袖珍式、最少电源管理还是最大电池模式等。每一个方案又可以设置关闭监视器、关闭硬盘或者待机的时间，还可以启动休眠。这里，"关闭监视器"的意思是显卡不给显示器输出信号，使显示器黑屏，其他硬件正常运转；"关闭硬盘"的意思是让硬盘低功耗运行；"待机"的意思是 CPU 仍工作，硬盘、显示器等设备停止工作的模式；"休眠"是将内存中的数据保存到硬盘上，CPU 也停止工作的模式。

显示属性中的第四页"外观"用来设置窗口和按钮的外观、色彩等。最后一个"设置"页面用来设置屏幕分辨率、颜色质量和屏幕刷新率等。界面如图 3-24 所示。单击"高级"按钮，打开如图 3-25 所示窗口，可以设置屏幕刷新频率。

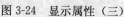

图 3-24　显示属性（三）

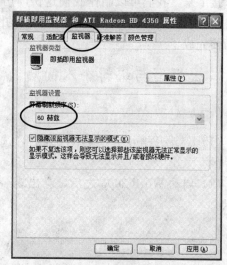

图 3-25　显示属性（四）

■ 第二节　文字处理软件 Word 2003

Word 2003 是微软的 Office 2003 办公套件之一，它是目前使用比较广泛的一种文字处理软件，它集文字的输入、编辑、排版、表格处理、图形处理为一体。使用 Word 2003 可以方便快捷地完成办公文档的处理、制作图文并茂的宣传海报及个人简历等。本节将重点讲述使用 Word 2003 制作个人简历的方法，在简例制作过程中讲解与其相关的知识要点和基本操作。使同学们能够在实践中学习和掌握文字处理软件 Word 2003 的操作和应用。

一、案例说明

为了在这个激烈的人才竞争中占有一席之地，个人自身的素质和能力固然重要，一个精心设计的个人简历是不可或缺的。个人简历是求职者给招聘单位发的一份简要介绍，制作简历是大学生走向职场的第一步，也是职场必修课，跟着本书一步一步操作，就可以快速学会如何运用 Word 2003 完成一份个人简历。如图 3-26（a）、图 3-26（b）和图 3-26（c）所示。

图 3-26 是一份制作好的个人简历，我们看到这份简历一共有三页，其中第一页是封面，第二页是一张大的表格，第三页是段落组成的文字。那么我们应该如何来制作这样的一份图文并茂的个人简历呢？

为了更好地循序渐进地学习 Word 2003 的基本操作和知识要点，我们不妨先制作这份简历的第二页和第三页。在第二页中我们先插入一个大的表格，再根据实际的需要进行必要的调整，而在第三页中我们输入相关文字后，要进行必要的格式化操作。接下来，我们可以制作我们这份简历的封面了，封面中我们需要输入必需的文字，进行相关的格式化操作，插入相关的图片。这样一份图文并茂、美观大方的个人简历便完成了。

二、撰写与编辑个人简历

（一）启动 Word

（1）启动 Windows 操作系统后，选择"开始"|"程序"|"Microsoft Word"命令。

（2）启动 Word 2003 之后，会出现一个名为"文档 1"的工作窗口，如图 3-27 所示。

图 3-26（a）　简历封面

本人概况

姓　名	涂云	性别	女	出生年月	1987年4月	
民　族	汉	政治面貌	预备党员	籍　贯	云南昭通	
户口所在地	山东淄博	学制	4年	学历	本科	
学历类型	普通高等教育	培养方式	非定向	人才类别	应届毕业生	

毕业院校	山东理工大学	专　业	电子商务
手机号码	15210514888	固定电话	
邮　编	255049	联系邮箱	山东理工大学计算机学院
电子邮件	tuyun@163.com	个人主页	http://tuym.qyun.net

教育经历	学校名称	从	至	所属专业	学历
	山东理工大学	2006.9	2009.7	电子商务	本科生毕业

工作经历	学位名称	从	至	所属部门及所任职位
	山东鸿鹄电子有限公司	2007.7	2007.9	业务员
	工作职责			实习

培训经历	2007年在全国计算机等级考试培训二级C语言获全国计算机等级考试二级合格证书。 2008年参加报关员培训。 2008年参加国际电子商务模拟培训。
职业技能与特长及爱好	交际、组织、管理、写作、电脑、文学、分析研究、足球、音乐等。电子商务专业技能知识结构体图，并掌握一定的报关知识，能充分将成功的应用于实践中；英语应用知识较扎实，具备一定的听、说、读、写及翻译能力；熟悉计算机网络、熟练掌握办公自动化，对各种硬件安装及各种软件的应用有着丰富的实践操作经验等。爱好制作网页、踢足球、打篮球和乒乓球、听音乐。
外语水平	英语六级
IT技能	国家计算机等级考试二级，熟悉网络和电子商务，精通办公自动化，熟练操作Windows XP/2k。能独立操作并及时高效的完成日常办公文档的编辑工作。计算机装配及网页制作。曾主要负责系部网站的制作和管理。

图3-26（b）　简历正文之一

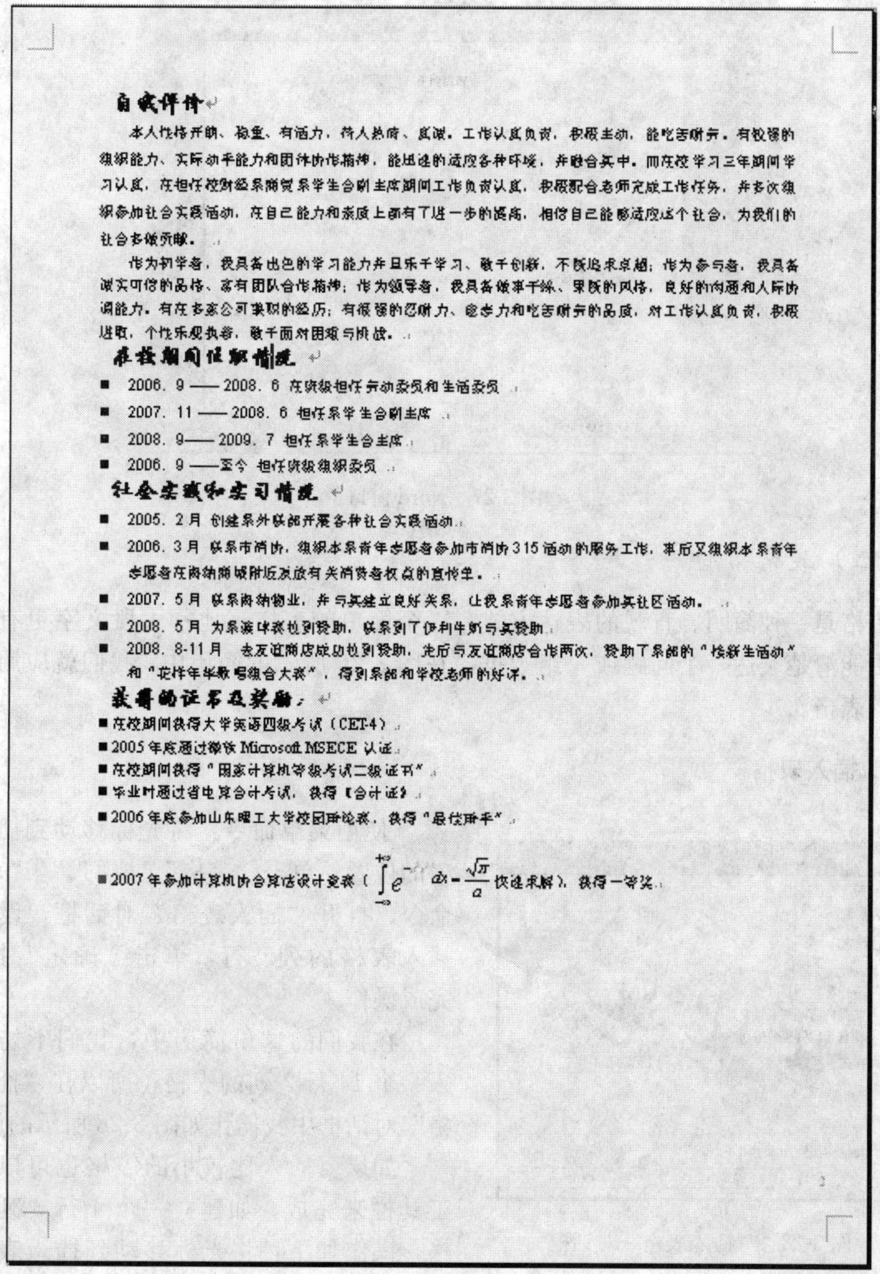

自我评价

本人性格开朗、稳重、有活力，待人热情、真诚。工作认真负责，积极主动，能吃苦耐劳。有较强的组织能力、实际动手能力和团体协作精神，能迅速的适应各种环境，并融合其中。而在校学习三年期间学习认真，在担任校财经系简贸系学生会副主席期间工作负责认真，积极配合老师完成工作任务，并多次组织参加社会实践活动，在自己能力和态度上面有了进一步的提高，相信自己能够适应这个社会，为我们的社会多做贡献。

作为初学者，我具备出色的学习能力并且乐于学习、敢于创新，不断追求卓越；作为参与者，我具备诚实可信的品格，富有团队合作精神；作为领导者，我具备做事干练、果敢的风格，良好的沟通和人际协调能力。有在多家公司实习的经历；有很强的忍耐力、意志力和吃苦耐劳的品度，对工作认真负责，积极进取，个性乐观执着，敢于面对困难与挑战。

在校期间任职情况
- 2006.9 —— 2008.6 在班级担任劳动委员和生活委员。
- 2007.11 —— 2008.6 担任系学生会副主席。
- 2008.9 —— 2009.7 担任系学生会主席。
- 2006.9 ——至今 担任班级组织委员。

社会实践和实习情况
- 2005.2月 创建系外联部开展各种社会实践活动。
- 2006.3月 联系市消防，组织本系青年志愿者参加市消防315活动的服务工作，事后又组织本系青年志愿者在商城简城附近发放有关消费者权益的宣传单。
- 2007.5月 联系商城物业，并与其建立良好关系，让我系青年志愿者参加其社区活动。
- 2008.5月 为系演出表拉到赞助，联系到了伊利牛奶与其赞助。
- 2008.8-11月 去友谊商店成功拉到赞助，先后与友谊商店合作两次，赞助了系部的"迎新生活动"和"花样年华歌唱组合大赛"，得到系部和学校老师的好评。

获得的证书及奖励
- 在校期间获得大学英语四级考试（CET-4）
- 2005年底通过微软 Microsoft MSECE 认证
- 在校期间获得"国家计算机等级考试二级证书"
- 毕业时通过省电算会计考试，获得《会计证》
- 2006年底参加山东理工大学校园辩论赛，获得"最佳辩手"
- 2007年参加计算机协会算店设计竞赛（$\int_{-\infty}^{+\infty}e^{-x^2}dx=\dfrac{\sqrt{\pi}}{a}$ 快速求解），获得一等奖。

图 3-26 （c）　简历正文之二

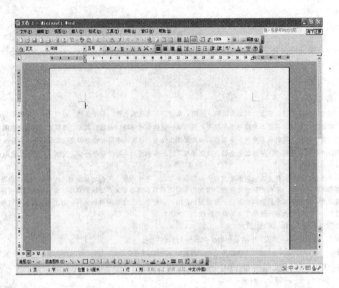

图 3-27　word 窗口

（二）表格布局

表格是一种简明、直观的表达方式，一个简单的表格远比一大段文字更有说服力，更能清楚表达一个问题或一组数据。在图 3-26 所示的简历中，我们就应用了一个大的表格。

1. 插入表格

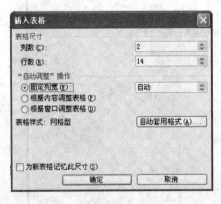

图 3-28　"插入表格"对话框

使用菜单命令：将光标移动到插入表格的位置；单击"表格"|"插入"|"表格"命令，打开"插入表格"对话框，设置要插入表格的列、行，单击"确定"按钮，完成操作。

在我们的这份简历中，我们不妨先插入一个 14 行 2 列的表格，所以在"插入表格"对话框中我们作如图 3-28 所示的设置。

如果要插入比较小的表格也可以使用工具栏来完成，如建立一个 4 行 3 列的表格，操作如下：将光标移动到插入表格的位置；单击工具栏上的插入表格图标 ▦ ，拖动鼠标选择行数和列数，松开鼠标左键，即可插入一个表格。

2. 调整表格

我们看到整个表格仅仅位于页面的上部，为了以后调整方便，我们可以先将表格扩大到整个页面。将光标指针指向最后一行的边框上，直到指针变为 ⇕，然后向下拖动到页面底部即可（这种方法也适合对其他行的行高的调整）。这时将整张表格选定，单击"表格"|"自动调整"|"平均分布各行"命令，这样表格的每一行的高度就都相同了。方便以后的微调，接下来我们将第一列表格的列宽缩小，将光

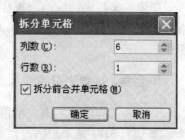

图 3-29　"拆分单元格"对话框

标指针指向第一列的边线上，直到指针变为 ↔|，拖动边线，直到得到所需的列宽为止。然后选定第一行的第二个单元格，单击"表格"|"拆分单元格"命令，进行如图 3-29 所示"拆分单元格"对话框的设置。

这样第一行的第二个单元格就被分成了 6 个小的单元格，我们再对第二行到第四行进行相同的拆分。接下来选定前四行最后一列的单元格，单击"表格"|"合并单元格"命令，这四个小单元格就变成了一个较大的单元格，用于放置我们简历中的照片。这样我们就把图 3-26 所示简历的前四行做完了，可能还有些行高或列宽不符合我们的要求，可以通过前面讲过的方法进行调整（⇕、↔|）。

剩下的表格调整与此类似。

根据实际的需要，我们也可以手动绘表。方法如下：调出"表格和边框"工具栏，如图 3-30 所示，利用工具栏上的"绘制表格"按钮和"擦除"按钮即可手动绘制表格。

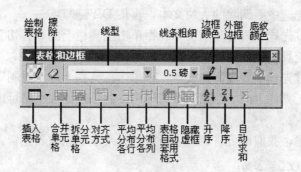

图 3-30　"表格和边框"工具栏

（三）文字录入

文档的输入窗口中有一条闪烁的"｜"，称为插入点，它只是文本的输入位置，在此可以键入文档内容。输入过程中有三点需要注意。

1. 选择合适的输入法

在输入文档之前应当选择合适的输入法。可以通过鼠标单击任务栏右边的输入法指示器进行选择，也可以利用 Ctrl＋Shift 快捷键在已安装的各种输入法之间进行切换。

2. 全角、半角字符的输入

对于英文和数字来说，全角和半角有很大的区别，例如，１２３、ＡＢＣ是全角字符，而123、ABC是半角字符，一个全角字符相当于两个半角字符的宽度。全角/半角的切换可以用鼠标单击输入法指示栏上的全角/半角切换按钮来完成。

对于一些特殊字符的输入，我们可以通过软键盘或者用"插入"菜单中的"符号"命令来完成。

3. 文本编辑

当文档内容输入完成之后，可能需要对输入的文本进行插入、修改、删除等操作。

在文档中插入字符时，首先将插入符定位到要插入字符的位置，然后通过 Insert 键转换到插入状态，最后输入需要插入的字符即可。少量字符的删除可以使用 Backspace 键或 Del 键，Backspace 键用于向前删除插入符前的字符，Del 键用于向后删除插入符后的字符。

如果要对大块的文本进行复制、移动和删除，那么在执行这些操作前，首先要选择进行操作的文本。最简单的办法就是按住鼠标左键将光标拖过这些文字，即可将它们全部选定。

删除文本：先选中要删除的大块文本，再按 Del 键即可。

移动文本：首先选中要移动的文本，再单击工具栏上的"剪切"按钮，然后选择新位置，并单击工具栏上的"粘贴"按钮即可。

复制文本：首先选中要复制的文本，再单击工具栏上的"复制"按钮，然后选择新位置，并单击工具栏上的"粘贴"按钮即可。利用选择性粘贴可以按指定的格式粘贴文本。

按照以上所述，我们即可将简历中所需的文字准确地输入完毕。

三、简历的格式化

在完成了简历的文字输入之后，便要考虑简历的格式化问题了。

（一）设置字符格式

面对写好的个人简历，左看右看都不觉得不太好看，因为现在的这份简历中只有一种字体，想想看有谁见过一份报纸只有一种字体的。个人简历也是如此，所以改变简历中的字体是美化简历的重要一步。

　　例如，我们需要把"涂云"这 2 个字变成字体为隶书，字号为四号，字形为常规的文字。

　　单击"格式"|"字体"命令，显示"字体"对话框，如图 3-31 所示，该对话框有三个标签："字体"、"字符间距"和"文字效果"。

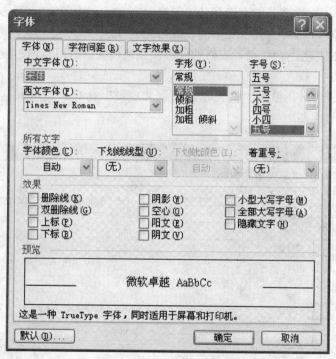

图 3-31　"字体"对话框

　　"字体"标签用来设置字体、字形、字号、下划线类型、颜色及效果等字符格式。用户可根据需要选择各项参数，如英文字母的大小写转换、加着重号、加阴影、改变字颜色等。对于大小写相互转换，可使用"格式"菜单中的"更改大小写"命令。各选项的作用一目了然。

　　这里字体我们选择"隶书"，字形为"常规"，字号选择"四号"。其他文字的格式化操作，与此类似。当然，字符的格式化操作除了用菜单实现外，也可以通过工具栏完成，同学们可自行尝试。

　　（二）表格中文字的对齐方式、边框线

　　当我们完成上述操作之后，会发现文字已经不那么苍白，变得生动起来。但是，所有的文字都是靠近左侧排列，这样使得整张表格看起来不太美观。所以我们需要对表格里面的内容进行对齐处理。

例如，我们需要将姓名"涂云"两个字在单元格中居中显示，不仅是水平方向居中，垂直方向也居中。

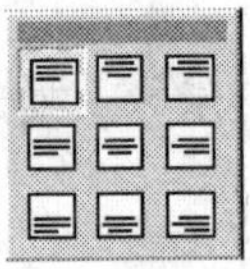

单元格中文字的对齐方式主要从水平和垂直两个方向设置，因此共形成九种对齐方式，如图 3-32 所示。

选定"涂云"所在的单元格，右击选定的单元格，在弹出的快捷菜单上选择"单元格对齐方式"中第二行第二列的对齐方式

图 3-32　对齐方式　即可。其他文字的设置依此类推。

观察我们的表格还会发现，表格的外边框颜色较深。这可以通过设置表格的边框线完成。

选定我们的表格，单击"格式"|"边框和底纹"命令，显示对话框，如图 3-33 所示。

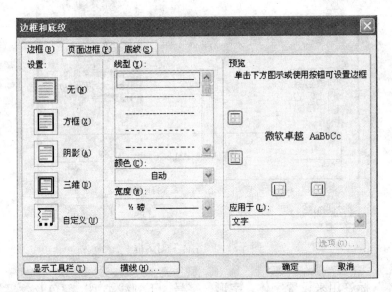

图 3-33　"边框和底纹"对话框

在"边框"标签中设置边框线的线型、颜色、宽度和应用范围，单击"确定"按钮完成设置。

至此，我们简历的第二页便制作完毕。

（三）设置段落格式

段落是 Word 的重要组成部分。所谓段落是指文档中两次回车键之间的所有字符，包括段后的回车符。合理地安排段落会使你的个人简历看起来更加井井有条。

段落格式主要是指段落中行距的大小、段落的缩进和对齐方式等。

选择"格式"|"段落"菜单命令，打开"段落"对话框，如图 3-34 所示。

在"缩进和间距"标签中主要包括对齐方式、缩进、间距的设置。

"对齐方式"：Word 提供了五种段落对齐方式，它们分别是左对齐方式、两端对齐方式、居中对齐方式、右对齐方式和分散对齐方式。

"缩进"：段落缩进的含义，是使得段落的左边或右边留出一些额外的空间。其中首行缩进用于指定段落中的第一行的缩进量；悬挂缩进则用于指定段落中除首行之外的行缩进量。

"间距"设置包括段间距和行距。段间距用于加大段落间距，有"段前"和"段后"的磅值设置，可以使文档显得层次分明。行距用于控制两行之间的距离，通常采用"固定值"、"多倍行距"进行设置。

例如，在简历的第三页中，段落格式化为：左对齐，左缩进 3 个字符，右缩进 2 个字符，行距为固定值 18 磅，首行缩进 2 字符，段间距为 0 行。如图 3-35 所示。

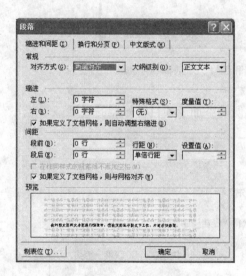

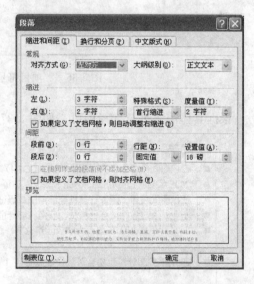

图 3-34　"段落"对话框　　　　　　　　图 3-35　"段落"格式设置

在输入文字和划分段落的时候，一定会遇到换行的问题，一般的情况下都会使用 Enter 键。在此提醒，在 Word 2003 中还有另外一种换行方式，即使用组合键 Shift＋Enter。使用这种换行的方法在 Word 2003 中显示的换行符为↓。这两种换行方式的区别在于直接使用 Enter 键换行，是另起一个新的段落；而使用 Shift＋Enter 组合键换行之后，是在同一段落内另起一行。

在制作个人简历的时候，一定会涉及一些可以并列放置在一起的项目，如你所获得的一系列学历、证书等。将它们罗列在一起之后，可能希望在它们前面加上一些特别的图案，这样做既可以引起他人的注意，又可以起到美化简历的作用。

　　单击菜单栏中的"格式"|"项目符号和编号"命令，弹出如图 3-36 所示的"项目符号和编号"对话框。

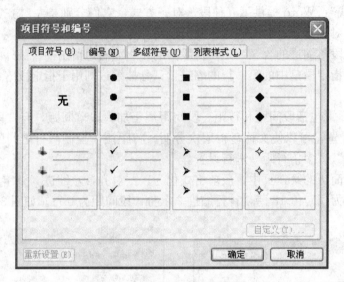

图 3-36　"项目符号和编号"对话框

根据具体需要进行选择即可。如图 3-37 便是添加了项目符号后的效果。

获得的证书及奖励：
- 在校期间获得大学英语四级考试（CET-4）
- 2005 年底通过微软 Microsoft MSECE 认证
- 在校期间获得"国家计算机等级考试二级证书"
- 毕业时通过省电算会计考试，获得《会计证》
- 2006 年底参加山东理工大学校园辩论赛，获得"最佳辩手"
- 2007 年参加计算机协会算法设计竞赛（$\int_{-\infty}^{+\infty} e^{-a^2x^2} dx = \frac{\sqrt{\pi}}{a}$ 快速求解），获得一等奖。

图 3-37　项目符号效果

四、插入对象

　　在文档中除了文本、表格之外，往往还要用到图片、图形等各种对象。比如，在这份简历中就用到了图片和数学公式。那么，如何在文档中插入图片呢？

　　选择菜单中的"插入"|"图片"|"来自文件"，将会打开如图 3-38 所示的对话框。在对话框中选择所需要的图片文件，然后单击"插入"按钮即可。

　　实际上，我们在使用 Word 制作文档时，可能会用到更多种类的插入对象，如特殊符号、数学公式、文本框、艺术字等。操作与此类似，只需单击"插入"菜单，然

图 3-38　"插入图片"对话框

后选择相应的对象即可。

在我们的简历第三页"获得的证书及奖励"中，有这样的一个数学公式 $\int_{-\infty}^{+\infty} e^{-a^2 x^2} \mathrm{d}x = \dfrac{\sqrt{\pi}}{a}$，如何实现数学公示的插入呢？

（1）单击"插入"菜单中的"对象"命令，在打开的"对象"对话框中选择"Microsoft 公式 3.0"项，确定之后将弹出"公式"工具栏。在该工具栏中提供了 19 类符号模板和样式模板以供选用，如图 3-39 所示。

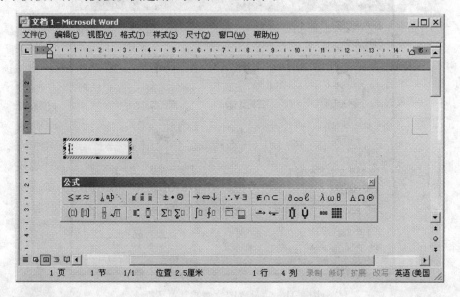

图 3-39　公式编辑器

（2）选择需要的样式模板和符号模板，从插入点开始输入公式。在公式的输入过程中，可以使用鼠标或 Tab 键移动插入点。输入完毕，单击公式外的任意区域，即可退出公式的编辑。在编辑好的公式上双击鼠标，即可重新进入公式编辑状态。

Word 2003 允许对插入的对象进行编辑和修改以满足实际的需要，如调整对象的颜色、大小、线条，设置环绕方式等。插入到文档中的对象有两种环绕方式，一种是嵌入式（8 个尺寸控点是实心的，并带有黑色边框，只能嵌入在字符或段落之间，不能实现文字环绕效果）；一种是浮动式（8 个尺寸控点是空心的，可以用鼠标拖动到页面的任意位置，还可以实现各种文字环绕效果）。如图 3-40 所示。Word 2003 中插入的图片默认为嵌入式。

图 3-40 图片的两种环绕方式

现在我们就可以着手制作我们的简历封面了。首先，输入封面中需要的一些文字，如学校、姓名、专业等，然后对其进行格式化操作，如设置字体、颜色、字号等。

接下来我们就可以利用上述的方法将校徽图片和山东理工大学正门图片插入，然后适当调整图片的大小。再右击图片选择"设置图片格式"命令，在打开的对话框中单击"版式"选项卡，设置环绕方式为"浮于文字上方"（图 3-41），确定之后即可将嵌入式图片调整为浮动式图片，此时可以用鼠标将图片拖动到简历封面的相应位置。

图 3-41 "设置图片格式"对话框

五、版式设置与打印

（一）版式设置

对简历进行版式设置是一项重要的工作，主要包括页面设置、页眉和页脚设置、插入页码等。

1. 页面设置

单击"文件"｜"页面设置"命令，打开如图 3-42 所示的"页面设置"对话框。在"页边距"选项卡中，可以设置文档的页边距、方向和页码范围等。在"纸张"选项卡中，可以设置纸张的大小和来源。

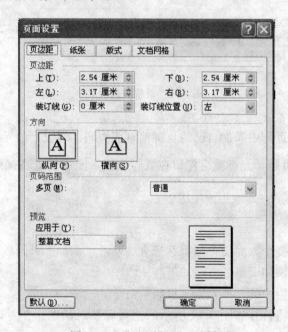

图 3-42　"页面设置"对话框

2. 页眉和页脚

在平时看书、看报的时候，或许会注意到这些报刊、书籍的每一页都有页眉、页脚，可以在页眉、页脚中放入一些有用的信息，如时间、说明、页码等。

在自己的个人简历中添加页眉、页脚会给人一种比较专业的感觉，同时也美化了你的简历。

在 Word 2003 中实现这样的效果很简单。编辑页眉、页脚的方法是选择菜单栏的"视图"｜"页眉和页脚"命令，所编辑的文档将变成如图 3-43 的样子，此时就可以在插入点输入页眉内容了。

图 3-43　设置页眉页脚

　　当然，可以在页脚中添加自己的页脚信息或页码。假设当前光标在页眉位置，单击▣图标切换到页脚，光标就会停留在页脚位置，使用键盘直接键入相应的页脚信息即可。

3. 插入页码

　　面对厚厚的一叠个人简历，翻阅起来有些麻烦，添加上页码后就方便多了。
　　在个人简历中添加页码的方法如下。
　　(1) 选择菜单栏中的"插入"|"页码"命令。
　　(2) 系统随后将打开如图 3-44 所示的"页码"对话框。在对话框中选择合适的"位置"和"对齐方式"选项即可。

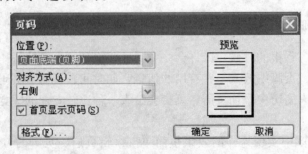

图 3-44　"页码"对话框

（3）如果对系统默认的页码样式不满意，可以单击对话框中的"格式"按钮，在打开的"页码格式"对话框设置即可。

4. 分节

我们在进行 Word 文档排版时，经常需要对同一个文档中的不同部分采用不同的版面设置，如设置不同的页面方向、页边距、页眉和页脚，或者重新分栏排版等。如果通过"文件"菜单中的"页面设置"来改变其设置，就会引起整个文档所有页面的改变。怎么办呢？此时，我们可以通过对 Word 文档进行分节来实现。

默认方式下，Word 将整个文档视为一"节"，故对文档的页面设置是应用于整篇文档的。若需要在一页之内或多页之间采用不同的版面布局，只需插入"分节符"将文档分成几"节"，然后根据需要设置每"节"的格式即可。

插入"分节符"的步骤如下。

（1）单击需要插入分节符的位置。

（2）单击"插入"｜"分隔符"命令，打开"分隔符"对话框。

（3）在"分节符类型"中选择需要的分节符类型。"下一页"：分节符后的文本从新的一页开始；"连续"：新节与其前面一节同处于当前页中；"偶数页"：分节符后面的内容转入下一个偶数页；"奇数页"：分节符后面的内容转入下一个奇数页。

插入"分节符"后，要使当前"节"的页面设置与其他"节"不同，只要单击"文件"菜单中的"页面设置"命令，在"应用于"下拉列表框中，选择"本节"选项即可。

在这个简历中，我们注意到后两页的页眉不一样；而第一页（封面）没有页眉和页码，页码从第二页开始计数，这是如何实现的呢？

将光标定位在"本人概况"前面，然后单击"插入"｜"分隔符"命令，打开"分隔符"对话框，在"分节符类型"里面选择"下一页"。同样再将光标定位在"自我评价"前面，然后单击"插入"｜"分隔符"命令，打开"分隔符"对话框，在"分节符类型"里面选择"下一页"，这样简历就被分成了 3 个小节。

将光标定位在第二节内，单击"视图"｜"页眉和页脚"，在页眉页脚工具栏中单击 ▦（链接到前一项），这样第二节就和第一节断开了联系。此时我们输入页眉内容"我的简历"。再将光标定位在第三节内，单击"视图"｜"页眉和页脚"，在页眉页脚工具栏中单击 ▦，这样第三节就和第二节断开了联系。此时我们输入页眉内容"在校情况"，这样就完成了个人简历页眉的制作。

将光标定位在第二节内，双击页脚，在页眉页脚工具栏中单击 ▦（插入页码），在页眉页脚工具栏中单击 ▦（设置页码格式），设置起始页码从 1 开始，确定。完成个人简历的页码设置。

（二）简历的打印

（1）选择菜单栏中的"文件"|"打印"命令，系统将会弹出如图 3-45 所示的对话框。

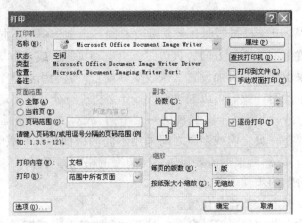

图 3-45　"打印"对话框

（2）在"名称"框中选择打印机。如果在您的计算机里安装过不止一个打印机驱动程序，则需要选择当前使用的打印机。

（3）如果在打印时只想打印其中的某些页，可以在"页码范围"的文本框内填写所要打印的页码。

（4）在正式打印之前可以先预览一下，确定效果是否满意。预览的方法为单击菜单栏"文件"|"打印预览"，将弹出如图 3-46 所示的打印预览界面。

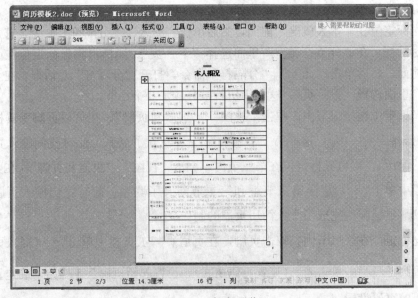

图 3-46　打印预览

如果对预览的效果不满意，可以单击工具栏中的"关闭"按钮退出打印预览界面，进行进一步的编辑和修改。如果对预览的效果还满意，就可以开始打印了。单击工具栏上的"打印"按钮，即可完成打印工作，这样一份精美的个人简历便跃然纸上了。

第三节　电子表格系统 Excel 2003

一、Excel 2003 功能简介

Excel 2003 是 Office 2003 套件中的组件之一，是一款功能强大的电子表格应用软件，主要功能如下。

（1）制作表格。提供多种数据输入和建立工作表的方法，可以方便地对工作表中的数据进行编辑、计算、格式设置、打印等。

（2）自动计算。利用系统提供的 9 大类函数和用户自定义的公式可以完成复杂的各种数值计算。

（3）生成图表。利用工作表中的数据，使用系统的图表向导功能，快速生成各类图表，形象地表示数据。

（4）数据管理。可以实现数据的排序、筛选、分类汇总等管理功能。

下面我们通过三个案例来具体学习 Excel 2003 的各项基本操作。

二、案例 1　学生成绩综合管理

（一）知识点

在此我们需要创建一个类似图 3-47 的工作簿文件，需要用到如下知识点：①工作簿的创建；②工作表的基本操作；③单元格中数据的输入；④数据的格式化；⑤数据的计算：公式及函数的使用；⑥数据的筛选；⑦数据的排序。

（二）操作步骤

第一，启动 Excel 2003（图 3-48）。

相关基本概念如下：

（1）工作簿。工作簿是 Excel 2003 用来管理和处理数据的文件，其文件扩展名为 .xls。刚刚启动 Excel 2003 时，同时会打开一个空白工作簿——Book1（请注意看标题栏），这是系统默认的文件名，用户在存盘时需要根据所存数据的实际含义取一个合适的文件名。每一个工作簿可以包含若干个工作表（默认 3 个，当然可以更改，最多 255 个）。

（2）工作表。每一个工作表由若干个"单元格"（65 536×256）组成，一般每一个工作表中存放相关的一个电子表格，工作表默认的名称即工作表的标签名称是 Sheet1、Sheet2 等，用户一般需要根据具体情况进行更改，工作表的个数也可以根据

Microsoft Excel - 学生成绩管理.xls

文件(F) 编辑(E) 视图(V) 插入(I) 格式(O) 工具(T) 数据(D) 窗口(W) 帮助(H)

宋体 ▼ 12 ▼ **B** *I* U

C31 ▼ {=FREQUENCY(C3:C26,$I29:$I33)}

	A	B	C	D	E	F	G	H	I
1			5年级1班成绩信息表						
2	学号	姓名	语文	数学	英语	总分	平均分	名次	
3	050101	谢晓兰	98	99	97	294	98.00	1	
4	050102	张大千	96	85	75	256	85.33	13	
5	050103	李丽	89	86	85	260	86.67	12	
6	050104	王超	91	95	93	279	93.00	7	
7	050105	张伟	85	83	72	240	80.00	15	
8	050106	胡方刚	78	72	89	239	79.67	16	
9	050107	张富强	69	67	62	198	66.00	23	
10	050108	孟忠浩	95	96	92	283	94.33	4	
11	050109	黄雯	65	78	68	211	70.33	21	
12	050110	张乐乐	95	92	93	280	93.33	6	
13	050111	刘春晓	78	79	75	232	77.33	17	
14	050112	余大智	98	96	95	289	96.33	2	
15	050113	景阳冈	85	86	84	255	85.00	14	
16	050114	范长军	95	94	92	281	93.67	5	
17	050115	严莉莉	96	95	93	284	94.67	3	
18	050116	邵利华	78	75	71	224	74.67	19	
19	050117	裘欣欣	95	96	84	275	91.67	10	
20	050118	李志	78	76	72	226	75.33	18	
21	050119	张俊梅	74	73	70	217	72.33	20	
22	050120	李华	92	91	90	273	91.00	11	
23	050121	王振利	59	58	67	184	61.33	24	
24	050122	石钱	65	68	67	200	66.67	22	
25	050123	陈乔	92	91	93	276	92.00	9	
26	050124	赵阳阳	92	93	92	277	92.33	8	
27	平均分		84.92	84.33	82.13	251	83.79		
28	最高分		98	99	97	294	98.00		成绩分段点
29	最低分		59	58	62	184	61.33		100
30	标准差		11.60	11.07	11.02	32.30	10.77		89.99
31	>=90人数		12	11	10		11		79.99
32	80-90人数		3	4	4		4		69.99
33	70-80人数		5	6	6		6		59.99
34	60-70人数		3	2	4		3		
35	<60人数		1	1	0		0		

5年1班 / 5年2班 /

就绪

图 3-47 案例 1 学生成绩管理工作簿界面窗口

实际情况添加或删除，就像我们使用的纸质的活页的记账本一样。

（3）单元格。工作表中行列交叉所形成的区域称为单元格，单元格中可以输入数据及公式，单元格的名称由其所在的列标（A，B，C，…Z，AA，AB，…，AZ，BA，BB，…，IV，共 256 列）和行号（1，2，3，…，65 536，共 65 536 行）确定。单击某单元格，则激活此单元格，称其为"活动单元格"。刚启动 Excel 时，默认 A1 为活动单元格，所以此时从键盘上输入的数据将位于 A1 单元格中。

（4）单元格区域。由两个以上的单元格所形成的区域，如 A1：B2，共包含 A1，A2，B1，B2 四个单元格，冒号（：）是一个单元格运算符，可以读"到"，也就是限定了一个范围。

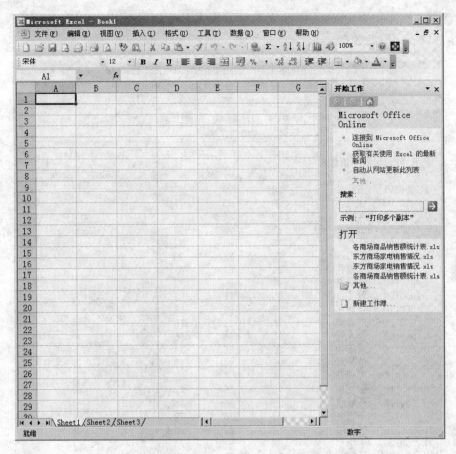

图 3-48　刚刚启动起来的 Excel 2003 窗口界面

（5）编辑栏。如图 3-49 所示，位于工具栏下方，单击某单元格后可以在此（fx 后面）编辑数据，也可以双击某单元格后在单元格中编辑数据（如果对单元格只是单击的话，只要一输入单元格中的数据就会全部被更新；如果是更改部分数据的话，一定要双击）。

图 3-49　编辑栏的使用演示图

第二，在工作表 Sheet1 中输入数据，输入各项原始数据，保存文件时取名为"学生成绩管理原始数据．xls"，建立如图 3-50 所示的工作表。

图 3-50 所示工作表如下：

	A	B	C	D	E	F	G	H
1	5年级1班成绩信息表							
2	学号	姓名	语文	数学	英语	总分	平均分	名次
3	050101	谢晓兰	98	99	97			
4	050102	张大千	96	85	75			
5	050103	李丽	89	86	85			
6	050104	王超	91	95	93			
7	050105	张伟	85	83	72			
8	050106	胡方刚	78	72	89			
9	050107	张富强	69	67	62			
10	050108	孟忠浩	95	96	92			
11	050109	黄雯	65	78	68			
12	050110	张乐乐	95	92	93			
13	050111	刘春晓	78	79	75			
14	050112	佘大智	98	96	95			
15	050113	景阳冈	85	86	84			
16	050114	范长军	95	94	92			
17	050115	严莉莉	96	95	93			
18	050116	邵利华	78	75	71			
19	050117	聂欣欣	95	96	84			
20	050118	李志	78	76	72			
21	050119	张俊梅	74	73	70			
22	050120	李华	92	91	90			
23	050121	王振利	59	58	67			
24	050122	石钱	65	68	67			
25	050123	陈乔	92	91	93			
26	050124	赵阳阳	92	93	90			
27								

图 3-50　学生成绩管理原始数据工作表

（1）工作表的基本操作。工作表的基本操作包括插入、删除、复制或移动、重命名、更改工作表标签颜色等，这些操作都非常容易实现，只要右击工作表的标签，从快捷菜单中选择相应选项，然后按照相应提示操作即可。

（2）第一个同学学号的输入。在 Excel 2003 的工作表中可以输入的数据从数据类型来分可以分为字符型、数值型、日期型等，不同类型的数据输入后在单元格中默认有不同的对齐方式，如字符型为左对齐，其他类型为右对齐。学号的取值从形式上看好像是数值型，如"050101"，实际上在软件中使用时为了使用方便起见一般把它作为字符型，所以输入这样的数据时需要首先输入一个英文的单引号然后再输入学号才可以，如输入"'050101"，输入完后，注意看一下，数据是左对齐的，而且"0"

是存在的。如果不输入单撇号，直接输入学号，输入完后，会发现"0"没了，数据自动右对齐，因为系统把它作为一个数值型数据了。所以，在 Excel 2003 中输入数据时需要遵守一定的规则。

（3）用自动填充功能完成其他同学学号的输入。将鼠标移动到 A3 单元格的右下角拖动柄上，鼠标形状变为"＋"字形，按住鼠标左键拖动到 A26，然后松开左键，会看到其他同学的学号都自动填上了，真的是很方便。自动填充是 Excel 的重要功能，当表格中行（或列）的部分数据形成了一个具有相同变化趋势的序列时，如数字1，2，3…只要输入前两项，然后选定这两项，拖动填充柄，即可复制出以后各项；如果是字符型数据（如此处的学号）或是文本中带有数字，只要输入一项，拖动填充柄即可按数值递增顺序复制出以后各项，请同学们自己试一试。

（4）真分数的输入规则。对于像"2/3"这样的真分数，输入时请先输入一个"0"，然后输入一个空格，再输入分数本身，否则系统会理解成"2 月 3 日"。

（5）日期、时间的输入。输入日期时，年月日之间可以使用分隔符"/"或"-"，如"2010-09-16"，如果需要输入当前系统日期直接按组合键 Ctrl＋；即可；输入时间时，时分秒之间可以使用分隔符"："，如"18：30：38"，可以在后面加一个空格后加字母"a"或"am"以及"p"或"pm"表示上午以及下午，如"8：00 am"表示上午 8点。如果需要输入当前系统时间请直接按组合键 Ctrl＋Shift＋；即可。

第三，计算总分。

第一步，计算第一个同学的总分。

操作方法：将鼠标移到第一个同学的总分应存放的单元格即 F3 中，然后单击工具栏中的工具按钮 Σ ，即会出现如图 3-51 所示的计算公式及函数，同时看到有一个虚线框将第一个同学的三门单科成绩框了起来。此时系统自动在 F3 单元格中插入了计算总分的公式"＝SUM（C3：E3）"，此处 SUM 是 Excel 系统提供的求和函数，后面括号里边的（C3：E3）是函数的参数，此处表示第一个同学的三门单科成绩，如果参数不对可以直接修改，正确了当然就不用改了，直接按 Enter 键即可看到计算结果，如图 3-52 所示，选中 F3 单元格时注意到编辑栏中会显示计算公式。

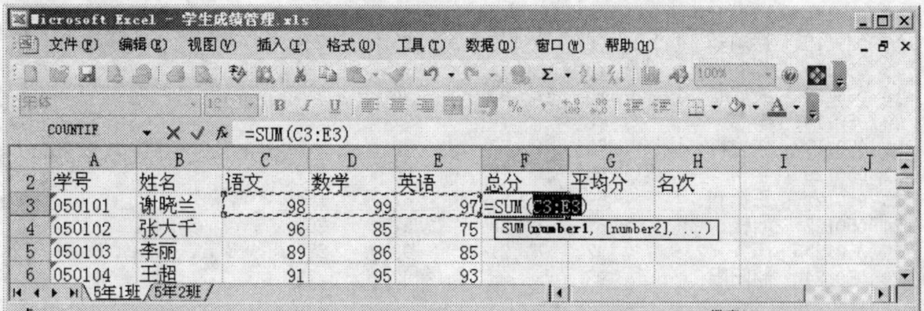

图 3-51 使用 Σ 工具按钮计算第一个同学的总分

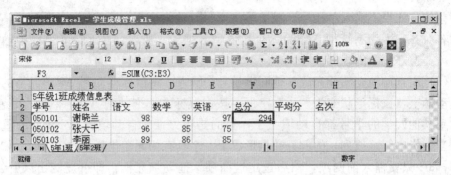

图 3-52 计算出第一个同学的总分

第二步，计算其他同学的总分。

将鼠标移动到 F3 单元格的右下角拖动柄上，鼠标形状变为"＋"字形，按住鼠标左键拖动直到最后一个同学，即 F26，然后松开左键，会看到其他同学的总分也都计算了出来，如图 3-53 所示。

	A	B	C	D	E	F	G	H	I
1	5年级1班成绩信息表								
2	学号	姓名	语文	数学	英语	总分	平均分	名次	
3	050101	谢晓兰	98	99	97	294			
4	050102	张大千	96	85	75	256			
5	050103	李丽	89	86	85	260			
6	050104	王超	91	95	93	279			
7	050105	张伟	85	83	72	240			
8	050106	胡方刚	78	72	89	239			
9	050107	张富强	69	67	62	198			
10	050108	孟忠浩	95	96	92	283			
11	050109	黄雯	65	78	68	211			
12	050110	张乐乐	95	92	93	280			
13	050111	刘春晓	78	79	75	232			
14	050112	余大智	98	96	95	289			
15	050113	景阳冈	85	86	84	255			
16	050114	范长军	95	94	92	281			
17	050115	严莉莉	96	95	93	284			
18	050116	邵利华	78	75	71	224			
19	050117	聂欣欣	95	96	84	275			
20	050118	李志	78	76	72	226			
21	050119	张俊梅	74	73	70	217			
22	050120	李华	92	91	90	273			
23	050121	王振利	59	58	67	184			
24	050122	石钱	65	68	67	200			
25	050123	陈乔	92	91	93	276			
26	050124	赵阳阳	92	93	92	277			
27									

图 3-53 计算出所有同学的总分

关键提示：

（1）公式的输入。凡是计算一般都需要输入公式，在 Excel 中需要在单元格中先输入"＝"，表示计算，然后再输入计算的算式，刚才的例子中计算第一个同学的总分时我们使用了最快捷的工具按钮，实际上我们可以慢慢计算。首先在 F3 单元格中输入公式"＝C3＋D3＋E3"，然后按 Enter 键，结果是相同的，显然工具按钮方便多了。在 Excel 的公式中可使用的算术运算符包括＋（加）、－（减）、＊（乘）、/（除）、%（百分号）和⌃（乘幂）。

（2）函数的概念。函数实际上是系统提供的事先编制好的一段程序代码，每一个函数都有具体的功能，作为用户来说，不用考虑函数的代码是如何编写的，只要按照一定的方法会使用它们进行相关的数值计算即可，如本例中求和函数 SUM 的使用。Excel 2003 提供了财务、日期与时间、数学与三角函数等共九类数量多达几百种函数，如图 3-54 所示（点击菜单项"插入"|"函数"，然后点击"常用函数"右边的黑三角即可看到该图了），为用户进行数据运算以及数据分析带来了极大的方便。在单元格中输入函数时，用户既可以快速利用工具按钮输入，也可以直接从键盘输入（如果能够记得准确的话），也可以从图 3-54 中查找函数然后插入，各种方法都可以。函数有两部分组成，函数名和函数参数。使用时一定要注意一是函数名称必须正确，二是函数的参数引用也必须正确（主要是参数的个数及类型要相对应）。

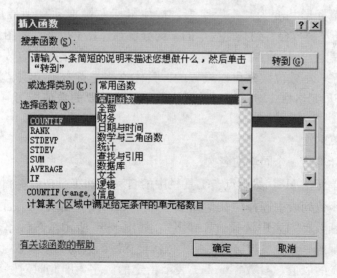

图 3-54　Excel 中的函数

（3）单元格的引用方式。单元格的引用是把单元格的数据和公式联系起来，标明公式中使用数据的位置。Excel 中单元格的引用有三种方式：相对引用（默认方式，也是最常用方式）、绝对引用和混合引用。①相对引用：相对引用是指单元格引用时会随公式所在位置的变化而变化，公式的值将会依据变化后的单元格地址的值重新计算。如本例中当我们将公式复制到 F26 时，函数的参数自动变成了（C26：E26），参见图 3-53。②绝对引用：绝对引用是指公式中的单元格的地址不随着公式位置的改变而发生改变。绝对引用的形式是在每一个列标及行号前都加一个"＄"符号，如"＄C＄3"。请同学们自己试一试，如果把本例中的函数参数修改为"＄C＄3：＄E＄3"，然后拖动填充，参数还会变化吗？结果正确吗？③混合引用：混合引用是指单元格或单元格区域的地址部分相对引用，部分绝对引用。例如，"＄C3：＄E3"，这样在复制填充时，只有相对引用的部分会自动变化，绝对引用的部分就不变了，请同学们思考一下，本例中如果把函数参数变为这样的混合引用是否可以？

第四，计算平均分。

第一步，计算第一个同学的平均分。首先点击单元格 G3，然后点击工具栏中的自动求和工具按钮 Σ· 右边的小黑三角，从出现的函数列表中选择"平均值"，接着看到单元格 G3 中自动出现计算公式"＝AVERAGE（C3：F3）"，同时 C3～F3 四个单元格有虚线框了起来。显然 F3 是不应该参加运算的，所以我们在 G3 单元格中单击，出现光标后将 F3 修改为 E3，立即我们发现 C3～E3 有蓝色的框线框了起来，这个运算范围是正确的，按一下 Enter 键，这时在 G3 单元格中出现了计算结果 98.00。

第二步，利用复制填充计算其他同学的平均分。将鼠标移动到 G3 单元格的右下角拖动柄上，鼠标形状变为"＋"字形，按住鼠标左键拖动直到最后一个同学即 G26，然后松开左键，会看到其他同学的平均分也都计算了出来，如图 3-55 所示。

小数位数提示：同学们在计算平均分时，一开始可能计算出的数据没有小数部分，这没有关系，小数位数是可以设置的，具体方法是点击菜单项"格式"|"单元格"，然后打开单元格格式对话框，设置小数位数为需要的数值即可（本例中为 2），如图 3-56 所示。

第五，计算名次。

第一步，计算第一个同学的名次。

首先点击单元格 H3，然后点击工具栏中的自动求和工具按钮 Σ· 右边的小黑三角，从出现的函数列表中选择"其他函数（F）…"，接着出现了"插入函数"对话框。从"常用函数"列表中选择"RANK"，如图 3-57 所示，然后单击"确定"按钮。在随后出现的"函数参数"对话框中依次设置好函数的三个参数。首先设置第一个参数 Number 的取值，参数 Number 表示指定的数字，即此时对哪个数字进行排位，此处显然应该是第一个同学的总分（一般按总分进行排名），即 F3 的值，所以参数 Number 的值可以取 F3，既可以直接在文本框中手工输入 F3，也可以点击文本框右边的红色返回按钮用鼠标去选取 F3，设置好后如图 3-58 所示。接着设置第二个参数 Ref 的取值，参数 Ref 表示参加排名次的数列，这里应该是 F3：F26，在这里为了后面的复制填充我们采用单元格绝对引用方式，即＄F＄3：＄F＄26，这是因为这个

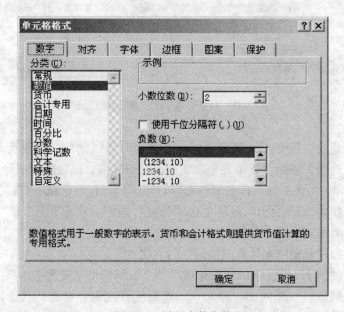

图 3-55　计算平均分完毕

图 3-56　设置小数位数

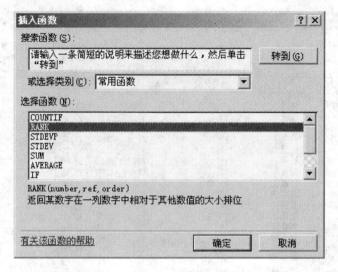

图 3-57   计算名次函数 RANk

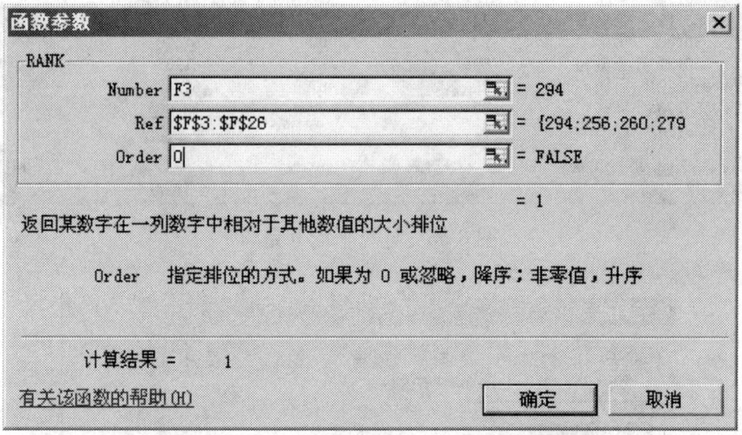

图 3-58   设置好参数后的函数 RANK

范围是不应该变的，待会儿计算其他同学的名次时请同学们自己改为相对引用试一试，结果还正确吗？最后设置第三个参数 Order 的取值，此处应该按降序排列，因此我们输入数值 0，当然不输入任何值也可以，同学们可以自己试一试。三个参数都设置好后，界面如图 3-58 所示，最后单击"确定"按钮，在单元格 H3 中即显示出了第一个同学的名次，本例中是 1。

第二步，利用复制填充计算其他同学的名次。

将鼠标移动到 H3 单元格的右下角拖动柄上，鼠标形状变为"＋"字形，按住鼠标左键拖动直到最后一个同学，即 H26，然后松开左键，会看到其他同学的名次也都计算了出来，如图 3-59 所示。

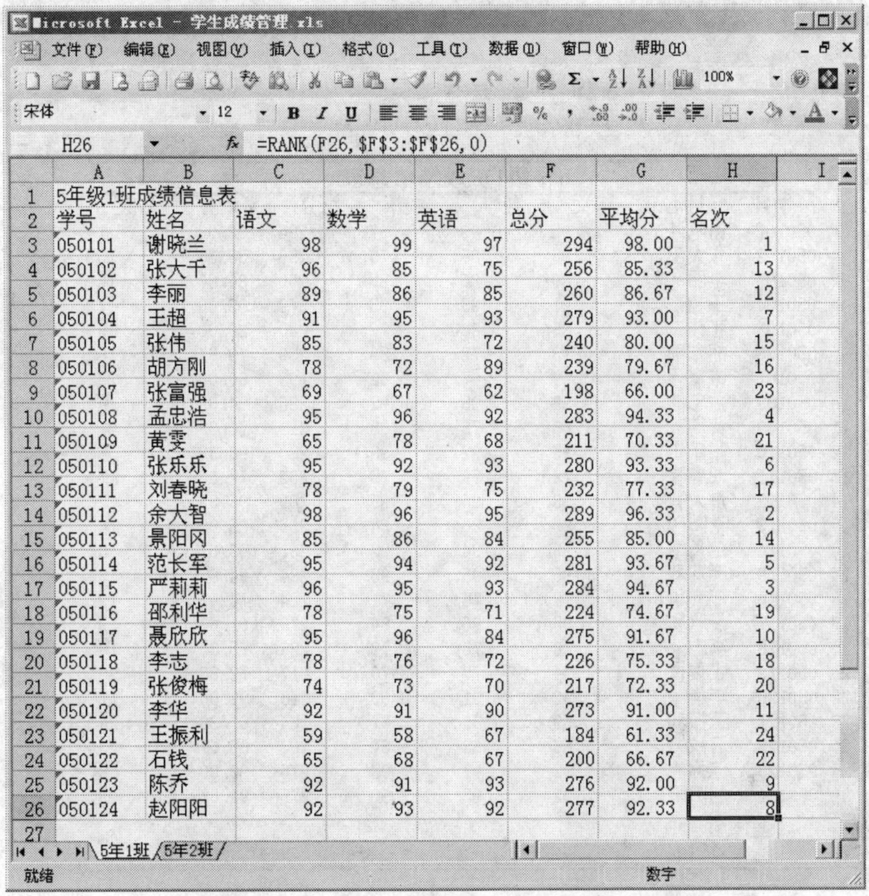

图 3-59　排好名次后的成绩表

第六，格式化工作表。

（1）将标题居中存放并设置合适的字号、加粗。首先在第一行中选中 A～H 列（工作表目前所占的总列数），然后点击工具栏中的"合并及居中"工具按钮，发现标题居中存放了而且第 1 行的 A～H 列的单元格进行了合并（这一步也可以在单元格格式对话框中实现，请同学们试一试），然后再设置字号为 14 号且加粗即可。如图 3-60 所示。

（2）将第 2 行的表头文字加粗并居中存放。将鼠标移到第 2 行行号所在处单击选中第 2 行，然后点击工具栏中的加粗及居中按钮进行设置即可。

对工作表进行格式化，使用工具栏按钮是一种比较快捷的方法，如果相关功能在工具栏中找不到，可以点击菜单项"格式"|"单元格"，打开"单元格格式"对话框，如图 3-60 所示，进行相关格式设置即可。

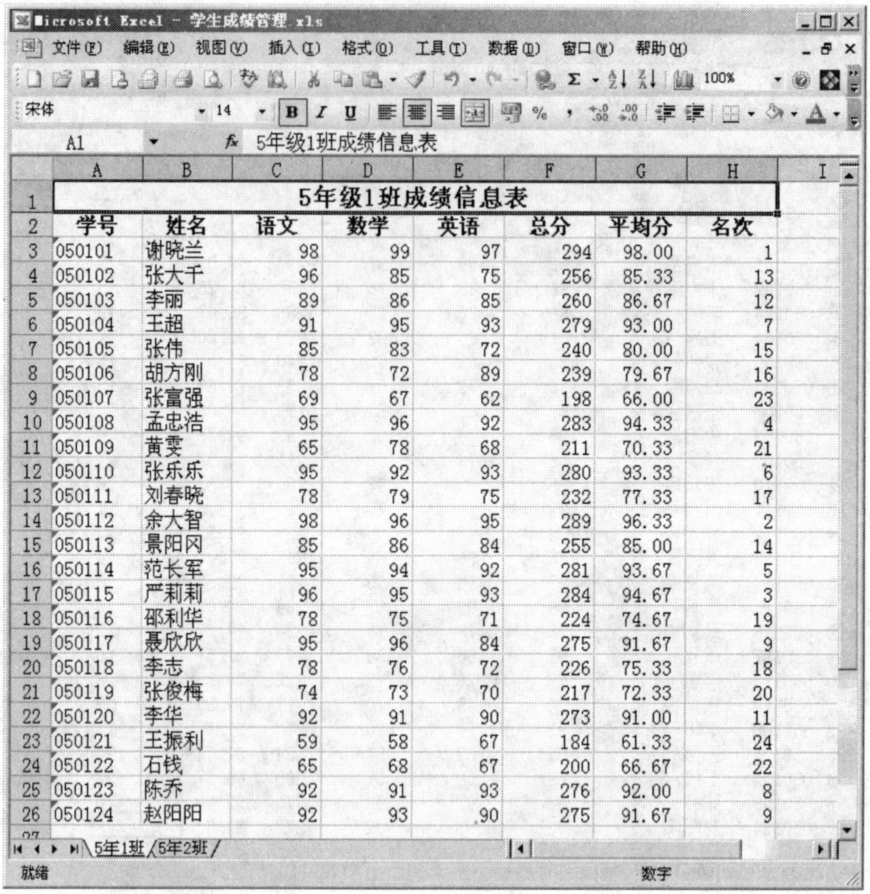

图 3-60　格式化后的工作表

第七，计算全班同学各门课程的平均分。

第一步，在第 27 行前两列处添加"平均分"提示信息。首先选中第 27 行的 A 与 B 两列，然后单击"合并及居中"工具按钮■，将 A 与 B 两列合并成一列，最后在 A27 单元格中输入"平均分"字样。

第二步，计算语文课程的全班平均分。首先点击单元格 C27，然后点击工具栏中的自动求和工具按钮Σ·右边的小黑三角，从出现的函数列表中选择"平均值"，接着看到单元格 C27 中自动出现计算公式"＝AVERAGE（C3：C26）"，同时 C3～C26 的所有单元格被虚线框了起来。显然这个运算范围是正确的，按一下 Enter 键，这时在 C27 单元格中立即出现了计算结果 84.92。

第三步，利用复制填充计算其他课程的平均分。将鼠标移动到 C27 单元格的右下角拖动柄上，鼠标形状变为"＋"字形，按住鼠标左键向右拖动直到 G27，然后松开左键，会看到其他课程的平均分也都计算了出来，如图 3-61 所示。

请同学们使用类似的方法将最高分及最低分计算出来，结果可参考图 3-61。

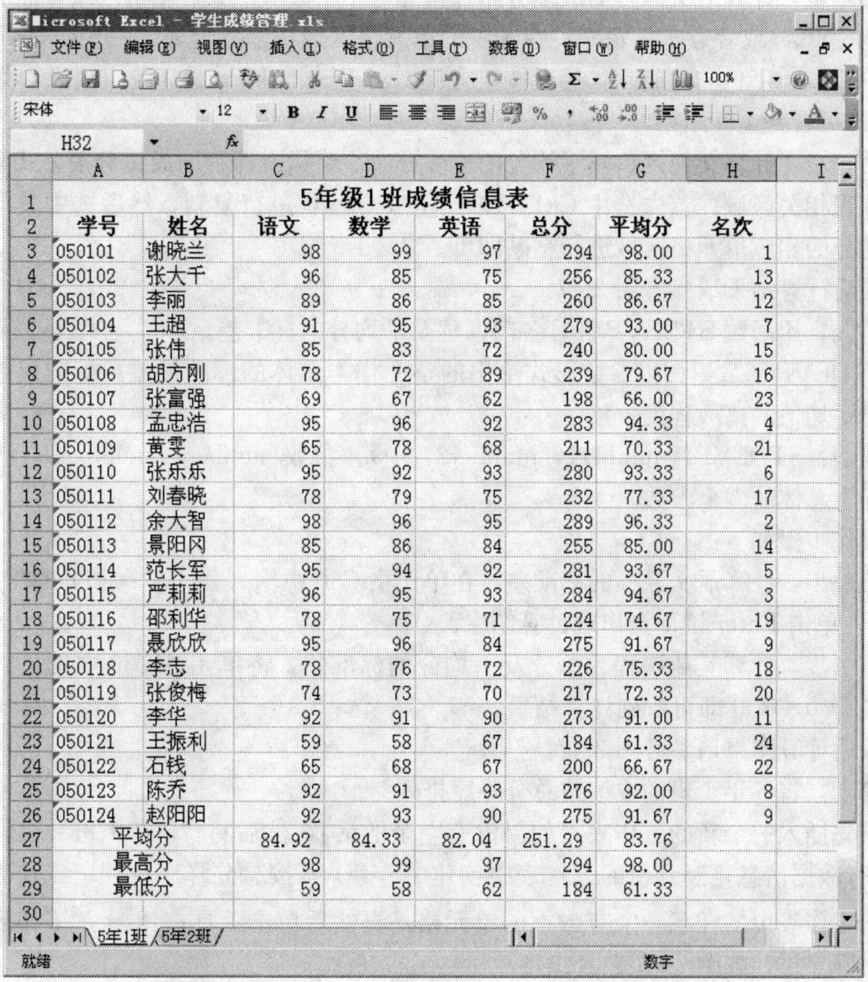

	A	B	C	D	E	F	G	H
1	5年级1班成绩信息表							
2	学号	姓名	语文	数学	英语	总分	平均分	名次
3	050101	谢晓兰	98	99	97	294	98.00	1
4	050102	张大千	96	85	75	256	85.33	13
5	050103	李丽	89	86	85	260	86.67	12
6	050104	王超	91	95	93	279	93.00	7
7	050105	张伟	85	83	72	240	80.00	15
8	050106	胡方刚	78	72	89	239	79.67	16
9	050107	张富强	69	67	62	198	66.00	23
10	050108	孟忠浩	95	96	92	283	94.33	4
11	050109	黄雯	65	78	68	211	70.33	21
12	050110	张乐乐	95	92	93	280	93.33	6
13	050111	刘春晓	78	79	75	232	77.33	17
14	050112	余大智	98	96	95	289	96.33	2
15	050113	景阳冈	85	86	84	255	85.00	14
16	050114	范长军	95	94	92	281	93.67	5
17	050115	严莉莉	96	95	93	284	94.67	3
18	050116	邵利华	78	75	71	224	74.67	19
19	050117	聂欣欣	95	96	84	275	91.67	9
20	050118	李志	78	76	72	226	75.33	18
21	050119	张俊梅	74	73	70	217	72.33	20
22	050120	李华	92	91	90	273	91.00	11
23	050121	王振利	59	58	67	184	61.33	24
24	050122	石钱	65	68	67	200	66.67	22
25	050123	陈乔	92	91	93	276	92.00	8
26	050124	赵阳阳	92	93	90	275	91.67	9
27		平均分	84.92	84.33	82.04	251.29	83.76	
28		最高分	98	99	97	294	98.00	
29		最低分	59	58	62	184	61.33	
30								

图 3-61　包含平均分、最高分及最低分的工作表

第八，用 FREQUENCY 函数统计各门课程各分数段的人数

FREQUENCY 函数以一列垂直数组返回某个区域中数据的频率分布。由于函数 FREQUENCY 返回一个数组，所以必须以数组公式的形式输入。

语法：FREQUENCY(data_array,bins_array)。其中，data_array 为一数组或对一组数值的引用，用来计算频率。如果 data_array 中不包含任何数值，函数 FREQUENCY 返回零数组；bins_array 为间隔的数组或对间隔的引用，该间隔用于对 data_array 中的数值进行分组。如果 bins_array 中不包含任何数值，函数 FREQUENCY 返回 data_array 中元素的个数。

第一步，输入成绩分段点。在单元格区域 I29～I33 中依次输入各成绩分段点，如图 3-47 所示。说明，如果成绩全部是整数，则分段点可以设为整数。

第二步，计算语文课程的成绩分布。首先选中 C31～C35 单元格区域，然后按一下功能键 F2（或者点击编辑栏）在选中的单元格区域中输入公式"＝FREQUENCY（C3：C26，＄I29：＄I33）"，最后按组合键 Ctrl＋Shift＋Enter（数组输入必须按此键），即可看到正确结果。

第三步，计算其他课程及平均分的成绩分布。将语文课程的成绩分段公式复制到其他课程相关区域。首先选中 C31～C35，按 Ctrl＋C 进行复制，然后选中其他课程及平均分的相应单元格区域进行粘贴即可。

最后计算结果请参考图 3-47。

第九，用函数 STDEVP 计算各门课程及平均分的标准差。

STDEVP 函数返回以参数形式给出的整个样本总体的标准偏差。标准偏差反映相对于平均值的离散程度。

语法：STDEVP（number1，number2，…）。参数 number1，number2，…为对应于样本总体的多个参数。

操作步骤如下：

第一步，计算语文课程的标准差。在单元格 C30 中输入公式"＝STDEVP（C3：C26）"，单击 Enter 键即可出现计算结果。

第二步，计算其他课程、总分及平均分的标准差。将单元格 C30 中的公式依次复制到 D30～G30 即可看到计算结果。

最后计算结果请参考图 3-47。

第十，将 5 年 1 班的成绩按总分降序排列

首先插入一个新的工作表（如果没有空余的话），然后将"5 年 1 班"工作表的前 26 行数据信息复制到新的工作表中创建"5 年 1 班按总分降序排列"工作表，然后单击工作表中的任意一个有数据的单元格，再然后单击工具按钮 ▦，工作表的数据便排好序了，如图 3-62 所示。

说明如下：

（1）在 Excel 中既可以按照某关键字的升序排序，也可以按照降序排列。

（2）在 Excel 中既可以按照单关键字排序，也可以按照多关键字排序。如果需要按照多关键字排序，可以点击菜单项"数据"｜"排序"，在"排序"对话框中进行相关设置即可，如图 3-63 所示。

第十一，利用自动筛选功能显示语文成绩前 10 名的学生信息。

点击菜单项"数据"｜"筛选"｜"自动筛选"，发现工作表中各个字段（即表头，如学号、姓名等）的右下角出现一个小三角。单击"语文"字段右边的小三角从列表中选择"前 10 个"，在出现的对话框中点击"确定"按钮即可，结果如图 3-64 所示。

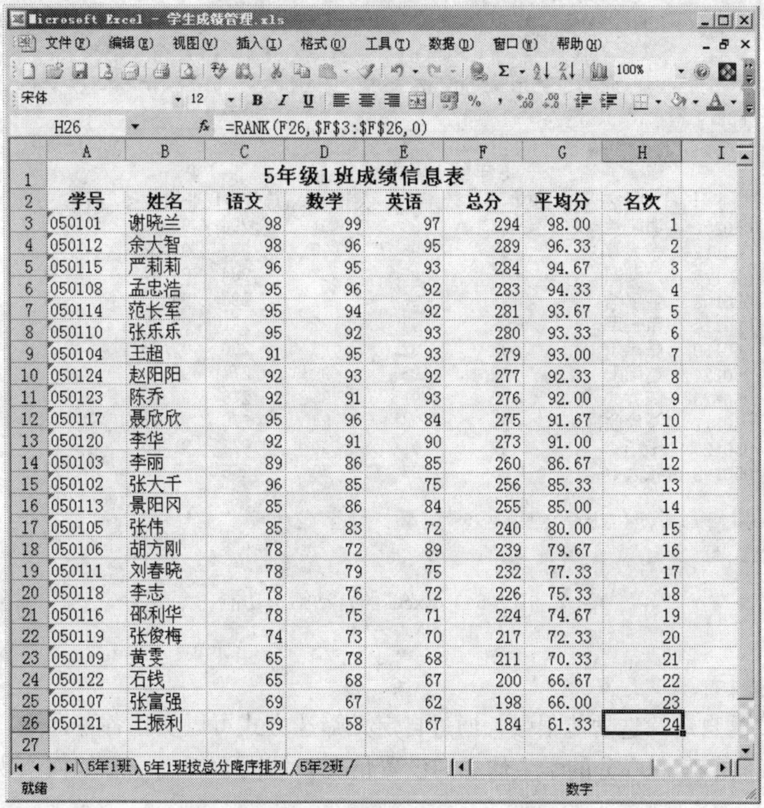

学号	姓名	语文	数学	英语	总分	平均分	名次
050101	谢晓兰	98	99	97	294	98.00	1
050112	余大智	98	96	95	289	96.33	2
050115	严莉莉	96	95	93	284	94.67	3
050108	孟忠浩	95	96	92	283	94.33	4
050114	范长军	95	94	92	281	93.67	5
050110	张乐乐	95	92	93	280	93.33	6
050104	王超	91	95	93	279	93.00	7
050124	赵阳阳	92	93	92	277	92.33	8
050123	陈乔	92	91	93	276	92.00	9
050117	聂欣欣	95	96	84	275	91.67	10
050120	李华	92	91	90	273	91.00	11
050103	李丽	89	86	85	260	86.67	12
050102	张大千	96	85	75	256	85.33	13
050113	景阳冈	85	86	84	255	85.00	14
050105	张伟	85	83	72	240	80.00	15
050106	胡方刚	78	72	89	239	79.67	16
050111	刘春晓	78	79	75	232	77.33	17
050118	李志	78	76	72	226	75.33	18
050116	邵利华	78	75	71	224	74.67	19
050119	张俊梅	74	73	70	217	72.33	20
050109	黄雯	65	78	68	211	70.33	21
050122	石钱	65	68	67	200	66.67	22
050107	张富强	69	67	62	198	66.00	23
050121	王振利	59	58	67	184	61.33	24

图 3-62　按总分降序排列的成绩表

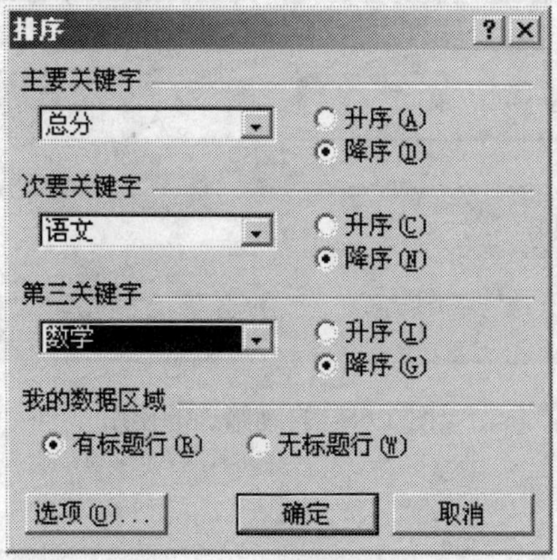

图 3-63　多关键字排序示例

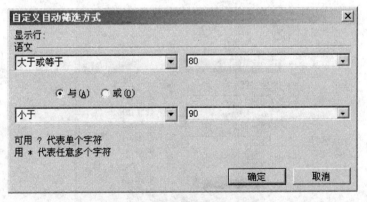

图 3-64　Excel 的自动筛选功能

关键提示：

Excel 的自动筛选功能很强，通过自定义筛选方式可以实现各种筛选，如图 3-65 为语文成绩在 80～90 分的学生信息的设置情况，请同学们想一想如何实现一些其他的筛选。

图 3-65　自动筛选的使用

（三）小结

本案例主要讲解了工作簿的创建、保存，工作表的基本操作，数据的输入、编辑、公式与函数的使用、数据的排序及自动筛选等操作。这些基本操作是 Excel 工作的基础，希望同学们认真学习，好好掌握。

三、案例 2　各商场商品销售图表显示

（一）知识点

图表就是将单元格中的数据以各种统计图表的形式显示，使得数据更加直观。当工作表中的数据改变时，图表中对应的数据也自动发生变化。

Excel 中的图表根据存放位置不同可以分为两种，一种是嵌入式图表，和用来创建图表的数据源放置在同一个工作表中；另一种是独立图表，单独存放在另一个工作表中，与数据源分开。

本案例主要讲解如下两个知识点：①图表的建立。②图表的格式设置。

（二）操作步骤

（1）选定制作图表的数据区域。拖动鼠标，选择数据区域 A1：E6。

（2）选择图表类型。选择菜单项"插入"|"图表"或者单击常用工具栏中的工具按钮"图表向导" ，打开"图表向导-4 步骤之 1-图表类型"对话框，选择"标准类型"选项卡。在选项卡中选择"图表类型"列表框中的"柱形图"，在其右边的"子图表类型"中选择"簇状柱形图"（第 1 项），如图 3-66 所示。

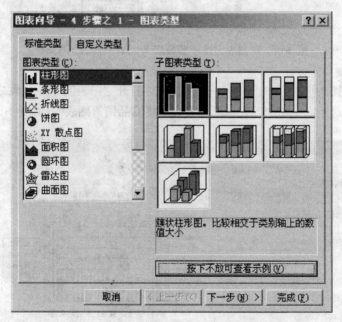

图 3-66　"图表向导-4 步骤之 1-图表类型"对话框

（3）确定图表源数据。单击"下一步"按钮，在"图表向导-4 步骤之 2-图表源数据"对话框中确定数据区域及系列产生在列还是行，经过查看，数据区域是正确

的,系列产生在列也是可以的,即采用系统的默认取值,如图 3-67 所示。

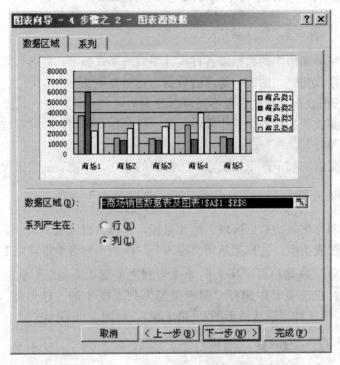

图 3-67　"图表向导-4 步骤之 2-图表源数据"对话框

(4) 确定图表选项。单击"下一步"按钮,打开"图表向导-4 步骤之 3-图表选项"对话框,在该对话框中添加图表标题"五大商场商品销售图表",如图 3-68 所示。

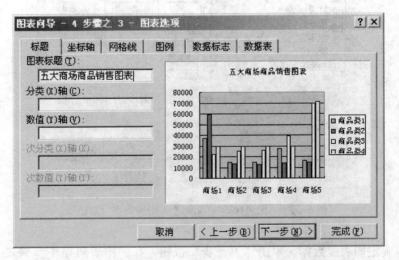

图 3-68　"图表向导-4 步骤之 3-图表选项"对话框

（5）确定图表存放位置。单击"下一步"按钮，打开"图表向导-4 步骤之 4-图表位置"对话框，采用默认选项，即将图表作为其中的对象插入，如图 3-69 所示。

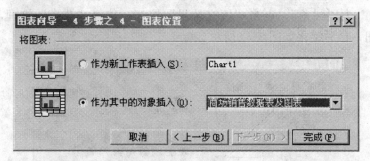

图 3-69　"图表向导-4 步骤之 4-图表位置"对话框

（6）图表创建完毕。单击"完成"按钮，当前工作表中出现建立好了的图表，稍微移动一下图表的位置及大小，结果如图 3-70 所示。

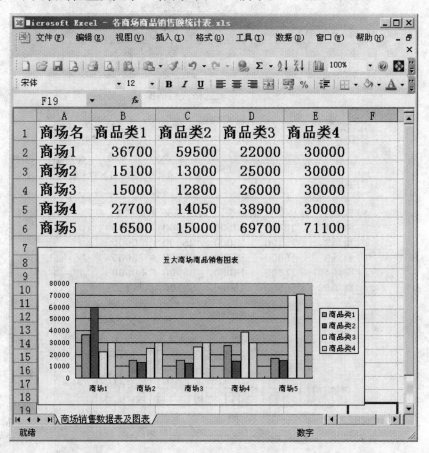

图 3-70　创建好的图表

（7）稍加修饰，进一步设置图表的格式。单击图表，在图表的图表区右击，从快捷菜单中选择"图表区格式"菜单项，打开"图表区格式"对话框，如图 3-71 所示。选择"边框"为"圆角"，点击"填充效果"按钮，选择"花束"纹理，然后点击"确定"按钮，最后结果如图 3-72 所示。

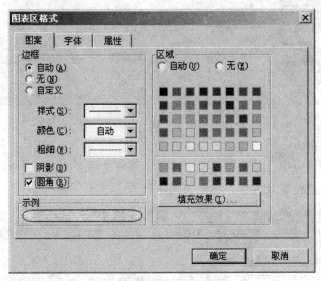

图 3-71　图表区格式对话框

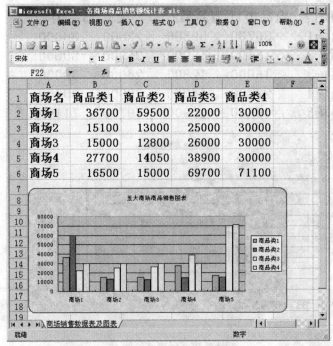

图 3-72　设置好格式的图表

说明如下：

点击图表后，Excel 的主菜单中会出现“图表”一项，其下拉菜单中包含“图表类型”、“图表选项”、“源数据”等很多选项，我们可以使用其中的选项对图表进行格式化，同学们可以试一试。

（三）小结

本案例主要讲解了在 Excel 中如何创建图表，以及如何设置图表的格式，请同学们认真掌握。

四、案例 3　东方商城家电销售统计汇总情况

（一）知识点

分类汇总是把数据清单中的数据分门别类地进行统计处理。在分类汇总中，Excel 将会自动对各类别的数据进行求和、求平均等多种计算，并且把汇总结果清晰地显示出来。

本案例主要讲解如下知识点：数据的分类汇总。

下面以东方商城家电销售表的按商品名汇总为例进行讲解。

（二）操作步骤

（1）以商品名为关键字进行排序。点击商品名一列中的任意一个单元格，然后点击工具栏中的按升序排序按钮，将数据按商品名的升序进行排序，如图 3-73 所示。

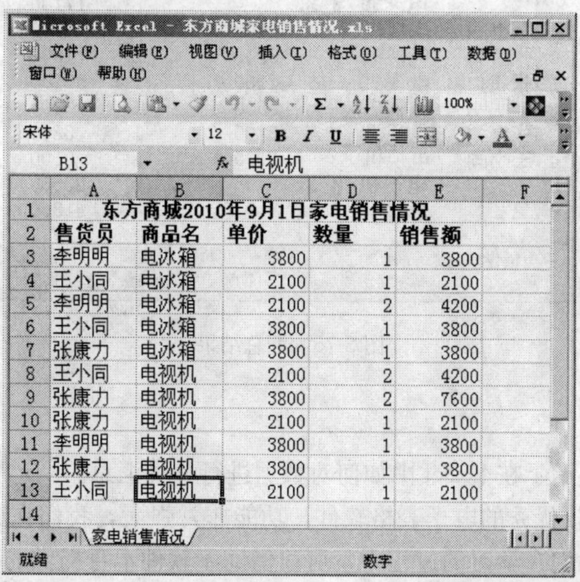

	A	B	C	D	E
1	东方商城2010年9月1日家电销售情况				
2	售货员	商品名	单价	数量	销售额
3	李明明	电冰箱	3800	1	3800
4	王小同	电冰箱	2100	1	2100
5	李明明	电冰箱	2100	2	4200
6	王小同	电冰箱	3800	1	3800
7	张康力	电冰箱	3800	1	3800
8	王小同	电视机	2100	2	4200
9	张康力	电视机	3800	2	7600
10	张康力	电视机	2100	1	2100
11	李明明	电视机	3800	1	3800
12	张康力	电视机	3800	1	3800
13	王小同	电视机	2100	1	2100
14					

图 3-73　按商品名升序排序的数据表

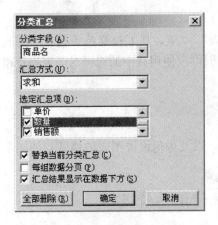

图 3-74　分类汇总对话框

提示：

分类汇总之前，首先按关键字进行排序，这是 Excel 要求的。

（2）进行分类汇总。点击菜单项"数据"｜"分类汇总"，打开"分类汇总"对话框，对分类字段、汇总方式、选定汇总项等进行设置，如图 3-74 所示。

（3）查看汇总结果。点击"确定"按钮后，出现如图 3-75 所示的结果，可以点击窗口中左边目录结构中的按钮 1，2，3 进行查看，如点击按钮 2 后，结果如图 3-76 所示。

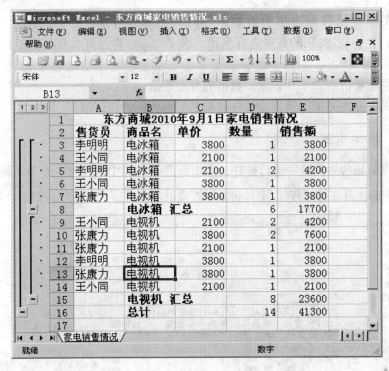

图 3-75　汇总结果

（三）小结

本案例主要展示了在 Excel 中如何对数据进行分类汇总。

Excel 作为一款优秀的电子表格软件，功能非常强大，我们在此讲解的仅仅是最常用的部分。同学们在学习的过程中，可以借助于软件本身提供的帮助信息或者在因特网上获取更多信息。学无止境，加油吧！

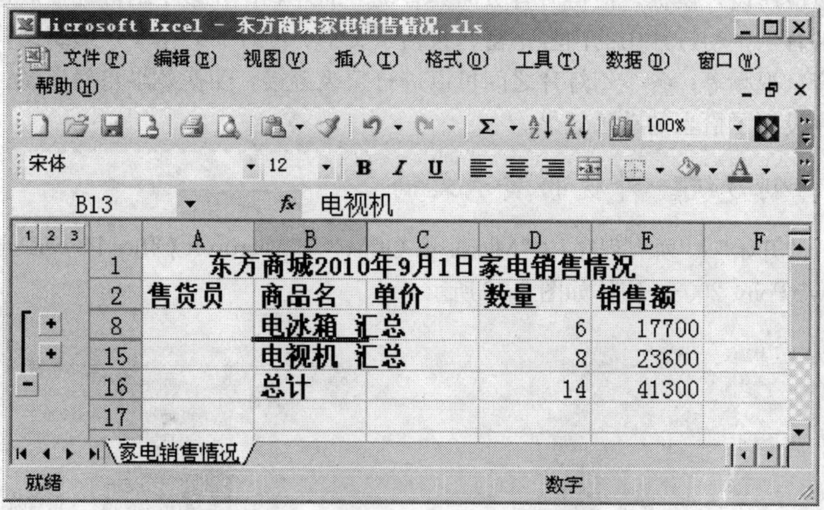

图 3-76 点击按钮 2 后的汇总结果

第四节 演示文稿制作软件 PowerPoint 2003

PowerPoint 2003 是当前非常流行的幻灯片制作软件，它可以帮助用户清晰、简明地表达自己的想法。利用 PowerPoint 制作的幻灯片演示文稿可以拥有文字、图片、声音、视频等元素，大大增强了演示文稿的渲染力。目前 PowerPoint 已经成为会议报告、广告宣传、产品演示及教师讲课的一个重要工具。

本节将"使用 PowerPoint 制作学校简介"案例为主线介绍 PowerPoint 的相关知识点。制作完成的效果如图 3-77 所示。

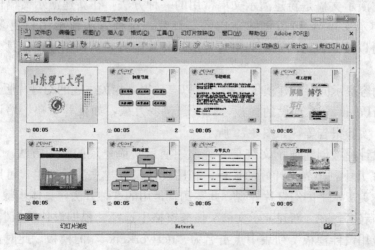

图 3-77 完成后的效果图

通过应用设计模板，使得所有页面具有统一的外观；在整个幻灯片播放过程中配以优美的音乐；幻灯片中的内容丰富，包括了文字、图片、艺术字、组织结构图、表格、声音、视频等；各个幻灯片之间可以进行超级链接，切换效果自然流畅；并根据播放顺序设置了恰当的动画效果。

一、创建统一外观的演示文稿

选择"开始"|"所有程序"|"Microsoft Office"|"Microsoft Office PowerPoint 2003"启动 PowerPoint 2003，窗体如图 3-78 所示。

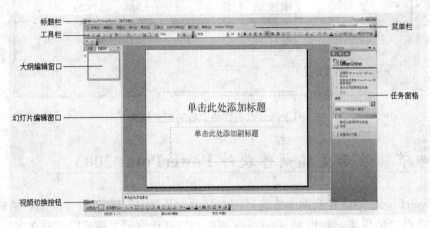

图 3-78   PowerPoint 2003 的窗口界面

在 PowerPoint 2003 成功启动后，常用的创建演示文稿的方法有三种：创建空演示文稿、使用内容提示向导和使用设计模板创建演示文稿。

创建空演示文稿是新建演示文稿常用的一种方法，在新建演示文稿任务窗格中单击"空演示文稿"，可以创建空白的幻灯片。这种方法留给用户更多的设计空间，用户可以按照自己的意愿对幻灯片进行外观配置，从而创建出独具个性的演示文稿。

使用内容提示向导创建演示文稿，可以直接得到相关主题的幻灯片版式，这些版式是 PowerPoint 2003 预设的模板，其主题包罗万象，如推荐策略、培训、建议方案、论文、实验报告等，如图 3-79 所示。

使用设计模板创建演示文稿是一种统一演示文稿外观的常用方法。PowerPoint 2003 提供了几十种事先设计好的模板。利用设计模板建立演示文稿，可以直接快速地获得专业美工水平的幻灯片外观。此案例就是用的这种方法，具体步骤如下：选择"文件"|"新建"，在"新建演示文稿"任务窗格中选择"根据设计模板"，在任务窗格内的"应用设计模板"列表中点击名为"network.pot"的模板。此时，左侧的幻灯片中就自动应用了这种模板，效果如图 3-80 所示。这样系统就自动创建了一个名

为"演示文稿 2"的文件。注意：使用设计模板创建演示文稿只是改变幻灯片的外观，而具体内容则需要自己添加。

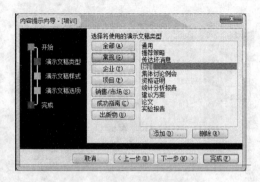

图 3-79　选择演示文稿类型

图 3-80　根据设计模板创建

二、编辑幻灯片

创建了具有统一外观的演示文稿后，就可以根据具体需要制作一张张的幻灯片。通常情况下，一个演示文稿的第一张幻灯片是一张"标题"幻灯片，相当于一个演示文稿的封面。后面每增加一张幻灯片都需要根据内容选择合适的幻灯片版式，然后在幻灯片中插入相应的内容，设置恰当的格式。本案例编辑每张幻灯片的具体步骤如下。

（1）第一张幻灯片默认为标题幻灯片。为了使题目更加醒目，可以把题目以艺术字的形式展现出来。插入艺术字的用法与 Word 中的用法一致。选择菜单栏"插入"｜"图片"｜"艺术字"，在"艺术字库"对话框中选择一种艺术字样式，单击"确认"，进入"编辑'艺术字'文字"对话框，输入"山东理工大学"，点击"确定"按钮后，在标题幻灯片中调整艺术字标题到适当的位置即可。此案例在副标题处插入了校标图片，选择"插入"｜"图片"｜"来自文件"，在"插入图片"对话框中选择"校标.jpg"文件点击"插入"按钮，然后在幻灯片中调整校标图片到合适的位置。幻灯片播放过程中可以配以背景音乐，选择"插入"｜"影片和声音"｜"文件中的声音"，在"插入声音"对话框中，选择"校歌.wma"，点击"确定"，弹出"你希望在幻灯片放映时如何开始播放声音?"，选择"自动"。此时在幻灯片上会出现一个小喇叭的图标，效果如图 3-81 所示。

（2）选择"插入"｜"新幻灯片"，创建第二张幻灯片。通常情况下第二张幻灯片为目录幻灯片，默认版式为"标题和文本"版式。此案例在"幻灯片版式"任务窗格中选择"只有标题"版式，在标题位置输入"浏览导航"，位置设为"居中"。单击"绘图"工具栏，选择"自选图形"｜"基本形状"｜"圆角矩形"，在幻灯片编辑区画一个圆角矩形，"绘图"工具栏"阴影样式"选择"阴影样式 6"。右单击圆角矩形，在快捷菜单中选择"添加文本",输入"学校概况",设置为字体"华文行楷"、字号"28"、"加粗"。用同样的方法制作其他五个按钮,并拖放到适当的位置,效果如图3-82所示。

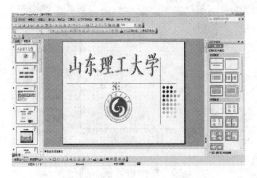

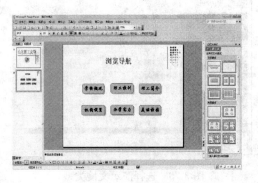

图 3-81　第一张标题幻灯片　　　　　　　　图 3-82　第二张幻灯片

(3) 选择"插入"|"新幻灯片",创建第三张幻灯片,设置为"标题和文本"版式,标题输入"学校概况",位置"居中"。将学校概况文本分三段输入到文本框,每段前加上合适的"项目符号"(方法同 Word 不再详述)。选中输入的网址,单击右键,在快捷菜单中选择"超链接",弹出"插入超链接"对话框,在"地址"栏中输入 http://www. sdut. edu. cn。此时,在幻灯片的网址下面出现一条横线,效果如图3-83所示。

(4) 选择"插入"|"新幻灯片",创建第四张幻灯片,设置为"只有标题"版式,标题输入"理工校训",位置"居中"。依次插入四个艺术字"厚德"、"博学"、"笃行"、"至善",放在适当位置上。为校训添加标注:在"绘图"工具栏中选择"自选图形"|"标注"|"圆角矩形标注",在"厚德"上画圆角矩形,标注内容为"德育为首的教育理念"。用同样的方法为"博学"添加标注"求学、治学的目标",为"笃行"添加标注"重视实践,知行合一",为"至善"添加标注"人格与学识和谐统一的完美境界,也是教育所能达到的最高理想。"。效果如图3-84所示。

图 3-83　第三张幻灯片　　　　　　　　　图 3-84　第四张幻灯片

（5）选择"插入"|"新幻灯片"，创建第五张幻灯片，设置为"只有标题"版式，标题输入"理工简介"，位置"居中"。在幻灯片中可以插入视频文件，方法为选择"插入"|"影片和声音"|"文件中的影片"，在"插入影片"对话框中，选择"理工简介.wmv"文件，点击"确定"，在幻灯片中插入影片文件的同时弹出"你希望在幻灯片放映时如何开始播放影片?"对话框，点击"在单击时"，调整影片大小并放在适当位置，效果如图 3-85 所示。

（6）选择"插入"|"新幻灯片"，创建第六张幻灯片，设置为"标题和图示或组织结构图"版式。标题输入"机构设置"，位置"居中"。双击"双击添加图示或组织结构图"，在"图示库"对话框中选择第一项"组织结构图"，点击"确定"按钮进入组织结构图编辑状态，依次键入内容，方法同 Word 中的用法。效果如图 3-86 所示。

图 3-85　第五张幻灯片

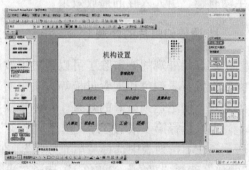

图 3-86　第六张幻灯片

（7）选择"插入"|"新幻灯片"，创建第七张幻灯片，设置为"标题和表格"版式，标题输入"办学实力"，位置"居中"。双击"双击此处添加表格"填充"插入表格"对话框，输入五行四列，在幻灯片中创建了一个五行四列的二维表格，适当调整列宽，输入具体的内容即可，效果如图 3-87 所示。

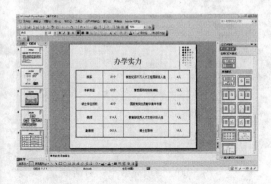

图 3-87　第七张幻灯片

图 3-88　第八张幻灯片

（8）选择"插入"|"新幻灯片"，创建第八张幻灯片，设置为"只有标题"版式，标题输入"美丽校园"，位置"居中"。在标题下方插入四张校园照片，然后在照片下面插入文本框，并输入相应的内容，效果如图 3-88 所示。

至此八张幻灯片全部制作完毕，可见在幻灯片中可以插入的对象类型非常丰富，利用 PowerPoint 2003 可以制作出绚丽多彩的演示文稿。

三、幻灯片的整体设置及动画效果

在 PowerPoint 中，可以对已有的幻灯片重新进行版式、配色方案、背景、动画效果、切换效果等方面的设置。本节将继续以"使用 PowerPoint 制作学校简介"案例为主线对幻灯片进行修饰与加工，使制作出的演示文稿有令人满意的外观，并具有生动有趣、引人入胜的播放效果。

1. 调整幻灯片的外观

幻灯片外观的调整除了可以通过更改设计模板完成之外，还可以通过修改配色方案、设置背景颜色和配置母板等方法来实现。在本案例中将用后两种方法改变幻灯片的外观，使之达到更好的效果。具体步骤如下。

（1）选择第一张幻灯片，选择"格式"|"背景"，弹出"背景"对话框，如图 3-89 所示。在下拉列表中选择"填充效果"，在"填充效果"对话框中选择"渐变"标签；"颜色"选择"双色"，"颜色 1"选择"浅蓝色"，"颜色 2"选择"白色"；"底纹样式"选择"斜上"，"变形"选择第三个，如图 3-90 所示。点击"确定"返回到"背景"对话框，点击"全部应用"，将填充效果应用到每一张幻灯片上，如图 3-91 所示。

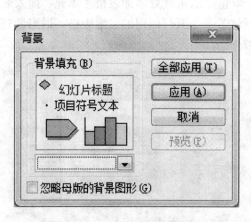

图 3-89 "背景"对话框

图 3-90 "填充效果"对话框

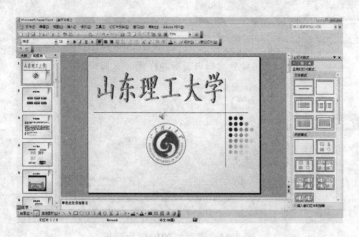

图 3-91　设置好背景的幻灯片

（2）选择"视图"|"母板"|"幻灯片母板"命令，进入"幻灯片母板视图"编辑状态。选中名字为 1 的幻灯片母板，选择"插入"|"图片"|"来自文件"，在"插入图片"对话框中选择"山东理工大学校标 .jpg"文件，点击"插入"按钮，将图片移动到幻灯片母板的左上角。在"图片"工具栏中点击"设置透明色"按钮，将图片设置为透明效果。选择"绘图"工具栏，选择"自选图形"|"动作按钮"|"自定义"，在幻灯片母板的右下角画一个自定义按钮，同时弹出"动作设置"对话框，"单击鼠标时的动作"选择"超链接到"，在下拉列表中选择"幻灯片…"，如图 3-92 所示。弹出"超链接到幻灯片"对话框，"幻灯片标题"中选择"2 浏览导航"幻灯片，如图 3-93 所示。点击"确定"按钮返回到"动作设置"对话框中，点击"确定"按钮完成动作设置。调整动作按钮的大小和位置，添加文字"返回"。设置好的幻灯片母板效果如图 3-94 所示。关闭幻灯片母板视图返回到幻灯片普通视图。

图 3-92　"动作设置"对话框

图 3-93　选择链接到的幻灯片

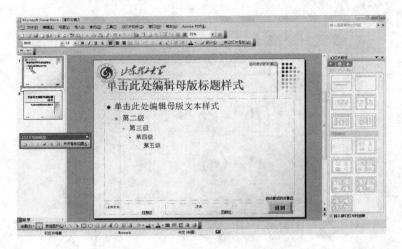

图 3-94　设置好的幻灯片母板

提示：

第二张幻灯片中的各个按钮也可以使用"动作设置"对话框设置相应动作，链接到对应的幻灯片中，从而实现各张幻灯片之间的跳转。

2. 设置幻灯片动画效果

演示文稿中最精彩的是动画制作，幻灯片中的各种组成元素，像文本框、艺术字、图片、多媒体组件等，都是可以设计动画效果的。演示文稿中的动画有两种：预设动画和自定义动画。预设动画是 PowerPoint 提供的预先设计好的动画效果。选择"幻灯片放映"|"动画方案"，打开"幻灯片设计-动画方案"任务窗格，对选中的幻灯片进行动画设置即可。自定义动画是由用户自己设计的动画，可以让用户按照个人意愿随心所欲地设计幻灯片中的各个对象的动画效果。此案例即用这种方法，下面以设置第四张幻灯片的动画效果为例加以说明。

（1）选中第四张幻灯片，选择"幻灯片放映"|"自定义动画"，选择"厚德"艺术字，在"自定义动画"任务窗格中单击"添加效果"|"进入"|"飞入"，如图 3-95 所示。"方向"设为"自左上部"，"速度"设为"快速"。选择"博学"艺术字，单击"添加效果"|"进入"|"飞入"，"方向"设为"自右上部"，"速度"设为"快速"。用同样的方法将"笃行"、"至善"添加效果飞入"方向"分别为"自左下部"和"自右下部"，"速度"设为"快速"。

（2）选择第一个圆角矩形标注，选择"添加效果"|"进入"|"其他效果"，弹出"添加进入效果"对话框，选择"渐变"，如图 3-96 所示，点击"确定"按钮。在"自定义动画"任务窗格中选择"5 圆角矩形标注 6：德育为首的教育理念"，点击右边的下拉按钮，单击"效果选项"弹出"渐变"对话框，在"效果"标签中"动画播放后"下拉列表中选择"下次单击后隐藏"，如图 3-97 所示，单击"确定"按钮返回

任务窗格。其他三个圆角矩形标注也依次设置同样的效果，完成后如图 3-98 所示。其他幻灯片也可根据需要设置自定义动画。

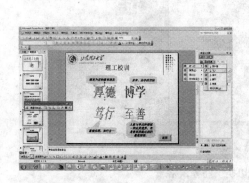

图 3-95　"自定义动画"任务窗格

图 3-96　"添加进入效果"对话框

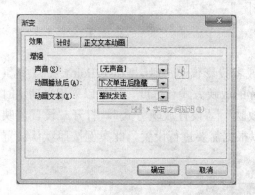

图 3-97　"渐变"对话框

图 3-98　自定义动画完成后的界面

提示：

对于在第一张幻灯片中插入的声音文件，若希望在播放所有幻灯片时始终播放音乐，也可以用"自定义动画"来实现。方法是在"效果选项"对话框中，将"停止播放"设置为"在 8 张幻灯片后"。

3. 设置幻灯片的切换效果

在幻灯片切换时也可以设置动画效果，从而使每张幻灯片以不同的方式"登台亮相"。具体方法如下：选择第二张幻灯片，点击"幻灯片放映"|"幻灯片切换"，在"幻灯片切换"任务窗格中选择"垂直百叶窗"，速度为"中速"，"换片方式"中选中"单击鼠标时"和"每隔 00：05"，如图 3-99 所示。其他各张幻灯片可以根据需要设置不同的切换效果。

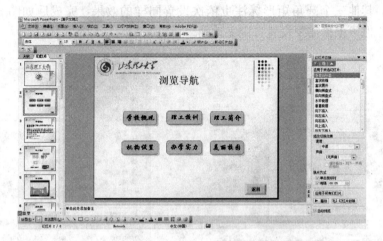

图 3-99　"幻灯片切换"任务窗格

四、幻灯片的放映与保存打印

1. 幻灯片的放映

设计好的幻灯片可以在计算机屏幕上或者投影仪上放映，PowerPoint 2003 提供了多种放映方式，使得用户可以控制幻灯片的放映方式和进度，还可以采用自动定时放映方式。设置方法如下：选择"幻灯片放映"|"设置放映方式"，打开"设置放映方式"对话框，如图 3-100 所示，用户可以根据需要进行设置，此案例按照默认设置即可。

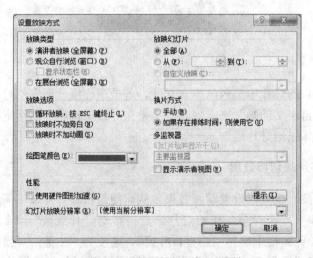

图 3-100　"设置放映方式"对话框

2. 幻灯片的保存与打印

幻灯片制作完毕，要保存文件（建议在制作过程中随时存盘），选择"文件"|
"保存"（或"另存为"），在"另存为"对话框中，选择保存位置及文件名，此案例命
名为"山东理工大学简介.ppt"，点击"保存"按钮即可。

PowerPoint 2003 提供的打印功能不仅可以打印幻灯片，还可以打印大纲、备注
和讲义。选择"文件"|"打印"，在"打印"对话框中选择打印机、打印范围、打印
内容、打印份数等，然后点击"确定"按钮即可，如图 3-101 所示。

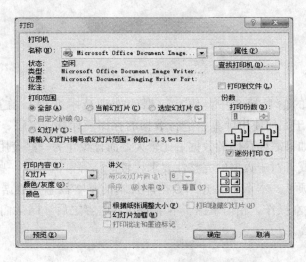

图 3-101　"打印"对话框

第四章

数据库技术基础

在瞬息万变的信息社会中，信息数据的处理技术变得日益重要。通过学习 Excel，同学们对于如何使用计算机进行数据的存储、计算、排序、筛选等基本应用已经掌握。但是如果需要存储的数据量比较大，而且想作为一些应用程序（如动态网页）的数据源，或者对于数据的完整性要求比较严格等，这样的一些功能使用 Excel 来实现就比较麻烦了。本章主要介绍数据库技术的基本概念及数据库管理系统软件 Access 2003 的基本操作，相信掌握了本章的基本内容之后，同学们处理数据的能力定会有极大的提高。

■ 第一节　数据库系统概述

一、数据库基本概念

在学习 Access 2003 之前首先让我们学习一些关于数据库的基本概念，对于这些基本概念的正确理解非常有助于我们对数据库系统的整体掌握。

（1）数据。是存储在某种媒体上能够识别的物理符号，其形式是多种多样的，可以是如数字、文字、字母及其他特殊字符组成的文本形式数据，也可以是图形、图像、动画、影像、声音等多媒体数据。

（2）数据库。是指按一定规则组织起来的、便于共享的大批量数据的集合。数据库中的数据按一定的数据模型组织、描述和存储，具有较小的冗余度、较高的独立性和易扩展性，并可为各种用户共享。

（3）数据库管理系统。是指数据库系统中对数据库进行管理的系统软件。它是数据库系统的核心，负责数据库中的数据组织、数据操纵、数据维护、控制及保护和数据服务等。

（4）数据库应用系统（database application system，DBAS）。是指利用数据库管

理系统而开发的各种应用软件，如各种学生档案或成绩管理系统、工资管理系统、人事管理系统、财务管理系统等等。

(5) 数据库系统。指使用数据库后的计算机系统，用来实现数据的组织、存储、处理和数据共享。一个完整的数据库系统由硬件、数据库、数据库管理系统、操作系统、应用程序、数据库管理员等组成。

二、数据模型简述

数据是描述事物的符号记录。模型（model）是现实世界的抽象。数据模型（data model）是数据特征的抽象，通俗地讲就是数据的组织形式。

数据库领域采用的数据模型有层次模型、网状模型和关系模型，其中目前应用最广泛的是关系模型。

1. 关系模型简介

在关系模型中，数据的逻辑结构是一张二维表，每个关系有一个关系名。在 Access 2003 中，一个关系就是一个表对象，图 4-1 中的“学生”数据表就是一个关系。

在数据库中，满足下列条件的二维表称为关系模型：①每一列中的分量是类型相同的数据；②行、列的次序可以是任意的；③表中的分量是不可再分割的最小数据项，即表中不允许有子表；④表中的任意两行不能完全相同。

如图 4-1 中的“学生”信息数据表就是一个关系模型的数据表。

学生 : 表

学号	姓名	性别	出生日期	身高	学院	专业	班级	党员否	照片	简历
0001	张哲学	男	1987-9-9	175.5	经济学院	经济	0901	☑	包	优秀党
0002	李海强	男	1987-9-9	178.2	管理学院	会计	0802	☐	包	优秀团
0003	张伟龙	男	1988-9-9	169.4	美术学院	美术	0901	☐	包	荣获三
0004	王晶晶	女	1987-1-3	165.5	文学院	文学	0901	☐	包	荣获一
0005	程晚晴	女	1989-3-1	168.2	音乐学院	音乐	0801	☑	包	荣获二
0006	张宇飞	男	1988-7-2	176.8	音乐学院	音乐	0801	☐	包	荣获一
0007	谢小雨	女	1989-8-8	172.2	外国语学院	英语	0901	☑	包	来自河
0008	张敏健	男	1987-6-1	185.5	外国语学院	日语	0801	☐	包	来自河
0009	李新	男	1989-9-8	189.9	外国语学院	韩语	0801	☐	包	来自山
0010	刘星	男	1988-7-1	178.8	计算机学院	计算机	0901	☑	包	喜欢编
0011	夏雪	女	1988-5-3	168.8	计算机学院	通信	0901	☐	包	来自东
0012	牛三宝	男	1987-9-2	176.6	建筑学院	城建	0801	☐	包	来自安
0013	高天来	男	1989-6-9	175.5	建筑学院	城建	0801	☐	包	来自青

记录: 13 共有记录数: 13

图 4-1 “学生”数据表

2. 关系模型中的相关术语

(1) 属性（字段）：二维表中垂直方向的列称为属性。在 Access 2003 中，被称为字段。字段名也就是字段的名称，也称为属性名，图4-1中的"学号"、"姓名"等就是"学生"表中的字段。

（2）元组（记录）：二维表中水平方向的行称为元组。在Access 2003中，被称为记录，图4-1中"学生"表中共有13条记录。

（3）数据项：也称为分量，是某条记录中的一个字段值，如"0001"即为"学生"表中第一条记录的"学号"字段的取值，也就是一个数据项。

■ 第二节　数据库和数据表的创建

一、Access 2003 简介

Access 2003是微软公司的办公套件Office中包含的一种小型关系型数据库管理系统，用于构造数据库应用程序并对数据库实行统一管理。Access 2003可以高效地完成各种类型的中小型数据库的管理工作，如经济、财务、金融、行政、审计、统计、教育等领域。用户通过Access 2003提供的开发环境及工具可以方便地构建数据库应用程序，大部分工作都可以通过可视化的操作来完成，无须编写复杂的程序代码，所以比较适合非计算机专业的人员开发数据库管理类的应用软件。

二、Access 2003 中数据库的七种对象

Access 2003的数据库包含七种对象，每种对象分别具有独特的作用，简述如下。

（1）表（table）对象。表是一种有关特定实体的数据的集合，表以行列格式组织数据。表对象在Access 2003的七种对象中处于核心地位，它是一切数据库操作的目标和前提，其他六种对象都以表提供数据源。

（2）查询（query）对象。查询是数据库的基本操作，查询是数据库设计目的的体现，建立数据库的目的就是为了在需要各种信息时可以很方便地进行查找，利用查询可以通过不同的方法来查看、更改以及分析数据。也可以将查询作为窗体和报表的数据源。

（3）窗体（form）对象。窗体是用户输入数据和执行查询等操作的界面，是Access数据库对象中最具灵活性的一个对象。窗体有多种功能，主要用于提供数据库的操作界面。根据功能的不同，窗体大致可以分为提示型窗体、控制型窗体、数据型窗体三类。

（4）报表（report）对象。报表是以打印的格式表现用户数据的一种很有效的方式。用户可以在报表中控制每个对象的大小和外观，并可以按照用户所需的方式选择所需显示的信息以便查看或打印。

（5）宏（marco）对象。宏是指一个或多个操作的集合，其中每个操作可以实现特定的功能，如打开某个窗体或打印某个报表。通过使用宏可以自动完成某些普

通的任务。

（6）模块（module）对象。模块是用 Access 2003 提供的 VBA（visual basic for applications）语言编写的程序，通常与窗体、报表等对象结合起来组成完整的应用程序。模块有两种基本类型：类模块和标准模块。

（7）页（page）对象。页对象是 Access 2003 提供的一种特殊类型的 Web 页，用户可以在此 Web 页中查看、修改 Access 2003 数据库中的数据。在一定程度上集成了 Internet Explorer 浏览器和 FrontPage 编辑器的功能。

总体来说，在一个数据库文件中，表用来存储原始数据，是其他对象的数据源，"查询"是用来对数据进行各种查询，窗体和报表是用不同的方式显示或获取数据，而宏和模块是通过程序代码实现数据的自动操作。

这七种对象在 Access 2003 中相互配合，我们通过使用它们完成数据库的各种操作，解决我们的工作需要。本教材中主要讲解前四种对象，即表、查询、窗体和报表的使用方法，同学们可以参考其他书籍学习其他对象的使用方法。

三、Access 2003 中数据库和数据表的创建

在使用具体的数据库管理系统软件创建数据库之前，应根据用户的需求对数据库应用系统进行分析和研究，然后再按照一定的原则设计数据库中的具体内容。

设计数据库一般要经过分析建立数据库的目的、确定数据库中应包含的数据表、确定数据表中应包含的字段、确定主关键字段及确定数据表之间的关系等步骤。下面以"学生成绩管理"数据库的设计步骤为例，说明数据库设计及开发的步骤和方法。

（一）分析新建数据库的目的

在分析过程中，应该与数据库的最终用户进行充分交流，详细了解用户的需求和现行工作的处理流程，共同讨论使用数据库应该解决的问题和完成的任务，同时注意尽量保存好与当前处理相关的各种表格。

下面要设计的"学生成绩管理"数据库的主要功能是进行学生档案及成绩信息的组织和管理，具体包括学生档案信息、课程信息，以及学生选课信息的组织和管理。

（二）确定该数据库中需要包含的表

一个数据库中要处理的数据很多，不可能将所有的数据都存放在同一个表中。确定数据库中需要包含的表就是分析收集到的信息需要使用几个数据表进行保存。

在确定表时应保证每个表中只包含关于一个主题的信息，这样，每个主题的信息可以独立地维护。例如，分别将学生信息、课程信息放在不同的表中，这样对某一类信息的修改不会影响到其他的信息。

通过将不同的信息分散在不同的表中，可以使数据的组织和维护变得简单，同时

也可以保证在此基础上建立的应用程序具有较好的性能。

根据以上原则，确定在"学生成绩管理"数据库中使用三个表，分别是"学生"表、"课程"表和"选课"表。

下面来看一下如何在 Access 2003 中创建一个数据库。

【例 4-1】　创建"学生成绩管理"数据库。

使用 Access 2003 创建数据库有多种方法。第一种方法，首先创建一个空数据库，然后再添加表、窗体、报表及其他对象。这是最灵活的方法，但是用户自己必须分别定义每一个数据库组件。第二种方法，可以使用 Access 2003 中文版提供的各种模板来创建数据库。使用这种方法创建数据库的优点是比较快捷，系统会自动生成查询、窗体、报表等若干数据库对象，缺点是创建的数据库对实际情况不一定适用。无论用哪一种方法，在数据库创建之后，都可以在任何时候修改或扩展数据库。下面介绍如何用第一种方法在 Access 2003 中创建"学生成绩管理"数据库。

具体操作步骤如下。

（1）在 Access 2003 主界面中，选择菜单项"文件"|"新建"，或者单击工具栏中的"新建"按钮，在窗口的右侧出现"新建文件"任务窗格，如图 4-2 所示。

（2）在"新建文件"任务窗格中，单击"空数据库"链接，出现"文件新建数据库"对话框。

（3）在"文件新建数据库"对话框中设置存放文件的路径及文件名，如图 4-3 所示，单击"创建"按钮，将显示"学生成绩管理"数据库窗口，如图 4-4 所示。

图 4-2　新建文件任务窗格

图 4-3　文件新建数据库窗口

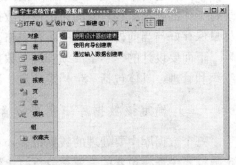

图 4-4　学生成绩管理数据库窗口

至此，一个名为"学生成绩管理"的空数据库已经建立起来，因为是空的数据库，所以各个数据库的组件对象，如表、查询、窗体、报表等都还没有创建，在后续的内容中我们将依次创建它们。

（三）确定表中需要的字段

确定每个表中的字段应遵循下面的原则。

（1）字段表示的是有意义的原子数据，如姓名、性别等。字段不要包含可以经过计算或推导得出的数据，也不要包含可以由基本数据组合而得到的数据，如学生的总分、平均分等字段就不应出现在数据表中。

（2）避免表间出现重复字段。在表中除了为建立表间关系而保留的外部关键字外，尽量避免在多个表之中同时存在重复的字段，这样做一是为了尽量减少数据的冗余，二是防止因插入、删除、更新数据时造成数据的不一致。

（3）字段按要求命名。为字段命名时，应符合所用的数据库管理系统软件对字段名的命名规则。

按照以上原则，确定"学生成绩管理"数据库中所包含的三个数据表中的各字段如表 4-1 所示。

表 4-1 "学生成绩管理"数据库中表的结构

表名	字段名	数据类型	字段大小	其他属性要求
学生	学号	文本	4	主键
	姓名	文本	4	
	性别	文本	1	有效性规则："男" or "女"
	出生日期	日期/时间		
	学院	文本	10	
	专业	文本	10	
	班级	文本	10	
	党员否	是/否		
	照片	OLE 对象		
课程	课号	文本	4	主键
	课名	文本	20	
	学时	数字	整型	
选课	学号	文本	4	二者为组合主键
	课号	文本	4	
	成绩	数字	小数	格式：常规数字

【例 4-2】 用"设计视图"的方法创建"学生"数据表。

在 Access 2003 中建立数据表有多种方法，既可以使用"设计视图"，首先建立表的结构，然后再向表中输入数据；也可以使用"表向导"，从系统提供的各种预先定义好的表中选择需要的字段；也可以使用"数据表视图"，首先输入记录，由系统自动分析数据并为每一字段指定适当的数据类型及格式等。下面介绍最常用最灵活的"设计视图"的方法，其他方法读者可以自己尝试。

操作步骤如下。

步骤一：打开表的设计视图。在图 4-4 所示的"学生成绩管理"数据库窗口中双击"使用设计器创建表"或者选中"使用设计器创建表"后单击左上角的按钮"设计"打开表的设计视图窗口。

步骤二：定义表的结构信息。在"设计视图"窗口中，依次定义好各个字段的"字段名称"、"数据类型"、"字段大小"等信息（具体信息可参考表 4-1），建立好的"学生"表的结构如图 4-5 所示。

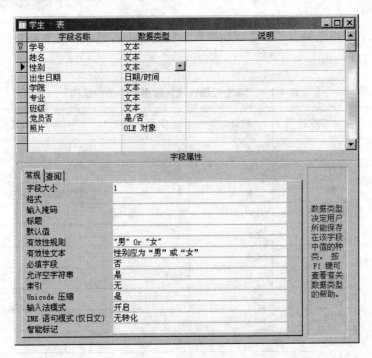

图 4-5　"学生"表的结构

需要说明的五点内容如下：

（1）字段名称的命名规则。在定义字段名称时，有以下规则：①最长不超过 64 个字符；②可以包含中文、英文字母、数字、下划线等，开始符号不能是空格。

（2）数据类型。Access 2003 中提供的数据类型共有 10 种，如表 4-2 所示。

表 4-2　Access 2003 的数据类型

数据类型	说明	字段大小	举例
文本	文本或文本和数字的组合，以及不需要计算的数字，如电话号码	最大值为 255 个中文或英文字符	姓名、性别、学号、电话号码
备注	长文本或文本和数字的组合	最长 65 535 个字符	简介、简历、备注
数字	用于数学计算的数值数据	1，2，4，8 字节	分数、年龄
日期/时间	表示日期及时间，允许范围为 100/1/1～9999/12/31	8 个字节	出生日期、入学时间
货币	用于计算的货币数值与数值数据	8 个字节	单价、总价
自动编号	在添加记录时自动插入的唯一顺序或随机编号	4 个字节	编号
是/否	用于记录逻辑型数据 Yes（−1）/No（0）	1 位	婚否、党员否
OLE 对象	用来链接或嵌入 OLE 对象，如图像、声音等	最大可达 1GB（受限于磁盘空间）	照片、音乐
超级链接	存放超级链接地址	最多 64 000 个字符	电子邮件、首页
查阅向导	在向导创建的字段中，允许使用组合框来选择另一个表中的值		省份、专业

（3）几种常用常量的表示。在 Access 2003 中常用的常量主要有文本型、数值型及日期时间型。文本型常量表示时两边需要加英文半角的双引号，如"山东理工大学"、"男" 等。日期时间型常量表示时两边需要加♯，如♯2011-12-31♯。数值型常量不需要加定界符，如 123 等。

（4）几种常用的运算符及其表达式。运算符的功能主要用来完成各种运算，由运算符连接起来的由常量、变量、函数组成的符合 Access 2003 语法规则的式子称为表达式。在 Access 2003 中表达式主要用在字段的有效性规则及 SQL 语句中。在 Access 2003 中常用的运算符主要有算术运算符、关系运算符、逻辑运算符等。常用算术运算符及其功能如表 4-3 所示，常用关系运算符及其功能如表 4-4 所示，常用逻辑运算符及其功能如表 4-5 所示。

表 4-3　常用算术运算符及功能

运算符号	功能	举例
＋	加	1＋2＝3
−	减	9−8＝1
*	乘	1 * 100＝100
/	除	9/2＝4.5
\	整除	9 \ 2＝4
^	乘方	2^5＝32
mod	取余	9 mod 3＝0

表 4-4 常用关系运算符及功能

运算符号	功能	举例
<	小于	年龄<20
>	大于	年龄>20
<=	小于或等于	年龄<=20
>=	大于或等于	年龄>=20
=	等于	年龄=20
<>	不等于	年龄<>20
Between…and…	在…之间	年龄 between 18 and 25

注：关系表达式的值要么为 TRUE（真），要么为 FALSE（假）。

表 4-5 常用逻辑运算符及功能

运算符号	功能	举例
And	逻辑与	年龄>18 and 身高>1.75
Or	逻辑或	年龄>18 or 身高>1.75
Not	逻辑非	Not（年龄>18 and 身高>1.75）

（5）字段属性。字段属性包括字段大小、格式、输入掩码、默认值、有效性规则、有效性文本、输入法模式、标题等，不同类型的字段具有不同的属性。①字段大小：规定文本型字段所允许填充的最大字符数，大小范围为 0～255，默认值为 50；或规定数字型数据的类型和大小。例如，字节：0～255 的整数，占一个字节；整数：−32768～32767 的整数，占两个字节；小数位数：对数字型或货币型数据指定小数位数。②标题：指定字段在窗体或报表中所显示的名称，该名称不会影响该字段在数据表中的名称。③默认值：在添加记录时系统会自动把这个值输入到字段中，如可以将"性别"字段的默认值设为"男"，这样可以提高输入速度。

步骤三：定义有效性规则。有效性规则：用来限定字段的取值范围，如对"性别"字段，可用有效性规则""男" or "女""将其值限定为这两种，以减少出错的几率。有效性文本：当输入的字段值不符合有效性规则时，系统显示的提示信息，如对上例而言，有效性文本的内容可以是"性别应该是"男"或者"女""。

如图 4-5 中，首先选择需要定义有效性规则的字段，如"性别"，然后在"字段属性"部分找到"有效性规则"，在其后面的文本框中输入相应规则，或者点击文本框右边的浏览按钮，在图 4-6 所示的表达式生成器中构造相应规则，此处为"男" or "女"，意思是性别只能是男或者女。在"有效性文本"后面的文本框中输入相应提示信息，此处为"性别应为"男" 或 "女""。

设置了性别字段的有效性规则及有效性文本后，如果输入的字段值不符合要求便会弹出如图 4-7 的信息警告框，输入者必须将性别值输入正确了才可以。

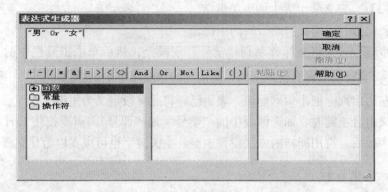

图 4-6 字段有效性规则表达式生成器

图 4-7 "性别"有效性规则提示框

图 4-8 "出生日期"有效性规则提示框

可以设置出生日期字段的有效性规则为 Between♯1987-1-1♯And♯1989-12-31♯，此处 Between…And…是一个运算符，表示一个取值范围，或者这样设置：＞＝♯1987-1-1♯And＜＝♯1989-12-31♯。有效性文本可以设置为"出生日期必须介于 1987 年至 1989 年之间!"。（当然你也可以输入其他类似文本，只要能够提醒输入者明白即可。）

这样，以后输入数据时，如果输入的出生日期不在要求的范围内，系统便不接受并会弹出如图 4-8 所示的警告框，输入者必须将数据输对了才能继续。

步骤四：保存数据表。定义好表的结构后，选择菜单项"文件"|"保存"，或者单击工具栏的保存按钮。根据提示在"另存为"对话框中给数据表命名为"学生"，然后单击"确定"按钮，在数据库窗口中便可以看到该表了。

可以使用同样的方法依次将课程表及选课表建立起来。

（四）确定主关键字

二维表中的某个属性，若它的值唯一地标识了一个元组，则称该属性为关键字。若一个表中有多个关键字，则选定其中一个为主关键字，这个属性称为主属性。

确定表中的主键，一个目的是为了保证实体的完整性，因此主键的值不允许是空值或重复值，另一个目的是在不同的表之间建立关系。

在"学生"表中将学号作为主键，在"课程"表中将课号作为主键，在"选课"表中将学号与课号的组合作为主键。

【例4-3】　定义学生表中的主关键字。

分析：此处我们定义"学号"为主键。

操作步骤：首先将光标移动到"学号"字段上，然后单击工具栏中的"主关键字"按钮 ▯ 或者用鼠标右击该字段，从出现的快捷菜单中选择菜单项"主键"，会发现字段的左边出现一把小钥匙标识，表明已经将此字段定义为主键。

当定义组合主键时，如选课表中的"学号"加"课号"，需要按住 Ctrl 键，同时选中多个字段后，再用同样的方法设置主键。主关键字也可以在以后建立或修改。

（五）优化设计

经过以上的设计后，还应该对数据库中的表、表中包含的字段及表之间的关系作进一步的分析、优化，主要从以下三个方面进行检查。

（1）这些字段准确吗？有没有漏掉某些字段？有没有多余字段？

（2）多个表中是否有重复没用的字段？

（3）各个表中的主关键字段设置的是否合适？

（六）输入数据并新建其他数据库对象

经过以上设计后，可以输入各个表中的数据，数据输入完之后，可以根据实际需要建立其他的数据库对象。

【例4-4】　在"学生"表中输入记录。

建立好"学生"数据表的结构后，要想输入记录可按如下步骤进行操作。

步骤一：在数据库窗口中双击"学生"表，或者选中"学生"表后再单击"打开"按钮，均会打开数据表视图窗口。

步骤二：在空白的数据表视图窗口中将记录一条一条输入即可。

提示：关于 OLE 对象类型字段照片的输入方法如图 4-9 所示。

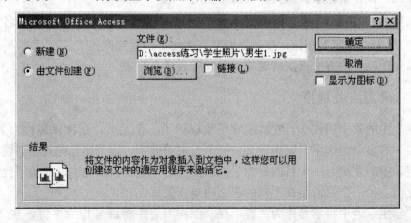

图 4-9　选择对象类型

输入第一条记录的照片可以按照如下步骤进行操作。

（1）将光标移动到第一条记录的照片位置处右击鼠标，从弹出的快捷菜单中选择"插入对象（J）…"或者选择菜单项"插入"|"对象"。

（2）在打开的"对象类型"选择对话框中选择"由文件创建"单选按钮。单击"浏览"按钮确定照片所在的文件，如图 4-9 所示。

（3）单击"确定"按钮，第一条记录的照片便插入了，请参考图 4-1。

使用同样的方法，其他记录的照片字段取值均可输入。

第三节　数据表的基本操作

一、数据表的两种视图

一个表是由两部分组成的，一部分反映了表的结构，另一部分反映了表中存储的记录。Access 2003 为表安排了两种视图显示窗口，用户可以在这两种显示窗口之间来回切换。

用于显示和编辑表的字段名称、数据类型和字段属性的窗口称为设计视图。用于显示、编辑和输入记录的窗口称为数据表视图。显然，有关表结构的设计工作应在设计视图中完成，而数据录入工作应在数据表视图中完成。

在数据库窗口中选中数据表的名字后，当单击"设计"按钮时打开的是设计视图窗口，此时单击菜单项"视图"|"数据表视图"便可切换到数据表视图。当单击"打开"按钮时打开的是数据表视图窗口，此时单击菜单项"视图"|"设计视图"便可切换到设计视图。

二、数据表结构的修改

修改数据表的结构包括更改字段的名称、类型、属性，以及插入字段、删除字段等操作，可以在设计视图中进行，除了修改类型和属性外，其他操作也可以在数据表视图中进行。

（1）修改字段名称、类型或属性：在设计视图中单击相应的字段名称、字段类型或属性，进行修改即可。

（2）插入字段：在设计视图中执行"插入行"命令或者在数据表视图中执行"插入列"即可。

（3）删除字段：在设计视图中执行"删除行"命令或者在数据表视图中执行"删除列"即可。

【例 4-5】　在学生表中的出生日期和学院字段之间插入一个字段"身高"，在所有字段的后面添加一个字段"简历"。

操作步骤如下：

步骤一：在数据库的表对象面板中选择数据表"学生"，然后点击"设计"按钮打开表的设计视图。

步骤二：在字段学院上右击，从弹出的快捷菜单中选择"插入行"。

步骤三：在新插入的行中输入相应的字段名称"身高"，选择数据类型为"双精度型"，小数位数设置为1。

步骤四：在字段照片的后面输入字段名称"简历"，选择数据类型为"备注"。

步骤五：保存数据表结构。

三、数据表中记录的添加

在 Access 2003 中，只能在数据表的末尾添加记录，不能在数据表的中间插入记录。当在数据表视图中刚打开一个表时，最后一条记录的后面会有一条空白记录的空间，用鼠标在此处单击一下或者选择菜单项"插入"|"新记录"即可以添加新记录。

四、数据表中记录的编辑

记录的编辑包括记录的修改、删除、查找、替换等操作，这些操作必须在数据表视图中完成，具体操作方法如下。

（1）记录的修改：单击相应记录的相应字段值，修改即可。如果要取消对当前字段的修改，按 Esc 键。

（2）记录的删除：既可以选中某条记录后，选择菜单项"编辑"|"删除"或"删除记录"将记录删除，也可以单击欲删除记录的任何一个字段值，然后选择菜单项"编辑"|"删除记录"。

（3）记录的查找：选择菜单项"编辑"|"查找"。

（4）记录的替换：选择菜单项"编辑"|"替换"。

五、表间关系

在一个实用的数据库中往往存在多个数据表，这些表间通常是有联系的。当我们要更新或删除一个表中的数据时，要考虑到对相关数据表中的数据的影响，这就是数据的完整性。在 Access 2003 中可以通过建立表之间的关系来达到这样的目的。

1. 关系的定义

关系是在两个表的公共字段之间创建的一种连接，它是通过匹配关键字字段中的数据来实现的。关键字字段通常是在两个表中使用相同名称的字段。

在大多数情况下，这些用于匹配的字段都是表中的主关键字，并且在其他表中有一个外部关键字。

2. 关系的分类

根据两个表中记录之间的匹配情况，可以将表之间的关系分为一对一、一对多和多对多三种。假设现有两个表 A 和 B，它们之间可能的关系如下。

（1）一对一的关系：对于表 A 中的每一条记录，在表 B 中只可以找到一条与之相对应的记录，反之亦然。例如，班长和班级之间的关系，假设一个学生只可以给一个班级担任班长，一个班级只可以有一位班长，则两者之间就是一对一的关系。

（2）一对多的关系：对于表 A 中的每一条记录，在表 B 中可以找到多条与之相对应的记录，对于表 B 中的每一条记录，在表 A 中只可以找到一条与之相对应的记录。例如，一个班级有多个学生，一个学生只属于一个班级，则班级和学生之间的关系即为一对多的关系。

（3）多对多的关系：对于表 A 中的每一条记录，在表 B 中可以找到多条与之相对应的记录，反之亦然。例如，"学生"和"课程"之间的选课关系即为多对多的关系，因为一个学生可以选修多门课程，同时一门课程可以被多个学生所选择。

在此数据库中，对于"学生"表和"课程"表，由于一名学生可以选修多门课程，这样，"学生"表中的每条记录，在"课程"表中可以存在多条对应的记录；同样，由于每门课程可以被多个学生所选修，所以"课程"表中的每条记录，在"学生"表中也可以找到多条与之相对应的记录，所以它们之间是多对多的关系。

对于多对多的关系，通常是采用第三个表，如此处的"选课"表作为纽带，在"选课"表中包含了前两个表中的主键字段，这样，就可以把一个多对多的关系使用两个一对多的关系表示出来，即"学生"表和"选课"表之间是一对多的关系，"课程"表和"选课"表之间也是一对多的关系。

【例 4-6】 定义学生、课程、选课三表之间的关系。

在定义表间的关系之前，应该关闭所有要定义关系的表。

具体操作步骤如下：

（1）打开学生成绩管理数据库。

（2）单击工具栏中的"关系"按钮 或者选择菜单项"工具"|"关系"。

（3）如果该数据库还没有定义任何关系，则会出现"关系"窗口和"显示表"对话框。

（4）在"显示表"对话框中，选择要建立关系的表，然后单击"添加"按钮。

（5）添加到"关系"窗口后，关闭"显示表"对话框。

（6）在"关系"窗口中，按住鼠标左键不放，从某个表中将相关字段拖到其他表中的相关字段上。

（7）松开鼠标左键后，会出现"编辑关系"对话框。

（8）在"编辑关系"对话框的"表/查询"及"相关表/查询"列表框下，列出了关系的主表或查询名称以及此关系的相关字段。

(9) 如果想强化两个表之间的引用完整性，则选中"实施参照完整性"复选框，然后定义完整性。

(10) 单击"新建"按钮，完成指定关系的创建。

(11) 对每一对要关联的表重复（6）～（10），最后保存。

最终，学生成绩管理数据库中 3 个表之间的关系如图 4-10 所示，其中表间连接两端的 1 和∞表示两个表之间是一对多的关系。

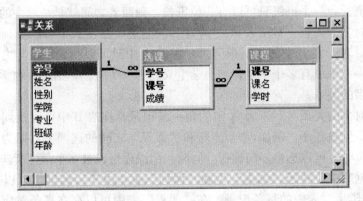

图 4-10　"学生成绩管理"数据库中各表之间的关系

数据表之间的关系建立以后，还可以进行编辑和删除。

3. 编辑关系

(1) 单击菜单项"工具"｜"关系"，或者单击"数据库"工具栏中的"关系"按钮，打开"关系"窗口。

(2) 单击关系线使其变粗后，单击菜单项"关系"｜"编辑关系"命令，打开"编辑关系"窗口，如图 4-11 所示。

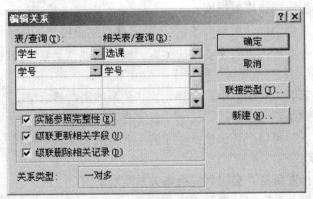

图 4-11　编辑关系

（3）在"编辑关系"对话框中重新指定两个表之间的关系。

（4）单击"编辑关系"对话框中的"联接类型"按钮，选择所需的联接类型。

（5）单击"创建"按钮，保存。

参照完整性就是在输入或删除记录时，为维持表之间已定义的关系而必须遵循的规则。如果实施了参照完整性，那么当父表中没有相关关键值时，就不能将该键值添加到子表中，也不能在子表中存在匹配的记录时删除父表中的记录，更不能在子表中有相关记录时，更改父表中的主关键字值。也就是说，实施了参照完整性后，对表中主关键字字段进行操作时系统会自动地检查主关键字字段，如果对主关键字的修改违背了参照完整性的规则，那么系统会自动强制执行参照完整性。

级联更新相关字段的含义是当更新主表中主键值时，系统会自动更新相关表中的相关记录的字段值。级联删除相关记录的含义是当删除主表中记录时，系统会自动删除相关表中的所有相关的记录。

为了保证数据库中数据的完整性，编辑关系对话框中的三个复选框应一一选中。

4. 删除关系

（1）单击菜单项"工具"｜"关系"，或者单击"数据库"工具栏中的"关系"按钮，打开"关系"窗口。

（2）单击要删除的关系线使其变粗，然后选择菜单项"编辑"｜"删除"，或右击关系线后从出现的快捷菜单中选择"删除"，出现提示对话框。

（3）单击提示对话框中的"是"按钮，删除关系。

■ 第四节　查　询

一、Access 2003 中查询的作用

在 Access 2003 中对数据的查看主要通过查询来完成，查询是一种以表或查询为数据来源的再生表，是动态的数据集合。举个简单例子，如我们已经建立了"学生"表、"课程"表与"选课"表，这三个表中分别包含一定的字段信息。但是如果我们想查看的信息分别存在于三个数据表中，那么该怎么办呢？建立一个查询就可以实现。每次使用查询时，都是从查询的数据源中创建记录集，因此，查询的结果总是与数据源中的数据保持同步。利用查询可以通过不同的方法来查看、更改和分析数据。

二、Access 2003 中查询的创建

在 Access 2003 中，既可以"在设计视图中创建查询"，也可以"使用向导创建查询"，还可以使用结构化查询语言（structured query language，SQL）命令创建，三种方法各有优缺点。其中设计视图和向导是可视化操作，相对比较简单，但功能有

限，而且在 Access 中本质上是通过 SQL 命令来执行的。SQL 命令比较灵活，是编程中常用的方法，下面首先介绍设计视图的使用方法，然后重点讲解 SQL 命令的使用方法。

【例 4-7】 选择查询实例。

用设计视图创建一个查询，查询中只包含"美术学院"的学生信息。

具体操作步骤如下：

(1) 打开查询设计器。在数据库窗口中，选择"查询"组件后，双击"在设计视图中创建查询"便打开了查询设计器窗口，如图 4-12 所示，Access 2003 默认的查询即为选择查询。

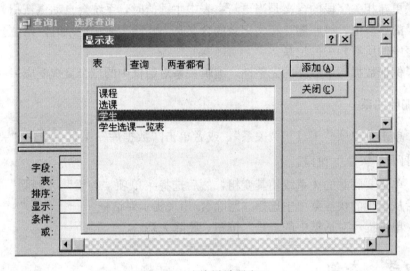

图 4-12　查询设计器窗口

(2) 添加表。在"显示表"对话框中，选择"学生"表并单击"添加"按钮，然后单击"关闭"按钮关闭"显示表"对话框。

(3) 选择字段。在查询设计器的上面窗口中依次双击"学生"表中的"学号"、"姓名"、"学院"字段，将这三个字段添加到设计器的下面窗口中。

(4) 设置条件。在字段名称为"学院"列的"条件"对应行中输入条件"="美术学院""，如图 4-13 所示。

(5) 保存查询。单击工具栏中的"保存"按钮 🖫 或者选择菜单项"文件"|"保存"，出现"另存为"对话框，如图 4-14 所示。在该对话框中输入查询名称"例 4-7 选择查询实例"，然后单击"确定"按钮。

(6) 运行查询。单击工具栏中的按钮 ！ 或者选择菜单项"查询"|"运行"，即可看到查询的结果，如图 4-15 所示。

注意：输入条件时，等号以及双引号一定要使用"英文半角"方式输入。

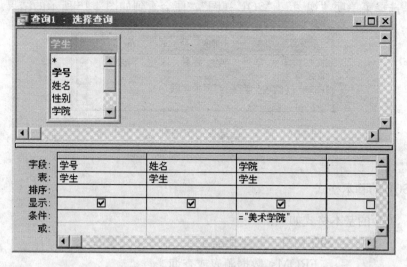

图 4-13 设置好条件的选择查询示例图

图 4-14 保存查询对话框

图 4-15 例 4-7 查询运行结果图

三、使用 SQL 创建查询

1. SQL 简介

SQL 是集数据定义、数据查询、数据操纵和数据控制功能于一体的关系数据库的标准语言。

SQL 是一种非过程化语言，它的大多数语句都是独立执行的并完成一个特定操作，与上下文无关。

使用 SQL 能够创建各种不同类型的查询。在 Access 2003 中用设计视图建立一个查询之后，当切换到"SQL 视图"时，会发现在 SQL 窗口中系统会自动生成相应的 SQL 语句。其实，Access 执行查询时，是首先生成 SQL 语句，然后用这些语句对数据表进行操作的。

【例 4-8】 显示例 4-7 中的 SQL 命令代码。

（1）打开查询的设计视图窗口。在数据库的查询面板中选择"例 4-7 选择查询实例"查询，然后单击按钮"设计"。

（2）选择菜单项"视图"|"SQL 视图"，便会看到如图 4-16 所示的结果。

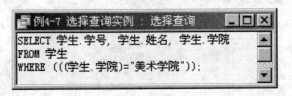

图 4-16　例 4-7 选择查询实例对应的 SQL 命令

2. SQL 的基本格式

（1）SQL 的基本格式如下：

SELECT　　＜字段名 1＞［，＜字段名 2＞，…］
FROM＜数据源表或查询＞
［WHERE＜条件表达式＞］
［GROUP BY＜分组字段名＞］
［ORDRE BY＜排序选项＞［ASC］［DESC］］

（2）功能。从指定的数据表或查询中，选择满足条件的记录的指定字段，从而构成一个新的记录集。

（3）说明。①SELECT：命令动词，表示查询功能；②＜字段名 1＞［，＜字段名 2＞，…］：表示查询结果中要包含的字段，当选择一个表中的所有字段时，字段名可以用＊代替；③FROM＜数据源表或查询＞：指明数据的来源是哪个表或查询，如果是两个以上的表，表名之间用逗号分隔；④WHERE＜条件表达式＞：指明查询结果应满足的条件；⑤GROUP BY＜分组字段名＞：指明按照哪个字段对查询结果进行分组；⑥ORDRE BY＜排序选项＞［ASC］［DESC］：指明查询结果如何排序，选项 ASC 表示按照升序排列（默认），DESC 表示按照降序排列。

3. 在 Access 2003 中使用 SQL 命令的方法

在 Access 2003 中使用 SQL 命令的操作步骤如下：

（1）打开查询设计视图窗口。

（2）打开 SQL 视图编辑窗口：选择菜单项"视图"|"SQL 视图"打开 SQL 视图编辑窗口。

（3）输入 SQL 命令：在 SQL 视图编辑窗口中输入相应 SQL 命令。

（4）保存查询：单击工具栏中的"保存"按钮 或者选择菜单项"文件"|"保存"，出现"另存为"对话框。在该对话框中输入相应查询名称，然后单击"确定"按钮。

（5）执行查询：单击工具栏中的按钮 ! 或者选择菜单项"查询"|"运行"，即可看到查询运行结果。

4. 实例

以下实例只写出相关 SQL 命令和运行结果，操作步骤请参考前面讲解。

【**例 4-9**】　使用 SQL 创建一个查询，要求结果中包含"学生"表中的所有信息。

（1）SQL 命令如图 4-17 所示。

图 4-17　例 4-9 对应的 SQL 设计窗口

（2）运行结果如图 4-18 所示。

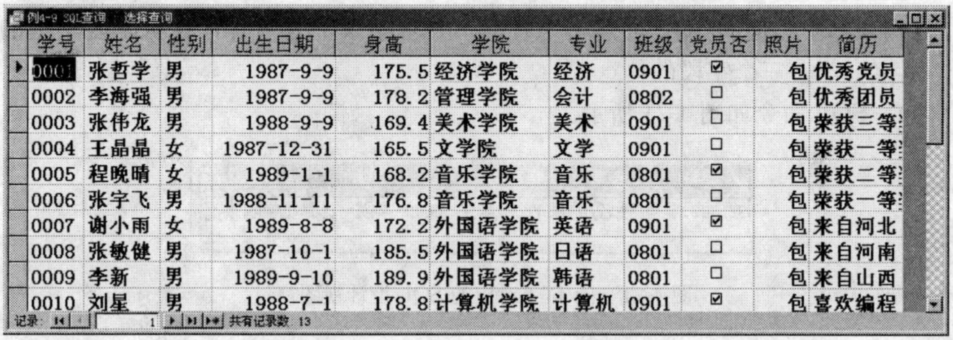

学号	姓名	性别	出生日期	身高	学院	专业	班级	党员否	照片	简历
0001	张哲学	男	1987-9-9	175.5	经济学院	经济	0901	☑	包	优秀党员
0002	李海强	男	1987-9-9	178.2	管理学院	会计	0802	☐	包	优秀团员
0003	张伟龙	男	1988-9-9	169.4	美术学院	美术	0901	☐	包	荣获三等
0004	王晶晶	女	1987-12-31	165.5	文学院	文学	0901	☐	包	荣获一等
0005	程晚晴	女	1989-1-1	168.2	音乐学院	音乐	0801	☑	包	荣获二等
0006	张宇飞	男	1988-11-11	176.8	音乐学院	音乐	0801	☐	包	荣获一等
0007	谢小雨	女	1989-8-8	172.2	外国语学院	英语	0901	☑	包	来自河北
0008	张敏健	男	1987-10-1	185.5	外国语学院	日语	0801	☐	包	来自河南
0009	李新	男	1989-9-10	189.9	外国语学院	韩语	0801	☐	包	来自山西
0010	刘星	男	1988-7-1	178.8	计算机学院	计算机	0901	☑	包	喜欢编程

记录 |◄ ◄ 　　　1　► ►| ►* 共有记录数 13

图 4-18　例 4-9 对应的查询结果窗口

【**例 4-10**】　使用 SQL 创建一个查询，要求结果中只包含学号、姓名、出生日期三个字段。

（1）SQL 命令如图 4-19 所示。

图 4-19　例 4-10 对应的 SQL 设计窗口

（2）运行结果如图 4-20 所示。

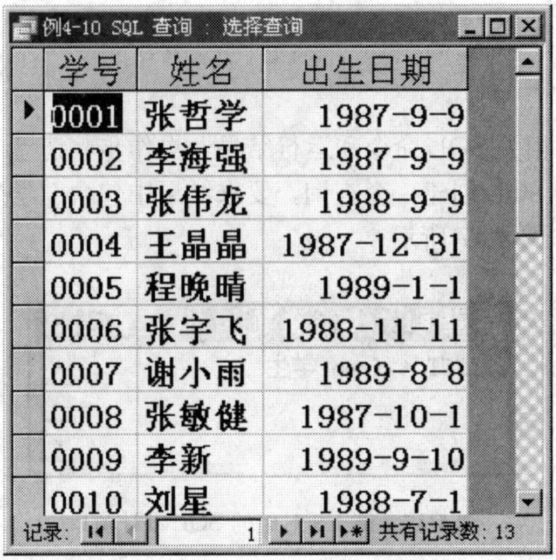

学号	姓名	出生日期
0001	张哲学	1987-9-9
0002	李海强	1987-9-9
0003	张伟龙	1988-9-9
0004	王晶晶	1987-12-31
0005	程晚晴	1989-1-1
0006	张宇飞	1988-11-11
0007	谢小雨	1989-8-8
0008	张敏健	1987-10-1
0009	李新	1989-9-10
0010	刘星	1988-7-1

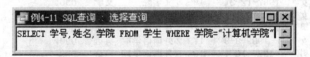

图 4-20　例 4-10 对应的查询结果窗口

【例 4-11】　使用 SQL 创建一个查询，要求结果中只包含计算机学院学生的学号、姓名、学院三个字段的信息。

（1）SQL 命令如图 4-21 所示。

```
SELECT 学号,姓名,学院 FROM 学生 WHERE 学院="计算机学院"
```

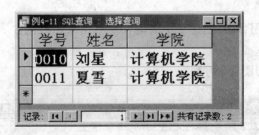

图 4-21　例 4-11 对应的 SQL 设计视图窗口

（2）运行结果如图 4-22 所示。

学号	姓名	学院
0010	刘星	计算机学院
0011	夏雪	计算机学院

图 4-22　例 4-11 对应的查询结果窗口

【例 4-12】　使用 SQL 创建一个查询，要求结果中只包含学生的学号、姓名、身高三个字段的信息，而且结果按身高的降序排列。

（1）SQL命令如图 4-23 所示。

图 4-23　例 4-12 对应的 SQL 设计视图窗口

（2）运行结果如图 4-24 所示。

学号	姓名	身高
0009	李新	189.9
0008	张敏健	185.5
0010	刘星	178.8
0002	李海强	178.2
0006	张宇飞	176.8
0012	牛三宝	176.6
0013	高天来	175.5
0001	张哲学	175.5
0007	谢小雨	172.2
0003	张伟龙	169.4
0011	夏雪	168.8
0005	程晚晴	168.2
0004	王晶晶	165.5

图 4-24　例 4-12 对应的查询结果窗口

在 SELECT 命令中可以使用一些函数来完成相应的计算，表 4-6 列出了常用函数及其功能。

表 4-6　SELECT 命令中可以使用的函数

函数格式	函数功能
COUNT（＊）	计算记录个数
SUM（字段名）	计算字段名所指定字段值的总和
AVG（字段名）	计算字段名所指定字段的平均值
MAX（字段名）	计算字段名所指定字段的最大值
MIN（字段名）	计算字段名所指定字段的最小值

【例4-13】 使用 SQL 创建一个查询，要求计算学生表中男女同学的平均身高。

（1）SQL 命令如图 4-25 所示。

图 4-25　例 4-13 对应的 SQL 设计视图窗口

说明：①函数 Round（Avg（身高）* 100）/100 的作用是对平均身高值小数部分的第三位小数值进行四舍五入后保留两位小数。②使用选项"AS 平均身高"指定结果中平均身高的字段名称，使显示结果更加明了。

（2）运行结果如图 4-26 所示。

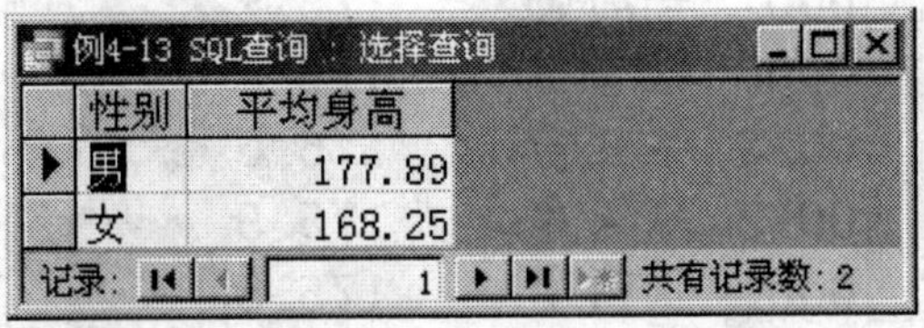

图 4-26　例 4-13 对应的查询结果窗口

【例4-14】 使用 SQL 创建一个查询，要求统计学生表中男同学的人数。

（1）SQL 命令如图 4-27 所示。

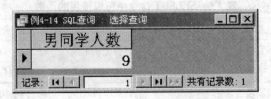

图 4-27　例 4-14 对应的 SQL 设计视图窗口

（2）运行结果如图 4-28 所示。

图 4-28　例 4-14 对应的查询结果窗口

【例4-15】 使用 SQL 语言创建一个查询，要求结果中包含学号、姓名、性别、课名、成绩等字段信息。

（1）SQL 命令如图 4-29 所示。

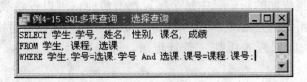

图 4-29　例 4-15 对应的 SQL 设计视图窗口

本题目查询涉及三个表，属于多表查询，因为学号字段同时存在于两个表中，所以字段名前需要加表名，其他字段只在一个表中存在，所以前面不需要加表名，当然加上也可以，同学们可以自己试试看。

（2）运行结果如图 4-30 所示。

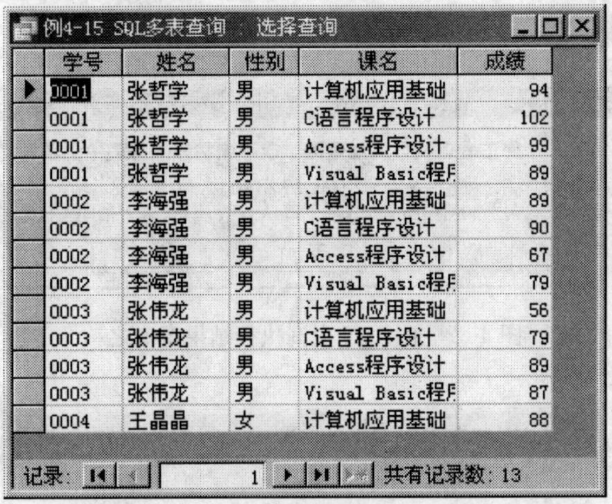

学号	姓名	性别	课名	成绩
0001	张哲学	男	计算机应用基础	94
0001	张哲学	男	C语言程序设计	102
0001	张哲学	男	Access程序设计	99
0001	张哲学	男	Visual Basic程序	89
0002	李海强	男	计算机应用基础	89
0002	李海强	男	C语言程序设计	90
0002	李海强	男	Access程序设计	67
0002	李海强	男	Visual Basic程序	79
0003	张伟龙	男	计算机应用基础	56
0003	张伟龙	男	C语言程序设计	79
0003	张伟龙	男	Access程序设计	89
0003	张伟龙	男	Visual Basic程序	87
0004	王晶晶	女	计算机应用基础	88

记录：|◄ ◄　　　1　► ►|　►	共有记录数：13

图 4-30　例 4-15 对应的查询结果窗口

四、其他 SQL 命令

查询功能是 SQL 命令的主要功能，另外它还具有插入记录、删除记录和更新数据等功能，下面依次介绍这三条命令。

1. SQL 插入记录命令——INSERT

（1）命令格式如下：

　　INSERT INTO＜表名＞［（＜字段名称 1＞［，＜字段名称 2＞…]）]
　　　　　　　VALUES（字段 1 的取值［，字段 2 的取值…]）

（2）命令功能。在指定的表的末尾添加一条新记录，其值为 VALUES 后面的数据值。

（3）说明。当添加的新记录中每个字段都有值时，可以省略表名后面的字段名称。如果添加的新记录只是部分字段有值时，必须在表名后面指明相应字段名称。

【例 4-16】　向课程表添加一条新记录，课程号为"0010"，课名为"文学欣赏"，课时为 32。

（1）SQL 命令如图 4-31 所示。

图 4-31　例 4-16 对应的 SQL 设计视图窗口

（2）运行结果如图 4-32、图 4-33 所示。单击按钮"是"将执行查询，出现图 4-33 运行窗口，单击按钮"否"不执行查询。

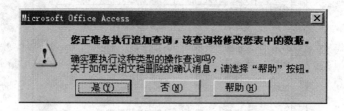

图 4-32　例 4-16 查询执行结果窗口之一

图 4-33　例 4-16 查询执行结果窗口之二

说明：

（1）单击按钮"是"将新记录追加入表中，可以打开课程表进行查看。

（2）因为本例中给课程表中的所有字段均赋值了，所以省略了字段名称，当然也可以将字段名称写上。

【例 4-17】　向学生表添加一条新记录，学号为"0014"，姓名为"王小宝"，性别为"男"，出生日期为 1988 年 8 月 8 日。

（1）SQL 命令如图 4-34 所示。

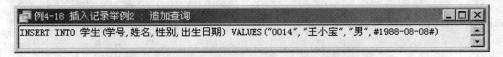

图 4-34 例 4-17 对应的 SQL 设计视图窗口

（2）运行结果中出现的窗口与例 4-16 相同。因为本例中只添加了部分字段值，所以字段名称必须写上，不能省略。

2. SQL 删除记录命令——DELETE

（1）命令格式如下：DELETE FROM<表名> ［WHERE<条件表达式>］。

（2）命令功能。删除指定数据表中满足条件的记录。

（3）说明。如果省略条件，则会删除表中的所有记录，因此该命令应谨慎使用。

【例 4-18】 删除"学生"表的副表"学生 2"中所有 1988 年以前出生的同学的记录。

因为记录一旦删除后无法恢复，所以此例中首先将学生表复制一份生成"学生 2"数据表，然后对副表进行删除操作，以保护原表数据。

（1）生成副表。在数据库窗口的表面板中选择数据表"学生"，右击，从快捷菜单中选择"另存为"，出现"另存为"对话框，将表的名称改为"学生 2"，如图 4-35 所示，然后单击"确定"按钮。

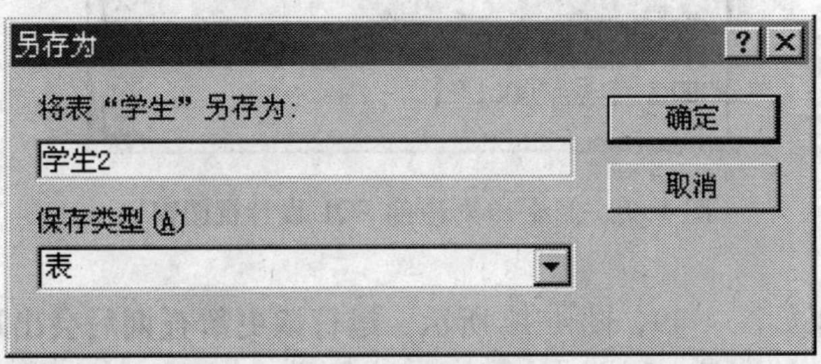

图 4-35 另存为对话框

（2）输入 SQL 删除查询命令并保存。SQL 命令如图 4-36 所示。

图 4-36 例 4-18SQL 命令

(3) 运行查询命令。运行查询命令后出现如图 4-37 所示窗口，单击按钮"是"后将执行查询，表中符合条件的记录将被删除，可以打开"学生 2"表进行查看。

图 4-37　例 4-18 查询运行结果图

3. SQL 数据更新命令——UPDATE

(1) 命令格式如下：UPDATE＜表名＞SET＜字段名称＞＝＜表达式＞［，＜字段名称＞＝＜表达式＞］［……］［WHERE＜条件＞］。

(2) 命令功能。更新指定表中满足条件的记录的指定字段的值。

(3) 说明。如果省略条件，则会对表中的所有记录操作。

【例 4-19】　使用 SQL 语言创建一个更新查询，要求能够将学号为"0001"的同学的所有课程成绩都增加 2 分。

(1) SQL 命令如图 4-38 所示。

图 4-38　例 4-19 对应的 SQL 设计视图窗口

(2) 运行结果如图 4-39、图 4-40 所示。运行该更新查询后会出现如图 4-39 的运行对话框，点击按钮"是（Y）"后，会出现如图 4-40 的运行对话框，点击按钮"是（Y）"后表中的相关记录数据项得到更新，可以打开相关数据表进行查看。

图 4-39　例 4-19 对应的查询结果运行窗口之一

图 4-40 例 4-19 对应的查询结果运行窗口之二

使用 SQL 的更新命令 UPDATE，用户可以方便地完成表中数据的修改，尤其当表中的数据量比较大时，通过对符合条件的记录进行批量修改可以有效地提高工作效率。

第五节 窗体

在 Access 中窗体是用户使用软件的窗口界面，在窗体中可以完成显示数据、输入数据等功能，下面介绍其具体内容。

一、窗体的主要功能

窗体的主要功能有如下四个方面。

（1）窗体可以显示数据、输入数据到表中或者修改表中的数据。窗体可以允许用户输入符合要求的数据，而禁止修改受到保护的数据。

（2）切换面板窗体可以作为用户使用数据库应用系统的友好界面，可以打开其他窗体或报表。

（3）在窗体中，可以通过自定义的对话框接受用户输入的信息，并根据输入的信息执行相应的操作。

（4）窗体可以显示各种提示信息、错误信息等。

二、窗体的快速创建

在 Access 中既可以使用向导等方法快速创建窗体，也可以使用设计视图来创建窗体。使用窗体向导时，Access 会提示输入有关信息，并根据指示创建窗体。窗体向导能加快窗体的创建过程，因为它可以自动完成所有的基本操作。使用设计视图创建窗体，需要人工设计窗体界面并且手动添加所需要的各种控件。已经创建好的窗体只能使用窗体设计视图进行修改。

下面通过三个实例讲解如何使用窗体向导等方法快速创建窗体。

【例 4-20】 使用"自动窗体"创建一个如图 4-41 所示的显示学生信息的窗体。

具体操作步骤如下：

（1）选择表。在"学生成绩管理"数据库窗口中选择"学生"表对象。

（2）创建窗体。选择菜单项"插入"|"自动窗体"，与数据表"学生"同名的窗体便自动生成了，如图 4-41 所示。

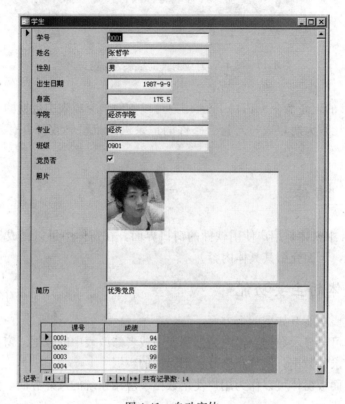

图 4-41　自动窗体

（3）保存窗体。单击菜单项"文件"|"保存"，在出现的"另存为"对话框中设置窗体名称为"学生自动窗体"，如图 4-42 所示，然后单击"确定"按钮。

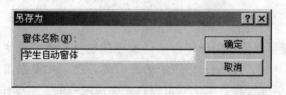

图 4-42　自动窗体"另存为"对话框

【例 4-21】　使用文件另存为的方法快速创建一个如图 4-41 所示显示学生信息的窗体。

具体操作步骤如下。

（1）选择表。在"学生成绩管理"数据库窗口中选择"学生"表对象。

（2）创建窗体。选择菜单项"文件"｜"另存为"，在出现的"另存为"对话框中设置"保存类型"为"窗体"，在"将表"学生"另存为"下面的文本框中输入窗体名称为"学生另存为窗体"，如图 4-43 所示。标题名为"学生"的窗体便快速生成了，如图 4-41 所示。

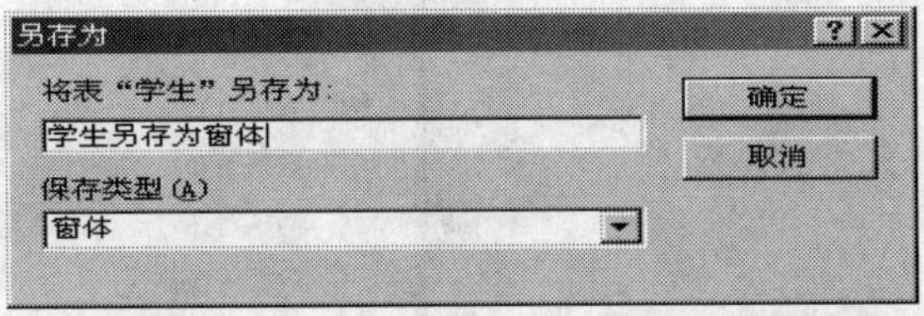

图 4-43　文件"另存为"对话框

【例 4-22】　使用向导创建一个显示学生信息的窗体。

具体操作步骤如下。

（1）打开窗体向导窗口。在"学生成绩管理"数据库窗口中，选择"窗体"对象后，双击"使用向导创建窗体"，便打开了"窗体向导"窗口。

（2）选择数据源表及字段。在窗体向导窗口中，从"表/查询"下面的列表中选择数据源为"表：学生"。从"可用字段"列表中选择所有字段，如图 4-44 所示，单击"下一步"按钮，进入"窗体布局"选择对话框。

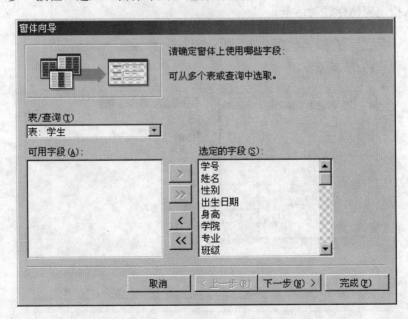

图 4-44　窗体向导界面——选择表及字段

（3）选择窗体布局。此处选择"纵栏表"，如图 4-45 所示，然后单击"下一步"按钮，进入窗体样式选择对话框。

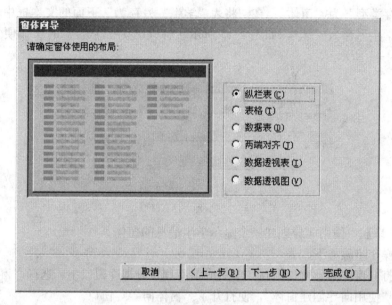

图 4-45　窗体向导——选择窗体布局

（4）选择窗体样式。此处选择"国际"，如图 4-46 所示，然后单击"下一步"按钮，进入指定窗体标题对话框。

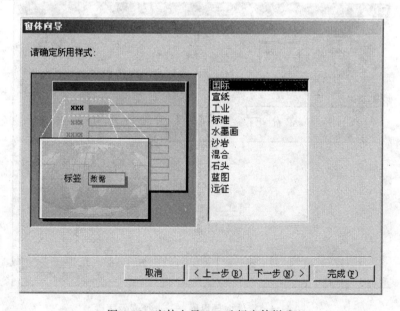

图 4-46　窗体向导——选择窗体样式

（5）指定窗体标题。在窗体标题框中输入"学生信息显示窗体"，如图 4-47 所示，然后单击"完成"按钮，即可以看到窗体显示界面了，如图 4-48 所示。关闭窗体后，在数据库窗口中，可以看到名为"学生信息显示窗体"的窗体对象。

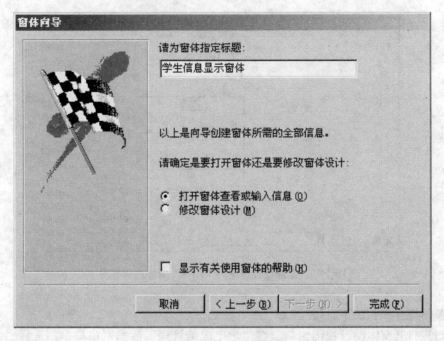

图 4-47 窗体向导——为窗体指定标题

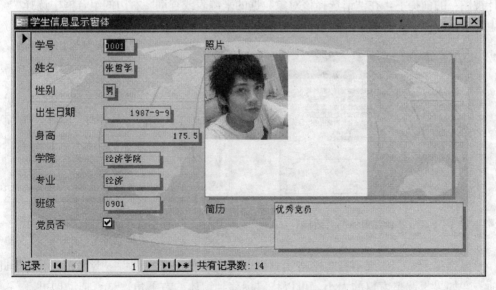

图 4-48 窗体向导——窗体运行结果界面

三、使用窗体设计器创建及修改窗体

【例4-23】 使用窗体设计视图创建一个如图4-49所示显示学生信息的窗体。

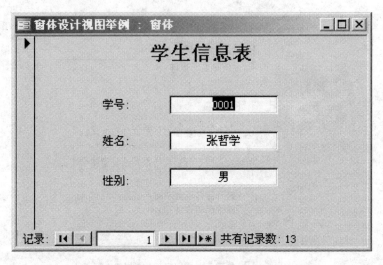

图4-49 窗体设计视图的使用——窗体运行界面

具体操作步骤如下：

（1）打开窗体设计视图窗口。在"学生成绩管理"数据库窗口中，选择"窗体"对象后，单击"新建"按钮，打开"新建窗体"对话框，如图4-50所示。在选中"设计视图"的前提下，在"请选择该对象数据的来源表或查询"右边的组合框中选择"学生"数据表。单击"确定"按钮，便打开了窗体设计视图窗口，如图4-51所示。

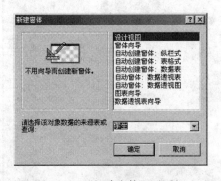

图4-50 "新建窗体"对话框

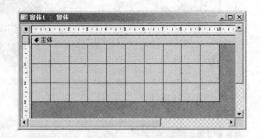

图4-51 刚刚打开的设计视图窗体界面

温馨提示：①如果不喜欢网格线，可以点击菜单项"视图"|"网格"，不选择此项；②如果想调整窗口的大小，可以将鼠标移到窗体的右下角，试着拖动即可。

（2）在窗体上根据具体情况添加各种控件。打开窗体设计视图窗口后系统同时会打开"工具箱"窗口，如图 4-52 所示，点击工具箱中的标签控件 $A\alpha$，然后将鼠标移到窗体上单击，则会出现一个光标输入点，此时即可输入文本，如此处输入"学生信息显示"。输入文本后，可以通过控件的属性对话框设置文本的格式。使用类似的方法可以添加其他控件，还有一种更加简洁的添加控件的方法，即控件拖入法。具体操作方法如下：将图 4-53 中"字段列表"中的字段用鼠标拖动到窗体上。将所需要的字段拖动完成后，可以同时选中某些控件（按住 Shift 键可以同时选定多个控件）然后通过选择菜单项"格式"里边的"对齐"、"大小"、"水平"、"垂直"等设置它们的格式。设置好的界面如图 4-54 所示。

图 4-52　窗体设计视图的使用——工具箱

图 4-53　"字段列表"窗口　　　　图 4-54　窗体设计视图的使用——设计好的窗体界面

（3）保存窗体。通过单击窗体或者选择菜单项"文件"|"保存"，在"另存为"对话框中为窗体取合适的名称。

（4）查看窗体运行结果。选择菜单项"视图"|"窗体视图"，即可看到窗体的运行结果，如图 4-49 所示。关闭窗体设计视图窗口后在数据库窗口中双击相应窗体名或者选中窗体名后单击"打开"按钮，也可看到同样的运行结果。

【例 4-24】　使用窗体设计视图对如图 4-49 所示窗体进行修改，增加两个实现记录查找和删除的按钮，如图 4-55 所示。

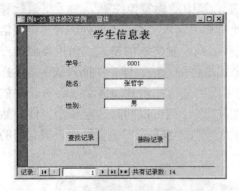

图 4-55　带查找与删除记录功能的窗体　　　　　图 4-56　窗体另存为对话框

具体操作步骤如下：

（1）打开窗体设计视图窗口。在数据库窗口中选择窗体"例 4-23 窗体设计视图举例"，然后单击"设计"按钮，便打开了窗体设计视图窗口。选择菜单项"文件｜另存为"，在如图 4-56 所示的"另存为"对话框中将窗体另存为"例 4-24 窗体修改举例"。

（2）在窗体上添加查找按钮。单击窗体工具栏（如图 4-52 所示）中的按钮控件，然后在窗体设计视图窗口中单击，在窗体上便出现一个名称为"Command1"的按钮，同时出现如图 4-57 所示的"命令按钮"向导。在向导窗口中"类别"选择"记录导航"，"操作"选择"查找记录"，然后单击按钮"下一步"。在如图 4-58 中确定在按钮上显示文本还是图片，此处选择文本。在如图 4-59 中指定按钮的名称，此处设置为 Command1，便于编程使用。至此，按钮"查找记录"添加完成。

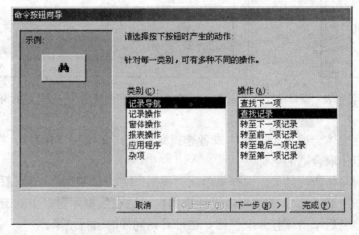

图 4-57　查找记录"命令按钮向导"对话框之一

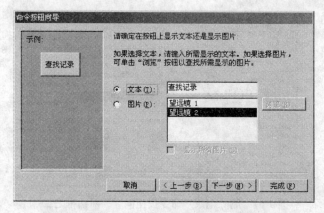

图 4-58　查找记录"命令按钮向导"对话框之二

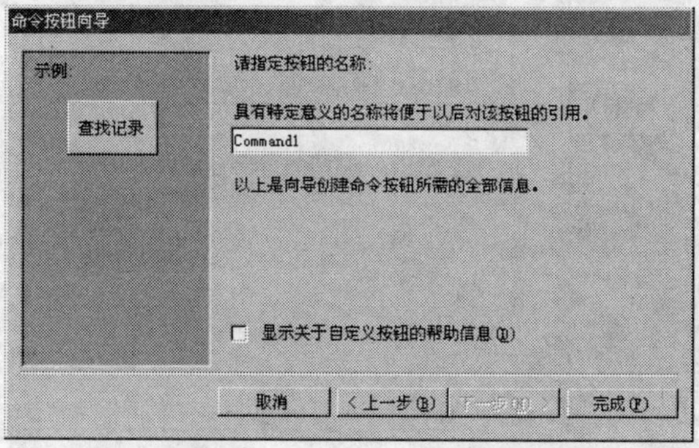

图 4-59　查找记录"命令按钮向导"对话框之三

（3）在窗体上添加删除按钮。用类似（2）的方法添加删除按钮，删除记录"命令按钮向导"对话框如图 4-60～图 4-62 所示。

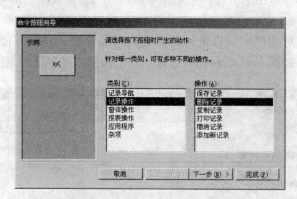

图 4-60　删除记录"命令按钮向导"对话框之一

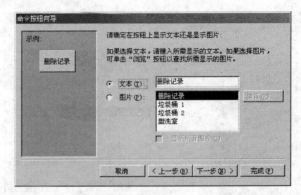

图 4-61 删除记录"命令按钮向导"对话框之二

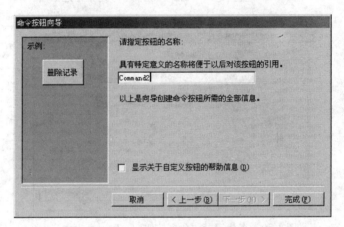

图 4-62 删除记录"命令按钮向导"对话框之三

（4）保存窗体。单击菜单项"文件"|"保存"，对窗体进行保存。

（5）查看窗体运行结果。选择菜单项"视图"|"窗体视图"即可看到窗体运行结果，如图 4-55 所示。单击"查找记录"按钮后可看到如图 4-63 所示的"查找和替换"对话框，在此对话框中可以进行记录的查找和替换，非常方便。单击"删除记录"按钮后可看到如图 4-64 所示的对话框，点击按钮"是"便可删除当前记录。

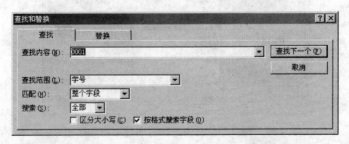

图 4-63 点击"查找记录"按钮后的运行结果

图 4-64　点击"删除记录"按钮后的运行结果

■ 第六节　报表的基本操作

一、Access 2003 报表简介

报表是以书面的形式展示数据的一种方式。在 Access 2003 中既可以在设计视图中创建报表，也可以使用报表向导创建。使用设计器的优点是方法灵活，可以创建任意的报表，缺点是比较麻烦。使用向导的优点是快速方便，缺点是不够灵活。下面通过一个实例讲解报表向导的使用方法。

二、报表的创建

【例 4-25】　使用报表向导创建一个打印学生信息的报表。

具体操作步骤如下。

（1）打开报表向导窗口。在"学生成绩管理"数据库窗口中，选择"报表"对象后，双击"使用向导创建报表"，便打开了报表向导窗口。

（2）选择数据源表及字段。在窗体向导窗口中，从"表/查询"下的列表中选择数据源为"表：学生"，从"可用字段"列表中选择所有字段，如图 4-65 所示，单击"下一步"按钮，进入"分组级别"添加对话框。

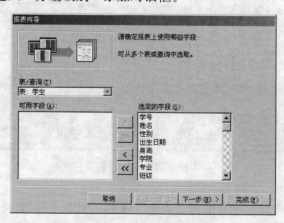

图 4-65　报表向导——选择表及字段

（3）选择分组字段。如果需要分组则选择欲分组的字段，此处不作选择，如图 4-66 所示。然后单击"下一步"按钮，进入"排序次序"选择对话框。

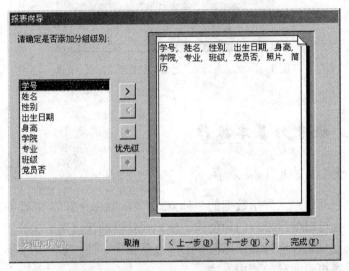

图 4-66　报表向导——设置分组

（4）设置排序次序。此处不设置字段的排列，如图 4-67 所示。然后单击"下一步"按钮，进入指定"布局方式"对话框。

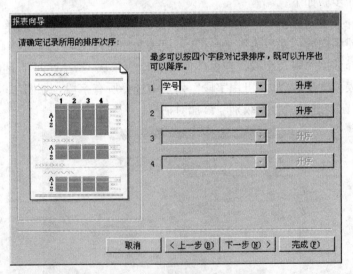

图 4-67　报表向导——设置排序次序

（5）选择报表布局。此处选择"表格"布局，如图 4-68 所示。然后单击"下一步"按钮，进入指定"报表样式"选择对话框。

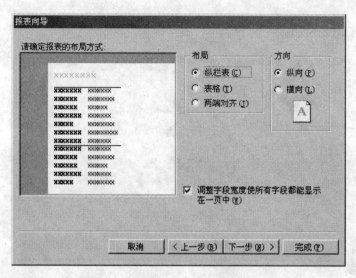

图 4-68 报表向导——确定报表布局

（6）选择报表样式。此处选择"大胆"样式，如图 4-69 所示。然后单击"下一步"按钮，进入指定"报表标题"对话框。

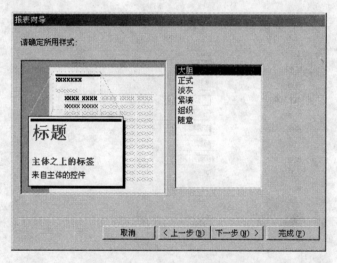

图 4-69 报表向导——确定报表样式

（7）指定报表标题，保存报表。在报表标题框中输入"学生信息显示报表"，如图 4-70 所示。然后单击"完成"按钮，即可以看到报表显示界面了，如图 4-71 所示。关闭报表后，在数据库窗口中，可以看到名为"学生信息显示报表"的报表对象，以后对该报表对象还可以在设计视图中打开进行编辑修改。

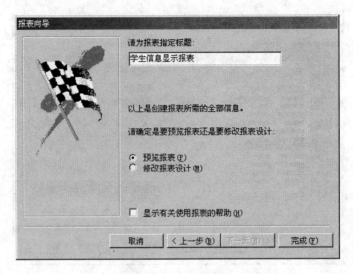

图 4-70　报表向导——指定报表标题

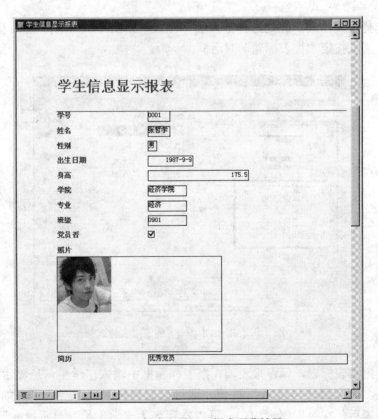

图 4-71　报表向导——报表预览结果

在对报表进行预览时，点击工具栏中的打印按钮 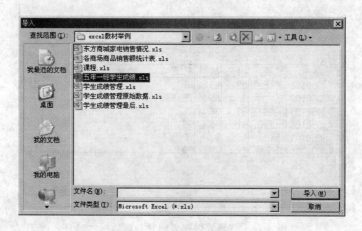 即可将报表打印输出。

■ 第七节 Access 与其他软件之间的数据共享

在用户实际应用中，不同的用户可能会以不同的应用程序来管理数据，这样就会形成不同文件格式的数据。Access 作为一款优秀的数据库管理系统软件，提供了对不同格式的数据进行存取的功能，实现了 Access 数据库与其他数据文件之间的数据共享。Access 能够存取的外部数据格式包括 Access 文件、文本文件、Excel 文件、Dbase 文件、HTML 文件、开放数据库互联（open database connectivity，ODBC）数据库文件等。

一、数据导入

数据导入是将文本文件、电子表格文件或其他数据库中的数据复制到当前数据库的表中的操作，这样可以在 Access 中使用其他文件格式的数据。

【例 4-26】 将 Excel 文件"五年一班学生成绩 . xls"导入到数据库"学生成绩管理 . mdb"中。

具体操作步骤如下：

（1）打开数据库文件"学生成绩管理 . mdb"。选择菜单项"文件"｜"获取外部数据"｜"导入"。在打开的"导入"对话框中确定 Excel 数据文件存储的位置（即查找范围）、文件名及文件类型，如图 4-72 所示（请一定注意选择"文件类型"为"Microsoft Excel（ ＊ . xls)"）。单击"导入"按钮。

图 4-72 "导入"对话框

（2）在打开的"导入数据表向导"对话框中确定第一行是否包含列标题。本例选中复选框"第一行包含列标题"，如图 4-73 所示。单击"下一步"按钮。

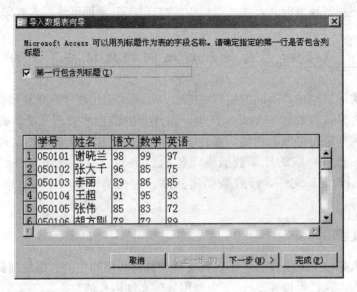

图 4-73 "导入数据表向导"对话框之一

（3）在新打开的"导入数据表向导"对话框中选择数据的保存位置。本例选择"新表中"，如图 4-74 所示。单击"下一步"按钮。

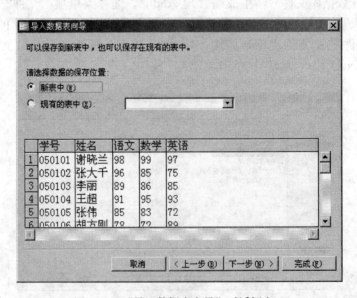

图 4-74 "导入数据表向导"对话框之二

（4）在新打开的"导入数据表向导"对话框中选择修改各字段的信息。本例采用默认值，如图 4-75 所示，单击"下一步"按钮。

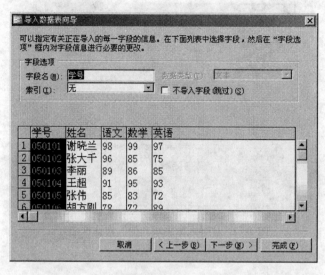

图 4-75 "导入数据表向导"对话框之三

（5）在新打开的"导入数据表向导"对话框中选择主键的设置。本例选择"我自己选择主键"，如图 4-76 所示。单击"下一步"按钮。

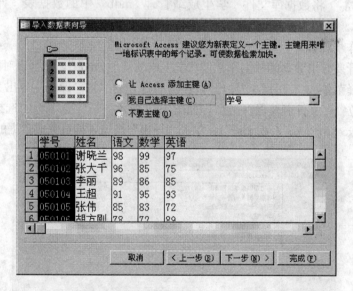

图 4-76 "导入数据表向导"对话框之四

（6）在新打开的"导入数据表向导"对话框中设置表的名称。本例设置表的名称为"5 年 1 班成绩表"，如图 4-77 所示。单击"完成"按钮。至此，一个名称为"5 年 1 班成绩表"的数据表就在当前数据库中创建好了。

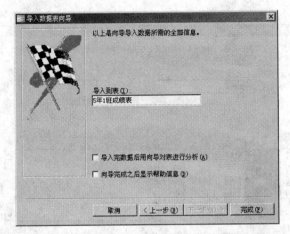

图 4-77　"导入数据表向导"对话框之五

二、数据导出

数据导出是将数据库对象输出到文本文件、电子表格或其他数据库文件中,这样可以使其他程序能够使用 Access 数据库的数据。

【例 4-27】　将数据库文件"学生成绩管理.mdb"中的数据表"课程"导出为 Excel 工作簿。

具体操作步骤如下。

(1) 打开要导出数据的数据库文件"学生成绩管理.mdb",选择表对象"课程"。

(2) 选择菜单项"文件"|"导出",在随后打开的"将'课程'导出为…"对话框中设置保存位置、文件名及保存类型,如图 4-78 所示(请注意本例中选择保存类型为"Microsoft Excel 97-2003 (*.xls)")。单击"导出"按钮,即可完成数据的导出。

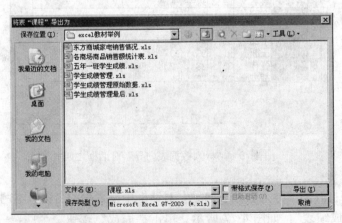

图 4-78　导出对话框

第五章

多媒体技术基础

　　多媒体技术是 20 世纪 80 年代迅速发展起来的一门新兴的综合性计算机技术，它以传统的计算机技术为基础，结合现代电子信息技术、音视频技术，使计算机具备了综合处理文本、图形、图像、声音、视频影像、动画等信息的能力，为人们的工作、生活、娱乐带来了深刻的变化，人们传统认识中单调、乏味的计算机变成了丰富多彩、声像并茂的人类朋友。今天，多媒体技术的应用已渗透到我们社会生产、生活的方方面面，正极大地影响和改变着人们的生活。多媒体技术的应用，已成为现代计算机应用技术中的一个重要分支。

　　本章概述多媒体技术的基本概念、多媒体系统的组成、多媒体信息的数字化及多媒体素材制作软件等。

■ 第一节　多媒体技术概述

一、多媒体技术的发展

　　多媒体技术的概念起源于 20 世纪 80 年代初期，20 世纪 90 年代人们开始将声音、活动的视频图像和三维真彩色图像输入计算机进行实时处理，人和计算机的交互界面开始进入多媒体环境。进入 90 年代中期，因特网的广泛使用，促进了多媒体技术与网络技术的互联需求，从而在全球掀起了计算机、通信、家电和娱乐业的互融与联合，促进了"多媒体时代"的到来。因而可以认为多媒体是在计算机技术、通信网络技术、大众传播技术等现代信息技术不断进步的条件下，由多学科不断融合、相互促进而产生出来的。

二、多媒体基本概念

1. 媒体

所谓媒体（medium）是指承载信息的载体，常用的媒体有感觉媒体（如图像、动画)、表示媒体(如图像编码、声音编码)、显示媒体(如屏幕、打印机)、存储媒体(如硬盘、光盘)、传播媒体(如电视、报纸)。

人们通常所说的"媒体"包括两个含义:一是指存储信息的物理实体,如磁盘、光盘、磁带及相关的播放设备等;二是指信息的表现形式或载体,如文字、声音、图像、动画、视频等。多媒体技术中的媒体通常指后者。

2. 多媒体

多媒体(multimedia)是有两种或两种以上媒体的有机集成体,从字面上理解就是文字、声音、图形、图像、动画和视频等多种媒体信息的集合。计算机能处理的多媒体信息从时效上说可以分为两大类。

(1)静态媒体,包括文字、图形、图像。

(2)动态媒体,包括声音、动画、视频。

通常情况下,多媒体并不仅仅指多种媒体本身,而主要是指处理和应用它的一整套技术。因此,多媒体实际上常常被看做多媒体技术的同义词。

3. 多媒体技术

多媒体技术(multimedia computer technology)是一种能同时获取、处理、编辑、存储和显示两种以上不同媒体的技术,是利用计算机对文字、图像、图形、动画、音频、视频等多种信息进行综合处理、建立逻辑关系和人机交互作用的产物。

多媒体技术是研究计算机综合处理图形、图像、文字、音频信息和视频影像等多种信息及其存储与传输的技术。

三、多媒体技术的特性

多媒体技术主要特性包括信息的集成性、交互性和实时性等,也是在多媒体研究中必须要解决的主要问题。

(1)集成性。集成性是指将多种媒体的信息有机地组织在一起,共同表达一个完整的综合信息。

(2)交互性。交互性是多媒体技术的特色之一,就是可与使用者作交互性沟通的特性,这也正是它和传统媒体最大的不同。

(3)实时性。实时性是指多媒体系统中多种媒体间无论在时间上还是空间上都存在着紧密的联系,是具有同步性和协调性的群体。例如,声音及活动图像强调实时性,多媒体系统提供同步和实时处理的能力。这样,在人的感官系统允许的情况下,进行多媒体交互,就好像面对面一样,图像和声音都是连续的。因此,多媒体技术必须能对这些媒体进行实时处理。

四、多媒体信息处理的关键技术

多媒体信息处理和应用需要一系列相关技术的支持,以下五个方面的关键技术是多媒体研究的热点，也是未来多媒体技术发展的趋势。

1. 多媒体数据压缩技术

信息时代的重要特征是信息的数字化，而将多媒体信息中的视频、音频信号数字化后的数据量是非常庞大的，这给多媒体信息的存储、传输和处理带来了极大的压力。解决这一难题的有效方法就是数据压缩编码。因此，多媒体数据压缩和编码技术是多媒体技术中最为关键的核心技术。采用先进的压缩编码算法对数字化的视频和音频信息进行压缩，既节省了存储空间，又提高了通信介质的传输效率，同时也使计算机实时处理和播放视频、音频信息成为可能。

2. 多媒体数据存储技术

信息的组织和管理是一个较为复杂的系统，涉及对信息的输入、编辑、存储、检索、排序、统计、传输和输出等。数字化的多媒体信息虽然经过了压缩处理，但仍需要相当大的存储空间，解决这一问题的关键是数据存储技术。

数字化数据存储的介质有硬盘、光盘和磁带等，目前，在微机上单个硬盘的容量已达到 TB，可以满足多媒体数据的存储。在一些大型服务器和视频点播系统中，使用多台磁盘机或光盘机组成快速、超大容量的外存储系统来存储大量的多媒体数据。

光盘的发展有力地促进了多媒体技术的发展和应用。目前常用的 CD 容量为 650MB 左右，存储容量更大的有 DVD，其单面单密度容量为 4.7GB，双面双密度容量可达 17GB。

3. 集成电路技术

数字多媒体信息的处理需要大量的计算。例如，图像的绘制、生成、合并、特殊效果等处理需要大量的计算；音频、视频信息的压缩、解压缩和播放处理也都需要大量的计算。而集成电路技术的发展，使具有强大数据压缩运算功能的专用大规模集成电路问世。该集成电路能够用一条指令完成以往需要多条指令才能完成的处理，为多媒体技术的进一步发展造就了有利的条件。

例如，目前使用的可编程数字信号处理器（digital signal processing，DSP）芯片可用于多媒体信息的综合处理，包括图像的特技效果、图形的生成和绘制、提高音频信号处理速度等。

4. 多媒体数据库技术

传统的数据库只能解决数值、字符等结构化数据的存储、检索。多媒体数据库要存储大量的图像、音频、视频等非结构化数据。

随着多媒体技术的发展，面向对象技术的成熟及人工智能技术的发展，多媒体数据库、面向对象的数据库及智能化多媒体数据库的发展越来越迅速，它们将进一步发展或取代传统的关系数据库，形成对多媒体数据进行有效管理的新技术。

5. 多媒体网络与通信技术

多媒体通信要求能够综合地传输、交换各种信息类型，而不同信息类型又呈现出不同的特征。例如，语音和视频有较强的实时性要求，它容许出现某些字节的错误，但不能容忍任何延迟；而对数据而言，可以容忍延时，但不能有任何错误，即使是一个字节的错误都会改变数据的意义。传统的通信方式不能满足多媒体通信的要求。因此，多媒体通信技术支持是保证多媒体通信实施的条件。

当然，真正解决多媒体通信问题的根本方法是"信息高速公路"的最终实现。Internet2 是解决这个问题的一个比较完整的方法，它可以传输高保真立体声和高清晰电视信号，是多媒体通信的理想环境。

■ 第二节 多媒体计算机系统

一、多媒体计算机

多媒体计算机（multimedia computer）是能够对声音、图像、视频等多媒体信息进行综合处理的计算机。多媒体计算机一般分为三种类型：多媒体个人计算机（multimedia personal computer，MPC）、专用多媒体系统和多媒体工作站。多媒体计算机一般指多媒体个人计算机，1985 年出现了第一台多媒体计算机，其主要功能是可以把音频视频、图形图像和计算机交互式控制结合起来，进行综合的处理。

二、多媒体计算机系统的组成

多媒体计算机系统不是单一的技术，而是多种信息技术的集成，是把多种技术综合应用到一个计算机系统中，实现信息输入、信息处理、信息输出等多种功能。

一个完整的多媒体计算机系统由多媒体计算机硬件和多媒体计算机软件两部分组成。如图 5-1 所示。

1. 多媒体计算机的硬件

多媒体计算机的主要硬件除了常规的硬件，如主机、软盘驱动器、硬盘驱动器、显示器、网卡之外，还要有音频信息处理硬件、视频信息处理硬件及光盘驱动器等部分。

2. 多媒体计算机的软件

多媒体计算机软件系统包括多媒体操作系统、多媒体素材制作工具、多媒体创作工具等。

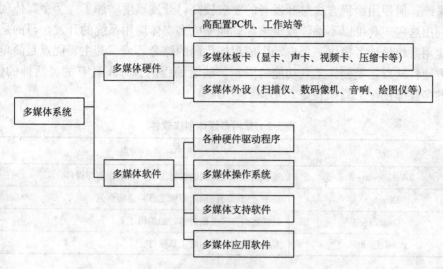

图 5-1　多媒体系统的基本组成

（1）多媒体操作系统。多媒体计算机的操作系统必须在普通操作系统基础上扩充多媒体资源管理与信息处理的功能，负责多媒体环境下多任务的调度，保证音频、视频的同步控制及多媒体信息处理的实时性，提供对多媒体信息的各种基本操作和管理，使多媒体硬件和软件协调地工作。

（2）多媒体素材制作工具。多媒体编辑工具包括绘图软件、图像处理软件、动画制作软件、声音编辑软件及视频编辑软件，可以完成各种图像、图形、动画和声音等素材的制作。常用的多媒体素材制作工具和功能如表 5-1 所示。

表 5-1　常用多媒体素材制作软件

多媒体元素		典型产品
图形		AutoCAD、FreeHand、CoreDRAW
图像		画图、Photoshop、Fireworks、Painter
动画	二维	Flash、Toon Boom Studio、Animator
	三维	3DS MAX、Maya、Cool 3D
声音		录音机、Cool Edit、Audition、Wave Edit
视频		Movie Maker、Premiere、Ulead Media Studio

（3）多媒体创作工具。创作工具用于将多媒体素材有机地接合成一个完整的多媒体产品，具有操作界面的生成、交互控制、数据管理等功能。开发多媒体应用软件的创作软件很多，根据它们的特点可以分为两大类。①编程语言。利用 Visual Basic、Visual C++ 和 Delphi 等高级语言开发环境，能设计出灵活多变且功能强大的多媒体

应用系统。但使用编程方法对开发者的要求较高，开发难度增加了。②多媒体创作工具。利用这些工具可以不编程或少编程就能完成多媒体应用系统的开发，目的是为多媒体应用系统设计者提供一个自动生成程序代码的综合环境。其主要优点是简单、直观和方便；缺点是受创作工具功能的限制，缺乏编程语言开发具有的灵活性的优点。常用的多媒体创作工具如表 5-2 所示。

表 5-2　常用多媒体创作软件

典型产品	特点
Authorware	基于图标和流程图的编辑工具，常用于制作课件
Director	基于通道和时间轴的编辑工具，通用性强
ToolBook	以描述语言和页面为基础的编辑工具
PowerPoint	多媒体教学、演示的工具软件

（4）多媒体应用软件。多媒体应用软件是由开发人员利用多媒体开发工具软件和素材制作工具，组织编排大量的多媒体数据而成为最终多媒体产品，是直接面向用户的。多媒体应用软件所涉及的应用领域主要有文化教育教学软件、信息系统、电子出版、音像影视特技、动画等。

第三节　多媒体信息的数字化和压缩技术

计算机对多媒体信息进行处理时，首先需要将这些来源不同、信号形式不一、编码规格不同的外部信息，改造成为计算机能够处理的信号，然后按规定格式对这些信息进行编码。本节主要讲解声音、图像、视频的数字化表示。

一、数字音频

1. 声音的数字化

随着数码时代的来临，数字信号比模拟信号优越已成为共识。什么是模拟信号？其实任何我们可以听见的声音经过音频线或话筒的传输之后就是一系列的模拟信号。模拟信号是我们可以听见的。而数字信号就是用一堆数字记号（其实只有二进制的 1 和 0）来记录声音，而不是用物理手段来保存信号（用普通磁带录音就是一种物理方式）。我们实际上听不到数字信号。

声音是连续变化的模拟信号，而计算机处理的是数字信号，要使计算机能处理声音信号，必须把模拟信号（如语音、声效、音乐等）转换成用"0"、"1"表示的数字信号，这就是声音的数字化。模拟信号的数字化过程如图 5-2 所示。

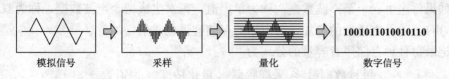

模拟信号　　　　采样　　　　　量化　　　　　数字信号

图 5-2　模拟信号的数字化过程

声音的数字化涉及采样、量化及编码等多种技术。采样和量化的过程可由模/数（A/D）转换器实现。A/D 转换器以固定的频率去采样，即每个周期测量和量化信号一次。经采样和量化的声音信号再经编码后就成为数字音频信号，以数字声波文件的形式保存在计算机的存储介质中。若要将数字声音输出，必须通过数/模（D/A）转换器将数字信号转换成原始的模拟信号。

（1）采样。采样是每隔一定的时间间隔在声音波形上取一个幅度值，把时间上的连续信号变成时间上的离散信号。该时间间隔称为采样周期，其倒数为采样频率。采样频率是指一秒钟内采样的次数。如 44.1KHz 表示将 1 秒的声音用 44 100 个采样点数据表示，采样频率越高，数字化音频的质量越高，但数据量也越大。在多媒体音频处理中，采样频率通常采用三种：11.025KHz（语音效果）、22.05KHz（音乐效果）、44.1KHz（高保真效果）。常见的 CD 唱盘的采样频率即为 44.1KHz。根据 Harry Nyquist 采样定律，只要采样频率高于输入的声音信号中最高频率的两倍，就可从采样中恢复原始波形，这就是在实际采样中采用 44.1KHz 作为高质量声音采样标准的原因。

（2）量化。量化是将每个采样点得到的幅度值以数字形式存储。量化位数（也即采样精度）表示存放采样点振幅值的二进制位数，它决定了模拟信号数字化后的动态范围。例如，8 位量化位数表示每个采样值可以用 2^8，即 256 个不同的量化值之一来表示，而 16 位量化位数表示每个采样值可以用 2^{16}，即 65 536 个不同的量化值之一来表示。常用的量化位数为 8 位、12 位、16 位。在相同的采样频率下，量化位数越多，则采样精度越高，声音的质量也越好，当然信息的存储量也相应越大。

（3）编码。编码是将采样和量化后的数字数据以一定的格式记录下来。编码的方式很多，常用的编码方式是脉冲编码调制（pulse code modulation，PCM），其主要优点是抗干扰能力强、失真小、传输特性稳定，但编码后的数据量比较大。

2. 数字音频的技术指标

影响数字音频质量的技术指标主要有采样频率、量化位数和声道数，前两项已经在前面描述过，这里主要介绍声道数。

声音是有方向的，而且通过反射产生特殊的效果。当声音到达两个耳朵的相对时差和方向不同时，将因感觉到不同的强度，而产生立体声的效果。

声道数指声音通道的个数，是指一次采样所记录产生的声音波形个数。记录声音时，如果每次生成一个声波数据，称为单声道；每次生成两个声波数据，称为双声道（立体声）。随着声道数的增加，所占用的存储容量也成倍增加。

记录每秒钟存储声音容量的公式为

$$每秒数据量 = 采样频率 \times 量化精度 \times 声道数 \div 8$$

例如，用 44.10KHz 的采样频率，每个采样点用 16 位的精度存储，则录制 1 秒的立体声（双声道）节目，其 WAV 文件所需的存储量为

$$44100 \times 16 \times 2 \div 8 = 176\ 400B \approx 172.3KB$$

在声音质量要求不高时，降低采样频率、降低采样精度或利用单声道来录制声音，可减小声音文件的字节。

3. 常见的数字音频格式

（1）cd 格式：天籁。常见的 CD 使用音轨来存储音乐，其 cd 文件格式不属于编码方式，而应该算是存储标准，之所以在这里提到 CD，是因为它是我们现在最容易得到的数字音源，不论是流行歌还是古典音乐都会制作成 CD 出售。而且 CD 的音质非常好，现在已经成为衡量其他数字音频编码音质的基准。对 CD 的技术细节感兴趣的朋友可以参考 CD-Audio 红皮书。

（2）wav：无损。wav 是微软公司开发的一种声音文件格式，用于保存 Windows 平台的音频信息资源，是 Windows 本身存放数字声音的标准格式。wav 格式存放的是直接对声音信号进行采样得到的没有经过压缩处理的音频数据，因此 wav 音频文件的音质在各种音频文件中是最好的；同时它的体积也是最大的，因此它不适合于在网络上进行传播。

（3）mp3：流行。mp3 这个名称表示的是 mp3 压缩格式音频文件，mp3 的全称实际上是 MPEG-1 audio layer-3。mp3 采用了有损压缩的方法，利用心理声学编码技术结合人的听觉原理，通过使用先进的算法，在低采样频率的条件下将某些人耳分辨不出来的音频信号剔除，从而可以实现高达 1∶12 和 1∶14 的压缩比。mp3 因为其压缩比较高、音质接近 cd、制作简单、便于交换等优点，非常适合在网上传播，是目前使用最多的音频格式文件。

（4）wma：最具实力。全称是 Windows Media Audio，这种压缩技术的特点是同时兼顾了高保真度和网络传输需求，从压缩比来看，wma 比 mp3 更优秀，同样音质的 wma 文件的大小是 mp3 的一半或更少，而从音质来看，相同大小 wma 文件又比 ra 要强，所以 wma 音频格式的文件既适合在网络上用于数字音频的实时播放，同时也适用于在本地计算机进行音乐的回放。

（5）vqf：无人问津。vqf 是日本声卡芯片制造厂商 YAMAHA 公司和日本 NTT 公司合作开发出来的一种新的音频压缩格式。vqf 和 mp3 的实现方法相似，都是通过采用有损的算法来将声音压缩，vqf 的核心是减少数据流量但保持音质的方法来达到

更高的压缩比，可以说技术上也是很先进的，可以在高达 1：20 压缩比的同时又具有很好的音质。但是由于宣传不力，现在几乎已经退出市场了。

（6）realaudio：流动旋律。文件扩展名是 .ra/.rm/.ram，realaudio 文件是 RealNetworks 公司开发的一种新型流式音频（streaming audio）文件格式，它包含在 RealNetworks 所制定的音频、视频压缩规范 RealMedia 中，主要适用于在网络上的在线音乐欣赏。

（7）midi：作曲家最爱。midi 文件并不是数字音频文件格式，midi 的全称是 musical instrument digital interface，也就是音乐设备数字接口的意思，是一种计算机数字音乐接口生成的数字描述音频文件，扩展名是 .mid。这种格式的文件并不是一段录制好的声音，而是记录声音的信息，然后再告诉声卡如何再现音乐的一组指令。这样一个 midi 文件每存放 1 分钟的音乐只用大约 5～10KB 的存储空间，数据量较小。因此 midi 文件主要用于原始乐器作品，流行歌曲的业余表演，游戏音轨以及电子贺卡等计算机作曲领域。

4. 转录 CD

CD 与一般的光盘有点区别，不能简单拷贝，简单拷贝只能得到大小只有 1KB 的曲目快捷方式，必须使用抓轨的方式才能得到真正的音乐文件。抓轨的软件很多，GOLDWAVE、TVC 等都可以。但是最简单，最方便的就是采用系统自带的 Windows Media Player。这里介绍一种如何将 cd 格式的音乐文件转录为 mp3 格式的方法。

（1）启动系统自带的 Windows Media Player。如图 5-3 所示。

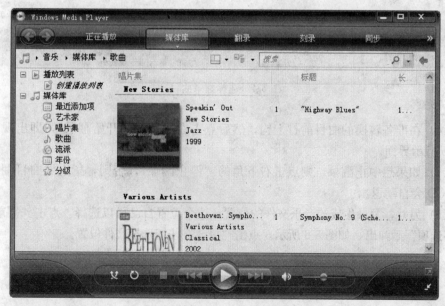

图 5-3　Windows Media Player 启动界面

（2）点击"翻录"，播放器会提示你插入 CD。插入 CD 后，会出现曲目列表。

（3）转换前，再次点击"翻录"|"比特率"，选择翻录后的 MP3 的采样率，如图 5-4 所示。一般音乐以 128Kbps 和 196Kbps 为宜，太大则文件体积相应变大，太小则文件音质受到影响。

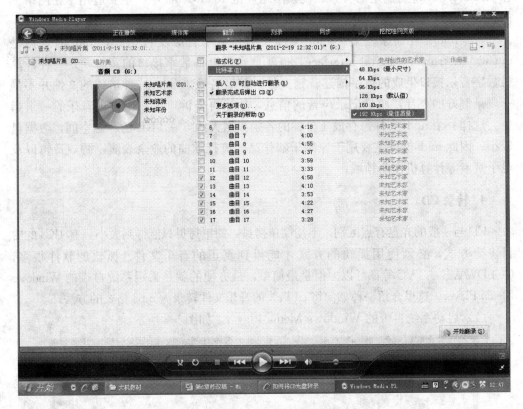

图 5-4　选择翻录曲目

（4）在准备转换的曲目前打上钩，然后点击右下角的"开始翻录"，即出现如下图 5-5 所示界面。

（5）如果想中止翻录，则点击右下角的"停止翻录"，否则，指定的曲目翻录完毕后 CD 会自动退出。

（6）另外，翻录生成的音乐文件的位置：这个位置自己可以选择。点击"翻录"|"更多选项"后弹出，如图 5-6 所示。点击"更改"按钮选择文件位置。

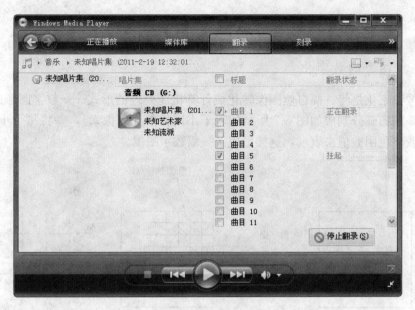

图 5-5　翻录界面

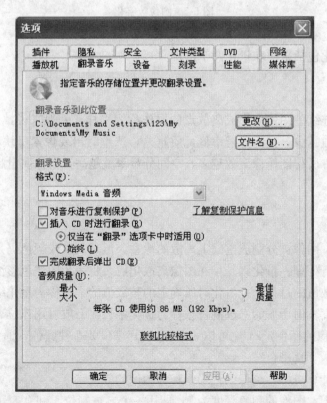

图 5-6　翻录文件保存位置设置

二、数字图像

（一）图像的数字化

图像数字化是将一幅自然图像转化成计算机能处理的形式——数字图像的过程。就是把一幅图画分割成如图 5-7 所示的若干小网格单元（像素），并将每个小单元格的灰度或颜色用数值来表示，这样形成了一幅数字图像。

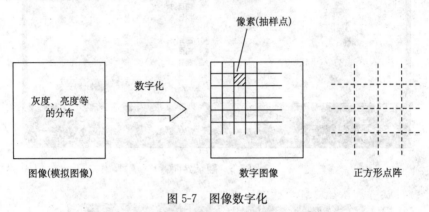

图 5-7　图像数字化

图像数字化包括采样和量化两个过程。

1. 采样

将空间上连续的图像变换成离散点的操作称为采样。一般来说，采样间隔越大，所得图像像素数越少，空间分辨率低，质量差，严重时出现像素呈块状的棋盘效应；采样间隔越小，所得图像像素数越多，空间分辨率就越高，图像质量越好，但数据量也越大。

2. 量化

经采样后，图像被分割成空间上离散的像素，但其灰度或颜色仍是连续的，还不能用计算机进行处理。量化则是指在图像离散化后，将表示图像色彩浓淡的连续变化值离散化为整数值的过程。把量化时所确定的整数值的个数称为量化级数，表示量化的色彩（或亮度）值所需的二进制位数称为量化字长。一般可用 8 位、16 位、24 位、32 位等表示图像的颜色，24 位可以表示 $2^{24}=16\ 777\ 216$ 种颜色，通常将 24 位以上的颜色模式称为"真彩色"。

在多媒体计算机中，图像的色彩值称为图像的颜色深度。

（1）黑白图：图像的颜色深度为 1，即用一个二进制位 1 和 0 表示纯白、纯黑两种情况。

（2）灰度图：图像的颜色深度为8，占一个字节，灰度级别为256级。通过调整黑白两色的程度（称颜色灰度）来有效地显示单色图像。

（3）RGB24位真彩色：彩色图像显示时，由红、绿、蓝三基色通过不同的强度混合而成，当每种颜色强度分成256级（值为0～255）时，三种颜色共占24位，就构成了2^{24}＝16 777 216种颜色的"真彩色"图像。

3. 编码

图像的分辨率和像素的颜色深度决定了图像文件的大小，计算公式为

$$列数×行数×颜色深度/8＝图像字节数$$

例如，表示一个分辨率为1280×1024的24位真彩色图像，需要

$$1280×1024×24/8＝3\ 932\ 160B＝3840KB＝3.75MB$$

由此可见，数字化后的图像数据量十分巨大，必须采用编码技术来压缩信息。这是图像传输与存储的关键。

（二）数据压缩技术

1. 数据压缩的重要性和可能性

从前面多媒体数据的表示中可以看到，数字化的数据量非常庞大，这是多媒体技术发展中非常棘手的一个问题。解决该问题，单纯用扩大存储容量、增加通信干线的传输率等办法是不现实的。数据压缩是一个有效的办法。

事实上，多媒体信息存在许多数据冗余。例如，一幅图像中的静止建筑背景、蓝天和绿地，其中许多像素是相同的，如果逐点存储，就会浪费许多空间，这称为空间冗余。又如，在电视和动画的相邻序列中，只有运动物体有少许变化，仅存储差异部分即可，这称为时间冗余。此外还有结构冗余、视觉冗余等，这就为数据压缩提供了条件。数据压缩技术就是研究如何利用图像、声音数据的冗余来减少图像、声音数据量的方法。

数据压缩是指在不丢失信息的前提下，缩减数据量以减少存储空间，提高其传输、存储和处理效率的一种技术方法；或按照一定的算法对数据进行重新组织，减少数据的冗余和存储的空间。根据质量有无损失分为有损编码和无损编码两类。

衡量数据压缩技术的三个重要指标：一是压缩比要大；二是实现压缩的算法要简单，就是速度快；三是恢复效果要好，要尽可能地完全恢复原始数据。

2. 无损压缩

无损压缩是指使用压缩后的数据进行重构（或者叫做还原，解压缩），重构后的数据与原来的数据完全相同；无损压缩用于要求重构的信号与原始信号完全一致的场合。一个很常见的例子是磁盘文件的压缩。根据目前的技术水平，无损压缩算法一般

可以把普通文件的数据压缩到原来的 $1/4 \sim 1/2$。典型的无损压缩软件有 WinZip、WinRAR 等。

典型的无损压缩编码有行程编码（run-length encoding，RLE）、哈夫曼编码（Huffman）和算术编码等。下面简单介绍一下行程编码。

行程编码的压缩原理是将原始数据中连续出现的信源符号（称为行程），用一个计数值（称为行程长度）和该信源符号来代替。

例如，利用行程编码压缩文本数据 AAAABBBBBFFFFFFRRRR，该文本占 19 个字节，经行程编码压缩后的结果为 4A5B6F4R，占 8 个字节，数字表示其后字母连续出现的次数。该方法简单直观，运算也相当简单，因此解压缩速度很快。其压缩比与压缩数据本身有关，行程长度大，压缩比就高。因此行程编码尤其适用于计算机生成的图形图像，对减少存储容量很有效。在对图像数据进行编码时，沿一定方向排列的具有相同灰度值的像素可看成是连续符号，用字串代替这些连续符号，可大幅度减少数据量。而对于拍摄的彩色照片，由于色彩丰富，压缩比就小。

3. 有损压缩

有损压缩是指使用压缩后的数据进行重构时，重构后的数据与原来的数据有所不同，但不影响人们对原始资料表达的信息的理解。有损压缩适用于重构信号不一定要和原始信号完全相同的场合。例如，图像和声音的压缩就可以采用有损压缩，因为其中包含的数据往往多于我们的视觉系统和听觉系统所能接收的信息，丢掉一些数据不至于对声音或者图像所表达的意思产生误解，但可大大提高压缩比。

对于视频和音频数据，只要不损失数据的重要部分，一定程度的质量下降是可以接受的。通过利用人类感知系统的局限，能够大幅度地节约存储空间并且得到的结果数据质量与原始数据质量相比并没有明显的差别。这些有损数据压缩方法通常需要在压缩速度、压缩数据大小以及质量损失这三者之间进行折中。

有损图像压缩用于数码相机中，大幅度地提高了存储能力，同时图像质量几乎没有降低。用于 DVD 的有损 MPEG-2 编解码视频压缩也实现了类似的效果。

4. 数据压缩的国际标准

（1）联合图像专家组（Joint Photographic Experts Group，JPEG）标准于 1986 年开始制定，1994 年后成为国际标准。JPEG 标准中通过损失精度来换取压缩效果的设计思想直接影响了后来的视频数据的压缩技术。

（2）1993 年，国际标准化组织（Internation Organization for Standardization，ISO）通过了动态图像专家组（Moving Picture Experts Group，MPEG）提出的 MPEG-1 标准。MPEG-1 标准可以对普通质量的视频数据进行有效编码。我们现在看到的大多 VCD，就是使用 MPEG-1 标准来压缩视频数据的。

（3）为了支持更清晰的视频图像，特别是支持数字电视等高端应用，ISO 于

1994 年提出了新的 MPEG-2 标准。MPEG-2 标准对图像质量作了分级处理，可以适应普通电视节目、会议电视、高清晰数字电视等不同质量的视频应用。在我们的生活中，可以提供高清晰画面的 DVD 所采用的正是 MPEG-2 标准。

（4）因特网的发展对视频压缩提出了更高的要求。在内容交互、对象编辑、随机存取等新需求的刺激下，ISO 于 1999 年通过了 MPEG-4 标准。MPEG-4 标准拥有更高的压缩比率，支持并发数据流的编码、基于内容的交互操作、增强的时间域随机存取、容错、基于内容的尺度可变性等先进特性。因特网上新兴的 DivX 和 XviD 文件格式就是采用 MPEG-4 标准来压缩视频数据的，它们可以用更小的存储空间或通信带宽提供与 DVD 不相上下的高清晰视频，这使我们在因特网上发布或下载数字电影的梦想成为了现实。

（三）常见的数字化图像文件的存储格式

（1）bmp 格式。bmp 是英文 bitmap（位图）的简写，它是 Windows 操作系统中的标准图像文件格式。这种格式的特点是包含的图像信息较丰富，几乎不进行压缩，但由此导致了它与生俱生来的缺点——占用磁盘空间过大。

（2）jpeg 格式。jpeg 也是常见的一种图像格式，它由静态图像联合专家组开发。jpeg 文件的扩展名为 .jpg 或 .jpeg，其压缩技术十分先进，它用有损压缩方式去除冗余的图像和色彩数据，获得极高的压缩率的同时能展现十分丰富生动的图像，就是可以用最少的磁盘空间得到较好的图像质量。适合应用于因特网，可减少图像的传输时间。jpeg 可以支持 24bit 真彩色，普遍应用于需要连续色调的图像。

（3）gif 格式。gif 是因特网上 WWW 中的重要文件格式之一，主要用于表示小动画。GIF 的图像颜色深度从 1bit 到 8bit，因此 gif 最多支持 256 种色彩的图像。gif 的特点是压缩比高、磁盘空间占用较少，因此这种图像格式迅速得到了广泛的应用。

（4）tiff 格式。tiff 格式（tagged image file format，签图像文件格式）是由数码相机内影像生成器生成的照片格式，最初是由 Aldus 和微软联合开发的。它的特点是图像格式复杂、存贮信息多。正因为它存储的图像细微层次的信息非常多，图像的质量也得以提高，故而非常有利于原稿的复制。

（5）psd 格式。psd 是著名的 Adobe 公司的图像处理软件 Photoshop 的专用格式，即 Photoshop document，它其实是 Photoshop 进行平面设计的一张"草稿图"，里面包含有各种图层、通道、遮罩等多种设计的样稿，以便于下次打开文件时可以修改上一次的设计。在 Photoshop 所支持的各种图像格式中，psd 的存取速度比其他格式快很多，功能也很强大。目前 Photoshop 越来越被广泛地应用，这种格式已被普遍使用。psd 格式能够保存图像数据的每一个细节，包括层、附加的模板通道及其他内容，因此此格式的图像文件特别大，需转换成其他格式存盘，如 jpeg 格式。

三、数字视频

视频是由一系列静态图像按一定的顺序排列组成的,每一幅图像称为一帧(frame)。电影、电视通过快速播放每帧画面,再加上人眼视觉效应便产生了连续运动的效果。当帧速率达到每秒显示12帧(f/s)以上时就可以显示比较连续的视频图像。伴随着视频图像还配有同步的声音,因此,视频信息需要巨大的存储容量。

视频有两类:模拟视频和数字视频。早期的电视等的视频信号的记录、存储和传输都采用模拟方式;现在出现的DVD、VCD、数字式便携摄像机都采用数字视频。

在模拟视频中,常用的两种视频标准是(美国)国家电视标准委员会(National Television Standards Committee,NTSC)制式(30f/s,525行/帧)和逐行倒相(phase alternating line,PAL)制式(25f/s,625行/帧),我国采用的是PAL制式。

1. 视频信息的数字化

由于上述两种视频标准的信号都是模拟量,而计算机处理和显示这类视频信号,必须先进行视频数字化。数字视频具有适合于网络使用、可以不失真地无限次复制、便于计算机创造性编辑处理等优点,因而得到广泛应用。

视频数字化过程同音频、图像相似。在一定的时间内以一定的速度对每帧信号进行采样、量化、编码等处理,实现A/D转换、彩色空间变化和编码压缩等,通常可通过视频捕捉卡和相应的软件来实现。

在数字化后,如果视频信号不加以压缩,数据量的大小是帧数乘以每幅图像的数据量。例如,要在计算机上连续显示分辨率为1280×1024的"24位真色彩"高质量的电视图像,按每秒30帧计算,显示1分钟的数据量为

$$1280 \times 1024 \times 3 \times 30 \times 60 \div 1024 \div 1024 \div 1024 \approx 6.6\text{GB}$$

一张650MB的光盘只能存放6秒左右的电视图像,因此必须进行视频数据的压缩。可以通过压缩、降低帧速、缩小画面尺寸等手段来降低视频数据量。

2. 视频文件的常用格式

(1) mpeg。mpeg包括mpeg-1,mpeg-2和mpeg-4等多种视频格式。mpeg-1主要应用于VCD制作,大部分的VCD都是用mpeg-1 layer 1格式压缩的(刻录软件自动将mpeg-1转为.dat格式)。使用mpeg-1的压缩算法,可以把一部120分钟长的电影压缩到1.2GB左右大小。mpeg-2主要应用于DVD的制作,同时在高清晰电视广播。使用mpeg-2的压缩算法压缩一部120分钟长的电影可以压缩到5～8GB的大小(mpeg-2的图像质量是mpeg-1所无法比拟的)。mpeg-4具有高压缩率和高的图像还原质量,广泛用在家庭摄影录像、网络实时影像播放中。值得一提的是mp3并不是mpeg-3,而是mpeg-1 Layer 3的音频数据压缩技术。

（2）avi。avi（audio video interleaved，音频视频交错）是由微软公司发布的视频格式。avi 格式调用方便、图像质量好，但缺点是文件体积过于庞大。

（3）wmv。wmv（Windows media video）是微软公司开发的一组数字视频编解码格式的通称，asf（advanced systems format）是其封装格式。asf 封装的 wmv 文件具有"数字版权保护"功能。扩展名：.wmv/asf、.wmvhd。

（4）rm/rmvb。real video 或者称 real media 文件是由 RealNetworks 开发的一种文件格式。它通常只能容纳 real video 和 real audio 编码的媒体。该文件带有一定的交互功能，允许编写脚本以控制播放。rm 格式，尤其是可变比特率的 rmvb 格式，体积很小，非常受到网络下载者的欢迎。扩展名为 .rm/.rmvb。

（5）mov。quicktime movie 是由苹果公司开发的文件格式，由于苹果电脑在专业图形领域的统治地位，quicktime 文件格式基本上成为电影制作行业的通用格式。1998 年 2 月，ISO 认可 quicktime 文件格式作为 MPEG-4 标准的基础。quicktime 可储存的内容相当丰富，除了视频、音频以外还可支持图片、文字（文本字幕）等。扩展名为 .mov。

（6）swf 格式。利用 Flash 我们可以制作出一种后缀名为 .swf（shockwave format）的动画。在图像的传输方面，不必等到文件全部下载才能观看，而是可以边下载边看，因此特别适合网络传输，swf 如今已被大量应用于 Web 网页进行多媒体演示与交互性设计。swf 格式作品以其高清晰度的画质和小巧的体积，受到了越来越多网页设计者的青睐，目前已成为网上动画的事实标准。

第四节　Photoshop 图像处理

Photoshop 是 Adobe 公司旗下赫赫有名的图像处理软件，是集图像扫描、编辑修改、图像制作、广告创意、图像输入与输出于一体的图形图像处理软件。它的功能十分强大，广泛地用于图像处理、广告设计、摄影摄像、印刷等行业。

一、Photoshop CS2 的工作窗口

将 Photoshop CS2 安装完后，单击"开始"|"程序"| Adobe Photoshop CS2，即可进入 Photoshop CS2 工作界面。Photoshop CS2 主要由标题栏、菜单栏、工具箱、选项栏、调板、调板窗、状态栏和文件窗口等部分组成，如图 5-8 所示。

（1）标题栏。在 Photoshop CS2 工作界面最上部的蓝色条，用于显示系统名称和图标。

（2）菜单栏。菜单栏位于窗口中标题栏下方，一共有九个菜单项，包含了 Photoshop CS2 中的所有功能选项。这些菜单是按主题进行组织的，每个菜单项对应一组下拉菜单。包括"文件"、"编辑"、"图像"、"图层"、"选择"、"滤镜"、"视图"、"窗口"和"帮助"等菜单组。一般情况下，一个菜单中的命令是固定不变的，但是，

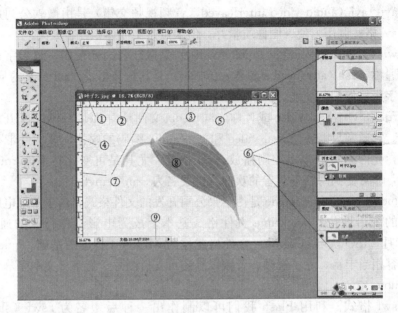

图 5-8　Photoshop CS2 工作界面

有些菜单可以根据当前环境的变化，适当添加或减少某些命令。

（3）属性栏。当在工具箱中选中某个工具时，会在其上方显示该工具的"属性栏"。"属性栏"提供了对各种工具的操作和参数的调节，选项的多少随着所用工具的变化而变化，使用户能够更加快速地选择和管理工具的各种操作。

（4）工具箱。工具箱中存放着用于创建和编辑图像的各种工具。通过工具箱，用户可以使用文字、选择、绘画、绘制、取样、编辑、移动、注释和查看图像等工具进行相关操作。工具箱中的按钮上都有形象图标，让使用者很容易分辨工具的作用。

（5）调板井。调板井位于选项栏的右侧，用于组织和管理调板。在使用Photoshop CS2 时，调板不必在工作区域中一直打开，需要用时通过点击调板井打开即可。调板井只有在屏幕分辨率为 1024×768 及以上时才能够使用，低于该分辨率时，选项栏上看不到调板井。

（6）调板窗。调板窗又称为浮动面板，主要用于提示和引导操作。通过调板窗可以设置工具参数、选择颜色、编辑图像和显示信息等。Photoshop CS2 为用户提供了15 个调板，它们被组合放置在五组调板窗口中，用户可以随时自己组合这些调板或显示、隐藏它们。

（7）标尺。标尺用于图像处理操作的辅助功能。

（8）文档窗口。文档窗口用来完成图像处理的主要工作。在该窗口上方的文件标题栏中，会显示每个图像文件的名称、缩放比率及颜色模式等。

（9）状态栏。Photoshop CS2 的状态栏可以显示当前图像的放大率和文档大小等有用信息，以及有关当前工具的简要说明。

二、菜单命令

Photoshop CS2 的九个菜单项集中了其所有的操作功能，如果熟悉其菜单功能，我们将能够轻松地进行图像创作和编辑。

1. "文件"菜单

"文件"菜单用于图像文件管理的有关操作，主要包括新建文件、打开、浏览、保存、关闭文件，以及导入、导出图像等操作。

2. "编辑"菜单

"编辑"菜单用于文件或对象的有关编辑操作，主要包括剪切、复制、粘贴、清除等命令。可以对图像对象进行填充、描边、变换、定义等操作，可以取消所作的操作。

3. "图像"菜单

"图像"菜单主要用于图像模式转换、色彩参数调整、图像尺寸设置、图像形状调整及复制混合图像等操作：

（1）"模式"命令用于改变图像的色彩模式，可以选择位图、灰度等多种模式，可以选择 RGB、CMYK、Lab 等多种色彩模式；

（2）"调整"用于对图像进行色调和颜色基调的调整，主要用于调整图像的层次、颜色、对比度、纯度、色相等（如图 5-9 所示为曝光的调整）；

图 5-9　曝光的调整

（3）"图像大小"和"画布大小"用于重新设定图像的文件尺寸、分辨率以及版面大小。

4. "图层"菜单

图层可以比喻为一幅图像是由若干张叠放在一起的透明胶片组成的，每一张胶片都可以独立地编辑，经过重叠后得到完整的图像。如图 5-10 所示。

图 5-10　图层

图层菜单主要用于图像创作和编辑中的图层管理，包括图层的创建、复制、删除、屏蔽，以及在图层中选取对象的操作，还可进行图层编组、拼合，可以使用蒙版及设定图层样式等。

5. "选择"菜单

"选择"菜单用于图像编辑中对象或区域的选取，允许用户选择、装入、修改和保存选区，可以通过调整色彩参数选择选区，可以对选区的边缘进行"羽化"操作。

（1）"反选"命令用以将图像中选定的选区和非选区互换。

（2）"色彩范围"用于选择指定颜色的图像区域。

（3）"羽化"使选区边缘产生模糊朦胧的效果。

（4）"变换选区"用于对当前选区作旋转，横向、纵向及对角线方向的拉伸、压缩等变形处理。

（5）"载入选区"与"存储选区"用于将选区存入通道或从通道中取出。

6. "滤镜"菜单

"滤镜"菜单用于制作图像的特殊效果、进行图像的艺术处理，使图像的风格发生改变。Photoshop CS2 为用户提供了 100 多种滤镜工具，可以根据需要创造出各种艺术效果，如图 5-11 所示。应用滤镜通常只针对选区，并且多数滤镜都有多个参数进行设置。

原图　　　　　　　　马赛克　　　　　　　　浮雕

图 5-11　滤镜效果

7. "视图"菜单

"视图"菜单主要用于建立视图环境，它可以新建一个视窗，可用不同比例显示同一幅图画，可以将图像放大、缩小或满屏显示。可以显示或隐藏编辑窗口的标尺、参考线、网格线，可以设置其他一些环境参数。

8. "窗口"菜单

"窗口"菜单用于管理 Photoshop 的窗口界面，如窗口的层叠、平铺，打开和关闭浮动工作面板等操作。

9."帮助"菜单

"帮助"菜单提供 Photoshop CS2 软件的帮助信息。

三、工具箱

Photoshop CS2 的工具箱共有 58 个不同的工具，通过这些工具，用户可以使用文字、选择、绘画、取样、编辑、移动、注释和查看图像等功能，还可以更改前景色、背景色，转到 Adobe Online，在不同模式下工作，以及在 Photoshop CS2 和 ImageReady CS2 应用程序之间跳转。

1. 展开工具箱

工具箱中的工具并没有全部显示出来，而只是显示了 20 多种工具，其余的工具隐藏在带有黑色实心小三角的工具选项按钮中。单击并按住带有黑色实心小三角的工具选项按钮，稍稍停留或直接单击鼠标右键，就会发现在右边弹出了一个包含多个工具的选择面板。如图 5-12 所示。

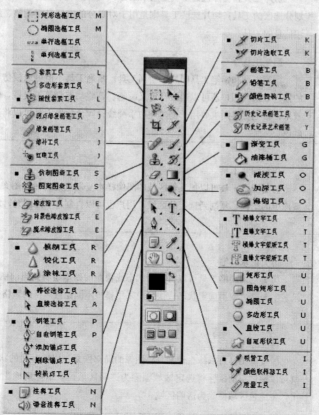

图 5-12　Photoshop CS2 工具箱

将鼠标拖动到要选择的工具图标处，然后释放鼠标即可选择该工具。在工具面板的工具后面有这个工具的名称提示和快捷键字母标注，按下键盘上的相应字母键，即可快速地将其选中。

2. 工具简介

在工具箱中有各种涂抹画笔和辅助工具，表 5-3 简单介绍九种常用工具的用途。

表 5-3　工具简介

工具	说明
	移动工具 移动工具可以将选区或图层拖动到图像中的新位置。移动工具是图形处理操作中使用最频繁的工具。用户在使用其他工具时，只要按下 Ctrl 键即可切换到移动工具，放开 Ctrl 键即可回到原来的编辑工具。
	切片工具 切片工具和切片选区工具是用于划分 Web 图片的快速编辑工具。切片工具是用来划分选区的工具；切片选区工具则是用于对划分的选区进行调整、编辑并添加链接标注信息的工具。
	画笔工具 画笔工具和铅笔工具同属于绘画工具。画笔工具不但可以模仿毛笔画出特定颜色的描边效果，用户还可以通过自定义画笔、调整动态画笔等设置，创造出更多的画笔效果；铅笔工具则主要用于创建硬边手画线；颜色替换工具可以将选定颜色替换为新颜色。
	仿制图章工具 仿制图章工具可以把其他区域的图像样本复制选定区域；图案图章工具可以将图案库中的图样，复制到选定的区域，用户也可以自制喜欢的图案，加入到图案库中。
	历史记录画笔 历史记录画笔工具可以将选定状态或快照的副本绘制到当前图像窗口中；历史记录艺术画笔可使用选定状态或快照，采用模拟不同绘画风格的风格化描边进行绘画。
	橡皮擦工具 橡皮擦工具可以抹去像素并将图像的局部恢复到以前存储的状态；背景橡皮擦工具可以通过拖动鼠标将选定区域擦除为透明区域；魔术橡皮擦工具可以通过一次单击，将纯色区域擦除为透明区域。

续表

工具	说明
	模糊工具 模糊工具可以对图像内的硬边进行模糊处理；而锐化工具则可以对图像内的柔边进行锐化处理，使其更加清晰；涂抹工具可以模拟手指在湿颜料中涂抹的效果，涂抹图像内的数据。
	减淡工具 减淡工具、加深工具和海绵工具都属于修饰工具。减淡工具可以使图像内的某些区域变亮；加深工具可以使图像内的某些区域变暗；海绵工具可以更改某个区域的颜色的饱和度，而不改变其明暗关系。
	文字工具 单击文字工具可以在文件中添加一个文字图层，用户可以以横排或竖排方式在图像窗口输入和编辑文本，而且还可以设置变形文字；文字蒙板工具则可以创建一个文字形状的选区。

四、调板

调板可以帮助用户监视和修改图像。Photoshop CS2 在初始状态下，将调板按类型分为信息、颜色、动作和图层等四个调板组，每一组由几个调板堆叠在一起。

1. 导航、信息、直方图调板

"导航调板"：用于改变窗口中图像的显示比例。红框指示当前图像窗口中图像的显示区域，拖动导航图板下方的滑块，可以改变图像的显示比例。如图 5-13 所示。

"信息调板"：提示鼠标所在处的色彩信息、坐标方位，以及拖动鼠标选取范围的大小。

"直方图调板"：用来查看有关图像的色调和颜色信息。默认情况下，直方图显示整个图像的色调范围。

图 5-13　导航调板

2. 历史记录、动作调板

"历史记录调板"：当处理图像时，所作的任何一次操作都会记录在历史记录调板中。利用历史记录调板可以直接跳转到任何一次最近的操作进行处理。

"动作调板"：它的功能是将一系列的 Photoshop 命令组合成一个单一的动作，或是将这些命令或动作整理成一个动作集加以执行。如图 5-14 所示。

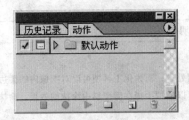

图 5-14 动作调板

3. 图层、通道、路径调板

"图层调板"：用于图层的显示、创建、删除操作。

"通道调板"：可以创建并管理通道，存放颜色信息。该调板列出了图像中的所有通道，首先是复合通道（对于 RGB、CMYK 和 Lab 图像），然后是单色通道、专色通道，最后是 Alpha 通道。

"路径调板"：路径调板列出了每条存储的路径、当前工作路径和当前矢量蒙版的名称和缩略图像，并提供了各种路径工具以处理路径操作。

图层、通道、路径调板如图 5-15 所示。

图 5-15　图层、通道、路径调板

图 5-16　字符、段落调板

4. 字符、段落调板

"字符调板"：提供用于设置字符格式的选项，如字的大小比例、字体、颜色等。

"段落调板"：为文字图层中的单个段落、多个段落或全部段落设置格式选项。

字符、段落调板如图 5-16 所示。

五、图像编辑处理实例

1. 照片换背景

"照片换背景"在 Photoshop CS2 中有多种方式可以实现，在这里我们介绍一种比较简单的实现方式。原图如图 5-17 所示。

（1）启动 Photoshop CS2，打开要处理的图片，将原照片拖至背景图片中，自动生成"图层 1"。点选"钢笔"工具，属性设置，然后将图片中人物的主体轮廓勾出。注意碎发部分不要勾在里面，因为在后面将对其进行专门处理。小技巧：在用"钢笔"工具勾图片时，略向里一点，这样最后的成品才不会有杂边出现，如图 5-18 所示。

图 5-17 照片换背景的原图

图 5-18 钢笔勾勒人物效果

（2）打开"路径"面板，这时你会发现路径面板中多了一个"工作路径"，单击"将路径作为选区载入"按钮，将封闭的路径转化为选区。

（3）选择图层面板，点选"背景"层，点右键，单击"复制图层"命令，新建一个"背景副本"。点选"背景副本"，单击"添加图层蒙版"按钮。

（4）选择通道面板，拖动"绿"通道至通道面板下的"新建"按钮，复制一个副本出来。

（5）点选"绿副本"，按快捷键 Ctrl＋L 进行色阶调整，将左侧的黑色滑块向右拉动，将右侧的白色滑块向左拉动，这样减小中间调部分，加大暗调和高光，使头发和背景很好的分开。

（6）按快捷键 Ctrl＋I 将"绿副本"通道反相，点选"画笔"工具，属性设置，用黑色画笔将头发以外（也就是不需要选择的地方）涂黑，然后用白色画笔把头发里需要的地方涂白。

（7）单击"通道"面板上的"将通道作为选区载入"按钮得到"绿副本"的选区。

（8）回到"图层"面板，双击"背景图层"。

（9）单击"添加图层蒙版"按钮，为"背景图层"添加图层蒙版。效果如图 5-19 所示。

图 5-19　照片换背景的最终效果

（10）换好背景以后点击"文件"｜"另存为"，格式选择 . jpg 保存。

2. 燃烧文字

"燃烧文字"在 Photoshop 中有多种方式可以实现，在这里我们介绍一种比较简单的实现方式，最终效果如图 5-20 所示。

图 5-20　燃烧文字最终效果图

具体建立方法如下。

（1）首先新建一个灰度图像文档，背景设为黑色，长和宽分别是 300 像素和 200 像素。

（2）用文字工具在工作区输入"燃烧文字"四个字，这时在"图层"工作面板中出现了文字图层。

（3）单击"编辑"｜"自由变形"（Ctrl＋T）自由调整一下文字大小及位置。

（4）将文字的大小位置调整好后，按住 Ctrl 键，同时用鼠标点击文字图层，将文字选取。

（5）单击"选择"｜"存储选区"，将文字存储到一个新的通道，所有设置均为默认值即可。

（6）然后按 Ctrl＋D 取消选择。

（7）单击"图层"｜"向下合并"命令合并图像为一个背景层。

（8）单击"图像"｜"旋转画布"｜"90 度（顺时针）"，使文字顺时针旋转 90 度。

（9）单击"滤镜"｜"风格化"｜"起风"选项，从左至右给文字制作吹风效果；必要时可以重复使用"起风"选项 2～3 次，使吹风效果更加明显。

（10）单击"图像"｜"旋转画布"｜"90 度（逆时针）"，让文字逆时针旋转 90 度。

（11）单击"滤镜"｜"模糊"｜"高斯模糊"，设模糊值为 1 个像素，点击"确定"。

（12）单击"滤镜"｜"扭曲"｜"波纹"命令，设"数量"值为"100"，"尺寸"为"中"。

（13）单击"图像"｜"模式"，选择其中的"索引颜色"命令，把图像转换为索引图像模式。

（14）单击"图像"｜"模式"｜"颜色表"选项，并在"颜色表"下拉框中选择"黑体"选项，单击"好"按钮退出。

（15）单击"图像"｜"模式"｜"RGB 颜色"选项，将图像转换为 RGB 图像模式。

（16）单击"选择"｜"载入选区"，将通道 1 载入。

（17）单击"滤镜"｜"渲染"｜"光照效果"，让文字更有质感，参数如图 5-21 所示。

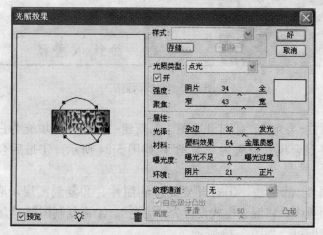

图 5-21　滤镜效果设置

图 5-22　原图

（18）按 Ctrl＋D 键取消选择，熊熊燃烧的"燃烧文字"四个字便跃然纸上了。

3. 曝光不足数码照片常用调整方法

一般曝光不足的照片最显著特征就是整体色调发暗，画面效果平淡，缺少层次感。如图 5-22 所示。在这里介绍三种常用的调整方法。

（1）"曲线"命令调整法。①打开要处理的照片。②执行"图像"|"调整"|"曲线"命令。③用鼠标在斜线上确定两个控制点，左键按住"＋"左上方拖动，观察照片的变化，清晰后点"好"。如图 5-23 所示。④最后把它保存为 .jpeg 格式。

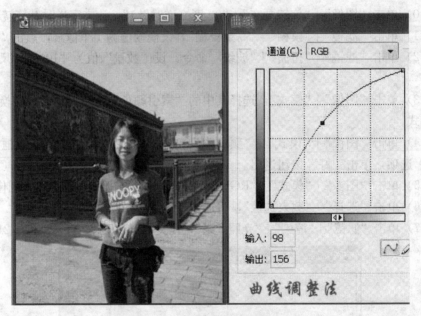

图 5-23　曲线调整法

（2）图层属性-柔光法。①打开原图。②新建一个图层，填充为白色。③在"图层"面板中，将混合模式设置为"柔光"，如图 5-24 所示。④最后合并图层，保存即可。

（3）图层属性-滤色法。①打开要处理的照片。②复制图层，取名"背景 1"。③在"图层"面板中，将混合模式设置为"滤色"。④再复制图层"背景 2"。⑤最后合并图层，保存即可。如图 5-25 所示。

图 5-24 柔光法

图 5-25 滤色法

第五节 Flash 动画制作

Macromedia Flash 是一种矢量动画制作软件，随着网络的快速发展，以其制作的动画品质高、体积小而得到迅速普及，互联网上用 Flash 制作的广告、小动画、MTV、小故事、贺卡等比比皆是。从简单的动画效果到网站的建设、多媒体资源的汇聚、游戏的制作，Flash 的应用非常广泛。

对 Flash 的学习可以结合其他已经学过的软件进行比较学习，如工具栏中的工具就有许多和 Photoshop 工具箱的工具从图标到用法上几乎一样。可将 Flash 的操作分解为许多小的知识点融入到实例中去学习，着重掌握 Flash 动画制作基本技巧，并能巧妙应用。

一、Flash MX 的工作界面

正确安装 Flash MX 之后，点击桌面上的快捷方式即可启动，其工作界面如图 5-26 所示。

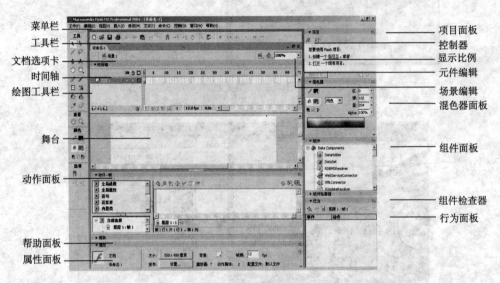

图 5-26　Flash MX 界面

Flash MX 工作区由菜单栏、标准工具栏、绘图工具栏、时间轴面板和多个面板组成。

1. 菜单栏

菜单栏有"文件"、"编辑"、"视图"、"插入"、"修改"、"文本"、"命令"、"控制"、"窗口"和"帮助"等十个菜单选项，每个菜单选项都包含有 Flash MX 的命令组，通过各命令组中的选项，可以进行动画的制作和编辑。

2. 工具栏

工具栏提供了 16 个最常用的命令按钮，如"新建"、"打开"、"保存"等标准按钮，还提供了"对齐对象"、"平滑"、"旋转"、"缩放"等工具。如图 5-27 所示。

图 5-27　工具栏

3. 绘图工具栏

绘图工具栏中的工具可以用于绘图、涂色、选择和修改插图,并可以更改舞台的视图。工具栏分为四个部分:"工具"区域包含绘画、涂色和选择工具;"视图"区域包含在应用程序窗口内进行缩放和移动的工具;"颜色"区域包含用于笔触颜色和填充颜色的功能键;"选项"区域显示选定工具的组合键,这些组合键会影响工具的涂色或编辑操作。如图 5-28 所示。

4. 时间轴

时间轴窗口是用于动画创作和内容编排的工作区域,如图 5-29 所示。时间轴用于组织和控制动画内容在一定时间内播放的层数和帧数。与胶片一样,Flash 文档也将时长分为帧。其中"关

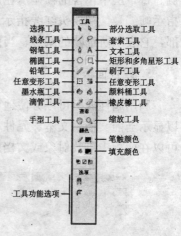

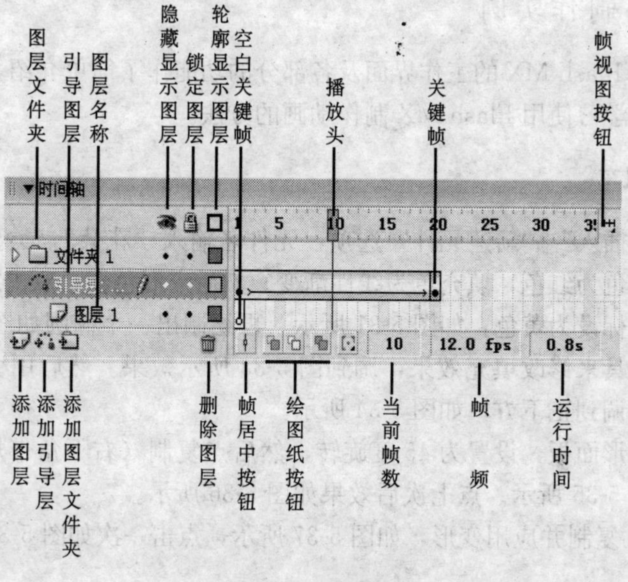

图 5-28　绘图工具栏

图 5-29　时间轴窗口

键帧"主要用于定义动画的变化环节，是动画中出现关键性内容或变化的帧，关键帧中有一个静止的画面。关键帧用一个黑色实心小圆圈表示。"空白关键帧"中没有内容，主要用于在画面与画面之间形成间隔，空白关键帧用一个空心小圆圈表示。"普通帧"中的内容与前面一个关键帧的内容完全相同，在制作动画时可用普通帧来延长动画的播放时间。

图层就像堆叠在一起的多张幻灯胶片一样，每个层都包含一个显示在舞台中的不同图像。时间轴的主要组件是层、帧和播放头。动画中的图层名称排列在时间轴左侧。每个层中包含的帧显示在该层名右侧的一行时间轨上。时间轴顶部的时间轴标尺指示帧编号。播放头红线指示舞台中当前显示的帧。时间轴状态显示在时间轴的底部，它表示所选帧的编号、当前帧频以及到当前帧为止的运行时间。

5. 属性面板

利用属性面板可以方便地访问和设置舞台或时间轴上当前选定项的常用属性，可以显示当前文档、文本、元件、形状、位图、视频、组、帧或工具的信息和设置，也可以在面板中更改对象或文档的属性。如图 5-30 所示。

图 5-30　属性面板

二、动画制作实例

前面我们对 Flash MX 的工作界面及各部分的功能作了简单介绍，下面通过几个实例，来进一步学习使用 Flash MX 制作动画的方法。

1. 旋转花风车

（1）点击"插入"|"新建元件"选项，元件名输入"花朵"，类型选图形，选用椭圆工具，线条色为红色，填充色为线性渐变。然后点混色器，双击左边色标设为红色，双击右边色标设为黄色，如图 5-31 所示。再绘制出一个椭圆如图 5-32 所示。然后用填充变形工具来修改填充效果，调到图 5-33 所示效果。然后用变形工具来调重心点，把重心点调到正下方，如图 5-34 所示。

然后使用变形面板，设置为 45 度旋转，然后点复制（右下角带加号的按钮）并应用旋转，如图 5-35 所示。点七次后效果如图 5-36 所示。

再改成 50％复制并应用变形，如图 5-37 所示，点击一次如图 5-38 所示。

图 5-31　混色器设置　　　图 5-32　绘制椭圆　图 5-33　填充效果　　图 5-34　调整重心

图 5-35　变形旋转设置　　　　　　　图 5-36　复制后效果

图 5-37　50％复制设置　　　　　　　图 5-38　复制后图效

（2）将"花朵"元件拖动到场景中，并利用变形工具看一看其重心圆点是否到字的中心位置。

（3）用鼠标右击 30 帧设置成为关键帧，返回点击第一帧后在下面属性面板上设置动画。

（4）并在属性面板上将旋转设置成顺时针，次数设成 3 次。如图 5-39 所示。

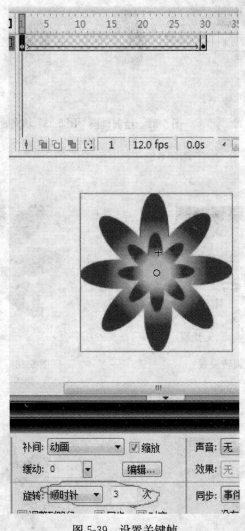

图 5-39　设置关键帧

（5）点击"控制"|"测试影片"，测试动画播放效果。

2. 毛笔写字动画

Flash 作为一种功能强大的动画制作工具，可以方便地实现手写效果。现在，我们就用 Flash 来制作手写效果，具体操作步骤如下。

（1）在 Flash 中新建一个文件。选择"修改"|"影片"，设置影片的属性。

（2）按 Ctrl＋F8，新建组件，命名为"毛笔"，并用铅笔工具画出一个毛笔。

（3）用文字工具，输入"龙"字，字体可设为行楷，字号值为"300"，颜色为黑色。如图 5-40 所示。

图 5-40　文字工具设置后效果

图 5-41　添加"毛笔"

（4）按 Ctrl＋B，将"龙"字打散。然后打开符号库，将"毛笔"拖到图层 1 上，如图 5-41 所示。

（5）按 F6 键，插入一关键帧。选中"毛笔"，移动到"龙"字最后一笔的"点"上，如图 5-42 所示。

图 5-42　插入关键帧

图 5-43　最后效果

（6）按 F6 键，再插入一关键帧。选中"毛笔"，稍向下移动，并用橡皮工具擦除掉刚才的一部分笔画。

（7）重复（6），直至把整个"龙"字擦干净为止。

（8）选中所有帧，调出右键快捷菜单，并且选择"翻转帧"。

（9）按 Enter 键测试影片，则可以看到一支大笔，正在挥洒自如地书写着"龙"字，如图 5-43 所示。

3. 旋转的地球

本实例模仿新闻联播片头中的旋转地球制作了一个动画，用到的主要工具有矩形工具、渐变填充、符号、库、遮罩等。

（1）新建一个文件，在属性面板中将舞台颜色设置为淡蓝色（RGB：0，204，205）。然后双击"矩形工具"，打开矩形设置对话框设置边角半径为 10 点，单击"确定"按钮完成矩形工具的设置。

（2）使用"矩形工具"在舞台中绘制一个圆角矩形，在信息面板中设置矩形的高度和宽度均为 239，矩形变成了正方形。然后使用"颜料桶工具"对正方形进行由蓝色到黑色的辐射渐变填充，并将轮廓删除，效果如图 5-44 所示。接着按下"F8"键将正方形转换为图形元件，命名为 background。

图 5-44　绘制圆角正方形

图 5-45　创建 map 符号

（3）选择"文件"｜"导入"菜单中的"导入到舞台"命令，导入一幅事先准备好的世界地图图片，选择"修改"｜"位图"子菜单下的"转换位图为矢量图"命令，将其转换为矢量图形，再对其进行复制，并将两个地图水平排列在一起，如图 5-45 所示。然后全选地图，在混色器面板上将其颜色更改为 50% 的灰色，再按下"F8"键将地图转换为图形符号，命名为 map。

（4）按下 Ctrl＋F8 组合键新建一个电影夹元件，命名为 round，从库面板中拖动 background 元件到新建元件中，在第 40 帧按下 F5 键创建一个普通帧。

（5）在时间轴面板中点击"插入图层"按钮新建图层 2，将 map 元件拖动到图层 2 中，如图 5-46 所示调整地图的位置，使其左端与正方形有一段重叠。

（6）在图层 2 的第 40 帧创建关键帧，调整地图的位置如图 5-47 所示，使其右端与正方形有一段重叠。注意，一定要使在该帧中重叠的部分与第一帧中相同，否则在后面生成动画后会有跳帧现象。然后，在图层 2 的第一帧上添加运动变形动画。

图 5-46　加入 map 符号　　　　　　　图 5-47　在第 40 帧调整地图的位置

（7）新建一个图层 3，从库面板中拖动 background 元件到新建层中，与舞台中心对齐。然后在图层 3 上单击鼠标右键，在弹出的菜单中选择"遮罩层"命令将该层转换为遮罩层，同时，图层 2 转换为被遮罩层。效果如图 5-48 所示。

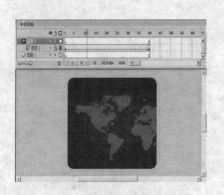

图 5-48　添加遮罩层　　　　　　　图 5-49　在第 40 帧中调整 map 的位置

（8）新建一个图层 4，从库面板中拖动 map 元件到新建层中。选择"修改"|"变形"子菜单下的"水平翻转"命令，将 map 元件水平翻转。之后在属性面板中设置该元件的 Alpha 值为 30％。然后在第 40 帧创建关键帧，并在第 40 帧中调整 map 元件的位置，调整后在第一帧添加运动变形动画效果如图 5-49 所示。

（9）新建一个图层 5，从库面板中拖动 background 元件到新建层中，使其与舞台中心对齐。然后在图层 5 上单击鼠标右键，在弹出的快捷菜单中选择"遮罩层"命令将该层转换为遮罩层，同时，图层 4 转换为被遮罩层。

（10）返回到舞台中，从库面板中拖动 round 元件到舞台中，使其与舞台中心对齐。然后对其进行放大，效果如图 5-50 所示。之后，在属性面板的"颜色"下拉列表中选择

图 5-50　拖动 round 元件到舞台中

"Alpha"选项，将该符号设置为完全透明。

（11）在图层 1 中的第 60 帧创建关键帧，单击该帧中的 round 元件，在属性面板的"颜色"下拉列表中选择"None"选项，使该符号恢复正常显示，然后调整到合适大小。

（12）单击图层 1 中的第 1 帧，在属性面板中为该帧添加运动变形动画，然后在旋转列表中选择"顺时针"选项，使 round 符号从第一帧到第 60 帧顺时针旋转一周。测试影片是否符合预想效果。

（13）选择"文件"|"导出"菜单中的"导出影片"命令，在出现的对话框中设置 swf 文件的名称和储存位置，单击"保存"按钮完成。

第六章

计算机网络

在信息时代，计算机网络具有举足轻重的作用。一方面，人们要从网络上获取各种信息；另一方面，人们也要将信息通过网络发布出去。

■ 第一节　计算机网络概述

一、计算机网络的概念

计算机网络是计算机技术与通信技术相结合的产物。它是将若干台具有独立功能的计算机通过通信设备和通信介质相互连接起来，并在网络软件的管理下实现资源共享的系统。

可见，计算机网络的基本构成元素包括：计算机（也称为主机）、通信设备、通信介质和网络软件。

二、计算机网络的功能

与独立的计算机相比，计算机网络具有许多优点，也具备独立计算机所不具备的以下功能。

（1）资源共享。用户可以共享网络中的软件和硬件资源。

（2）数据通信。网络中的计算机之间可以相互传输数据。

（3）提高系统的可靠性。当网络中的一台计算机出现故障时，可以由网络中其他的计算机代替它完成相应的任务。

（4）可进行分布式处理。网络中的计算机可以共同协作完成复杂的数据处理，从而提高了整个系统的处理能力。

三、计算机网络的分类

1. 按覆盖范围分类

计算机网络按其覆盖范围可以分为局域网、城域网和广域网三种。

（1）局域网。局域网是指覆盖范围在几千米以内的网络，如一个实验室、一栋大楼或一个单位的计算机连成的网络。局域网具有较高的数据传输速率和较低的误码率。

（2）城域网。城域网是将一座城市范围内的许多局域网连接起来而构成的覆盖一座城市的网络。

（3）广域网。广域网是指覆盖范围横跨多个城市、国家乃至覆盖全球的网络。

2. 按网络结构分类

计算机网络按网络结构可以分为以太网、令牌环网和令牌总线网三种。

（1）以太网。以太网是采用 CSMA/CD（带有冲突检测的载波侦听多路访问）介质访问控制方式的计算机网络，是目前使用最广的局域网。网络中的计算机一般采用总线型或星型拓扑结构相连接。

（2）令牌环网。令牌环网中的所有计算机连接成一个环，并通过在环中传递一个令牌来控制数据的发送。只有获得令牌的计算机才有权发送数据，发送之后将令牌传递给环中其他的计算机。

（3）令牌总线网。令牌总线网就是将物理上的总线网看做逻辑上的令牌环网。

3. 按信息共享方式分

（1）对等网络。在对等网络（peer-to-peer）中没有专门的服务器，每台计算机既是服务器，也是客户机。任意一台计算机都可以共享网络中其他计算机上的共享资源。

（2）客户机/服务器网络。在客户机/服务器网络（client/server）中，有一或多台服务器作为网络的控制中心，并向网络中其他的计算机（即客户机）提供共享资源。而客户机不提供共享资源。

■ 第二节　局域网

局域网是我们生活中接触最多的计算机网络。小到一个学生宿舍的寝室网，大到一个大学的校园网，都属于局域网的范畴。

一、局域网的组成

局域网一般由如下元素构成。

（1）计算机（也称为主机），包括服务器和客户机（工作站）。

（2）网络设备，包括网卡、集线器、交换机、路由器等。

（3）网络介质，包括有线介质和无线介质。

（4）网络软件，包括网络操作系统、网络客户端软件等。

二、构建双机互联局域网

双机互联系统是最简单的局域网。它可以由两台计算机、两块网卡和一段双绞线构成。

（一）网卡的安装

网卡是局域网中最基本的网络连接设备，用于实现计算机之间数据的发送与接收。目前的绝大多数局域网均采用以太网技术，故所用网卡属于以太网卡。RJ-45 接口网卡是目前最常见的网卡，适用于以双绞线作为传输介质的局域网。

网卡按照其传输速率，可以分为 10Mbps 网卡、100Mbps 网卡、10Mbps/100Mbps 自适应网卡等。按照其总线接口，可以分为 PCI 总线网卡、PCI-E 总线网卡、用于便携式计算机的 PCMCIA 总线网卡等。此外，无线局域网网卡的应用越来越广。

网卡的安装，包括网卡硬件安装和网卡驱动程序的安装两方面。可参考第三章中的相关内容，此处不再赘述。

（二）双绞线的制作

局域网中一般使用五类非屏蔽双绞线作为传输介质。它由四对线对构成，八条线芯的颜色依次是橙、橙白、蓝、蓝白、绿、绿白、棕、棕白。

双绞线的两端需要各连接一个 RJ-45 接头，以便于与网卡等网络设备相连。双绞线与 RJ-45 接头相连接时，必须按照一定的线序排列。通常采用 T568A 和 T568B 两个接线标准排列。

T568A 的线序：绿白、绿、橙白、蓝、蓝白、橙、棕白、棕。

T568B 的线序：橙白、橙、绿白、蓝、蓝白、绿、棕白、棕。

按照双绞线两端所连接的设备不同，双绞线可分为交叉网线和直通网线两种接法。

（1）交叉网线接法。所谓交叉网线，就是双绞线的一端按 T568A 标准接线，而另一端则按 T568B 标准接线。在这种接法中，一端的发送引脚与另一端的接收引脚相连。因此，交叉网线连接适用于网卡到网卡、交换机到交换机等同类设备的连接。

（2）直通网线接法。所谓直通网线，就是双绞线的两端均按 T568B（或 T568A）标准接线。因为在交换机等网络设备内部，已经做好了发送线与接收线的交叉，故直通网线适用于网卡到集线器、网卡到交换机等异类设备的连接。

（三）网络协议与 IP 地址

通过双绞线、网卡互连的两台计算机，还需要安装网络协议和配置网络参数，才能够实现真正的信息交换。

1. 网络协议的概念

在战争年代，使用无线电报通信的双方需要在通信频率、起止时间、电码格式等方面作好一系列的约定。同样的，网络通信的双方也需要有一系列的约定，这些约定就是网络协议。网络协议最终是以软件的形式实现的。通常将网络协议划分为具有调用关系的几部分，称为协议的分层。常用的协议分层模型有 ISO 推荐的 OSI 参考模型和因特网上使用的 TCP/IP 参考模型两种。前者将网络协议分为应用层、表示层、会话层、传输层、网络层、数据链路层和物理层等七层，后者将网络协议分为应用层、传输层、互联层、主机-网络层等四层。

2. IP 地址

（1）IP 地址的概念。凡是接入到使用 TCP/IP 的网络中的计算机，都必须分配一个用于标识这台计算机的独一无二的编号，这个编号称为 IP 地址。正如电话号码可以分为区号、区内号码两部分一样，IP 地址可以分为网络地址与主机地址两部分。目前的 IP 地址是 IPV4 版本，它是由 32 位二进制数组成的。为了便于使用，通常将 32 位 IP 地址的每个字节转化为一个十进制数，称为点分十进制格式。例如，210.44.185.38。

（2）IP 地址的分类。为了满足不同规模网络的需求，将 IP 地址划分为 A～E 五类。A 类地址的最高位固定为 0，网络地址占七位，主机地址占 24 位。故可以提供的网络地址数量为 2^7-2 个，可以提供的主机地址数量为 $2^{24}-2$ 个。全 0 和全 1 的网络地址与全 0 和全 1 的主机地址均保留用做专门用途。B 类地址的最高两位固定为 10，网络地址占 14 位，主机地址占 16 位。故可以提供的网络地址数量为 $2^{14}-2$ 个，可以提供的主机地址数量为 $2^{16}-2$ 个。全 0 和全 1 的网络地址与全 0 和全 1 的主机地址均保留用做专门用途。C 类地址的最高三位固定为 110，网络地址占 21 位，主机地址占八位。故可以提供的网络地址数量为 $2^{21}-2$ 个，可以提供的主机地址数量为 2^8-2 个。全 0 和全 1 的网络地址与全 0 和全 1 的主机地址均保留用做专门用途。D 类地址的最高四位固定为 1110。D 类地址用于多目的地址广播等特殊用途。E 类地址的最高五位固定为 11110。E 类地址暂时保留，以备将来使用。

（3）子网掩码。为了充分利用日益紧缺的 IP 地址资源，允许将一个 A，B，C 类网络划分为几个更小的子网。子网的划分，是通过子网掩码来实现的。子网掩码是一个高位部分全为 1、低位部分全为 0 的 32 位二进制数。例如，1111 1111 1111 1111 1111 1111 1111 0000。子网的规模由子网掩码中 0 的位数来确定，而子网的数目则由该类网络的主机地址位数与子网掩码中 0 的位数的差来确定。例如，若某 C 类网络的子网掩码为 1111 1111 1111 1111 1111 1111 1110 0000，则该 C 类网络被划分为 2^3 个有效子网，每个子网最多允许有 2^5-2 台主机。

（四）TCP/IP 的配置

下面以 Windows XP 为例说明 TCP/IP 的安装配置步骤。

（1）在控制面板中，双击"网络和拨号连接"图标，然后双击"本地连接"图标，打开"本地连接状态"对话框。

（2）单击"属性"按钮，进入"本地连接属性"对话框。如图 6-1 所示。

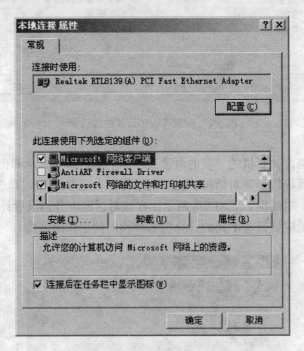

图 6-1　本地连接属性对话框

（3）检查"此连接使用以下项目"列表框中是否有"Microsoft 网络客户端"、"Microsoft 网络的文件和打印机共享"、"Internet 协议（TCP/IP）"这三项。若没有，则单击"安装"按钮添加。

（4）选中"Internet 协议（TCP/IP）"选项，单击"属性"按钮，进入"Internet 协议（TCP/IP）属性"对话框。

（5）设置两台计算机的 IP 地址，如图 6-2 所示。这里假定两台计算机均未接入因特网，故其 IP 地址均采用未注册的 IP 地址。如果该网络中的计算机不需要访问外网，那么可以不指定默认网关地址和 DNS 服务器地址。

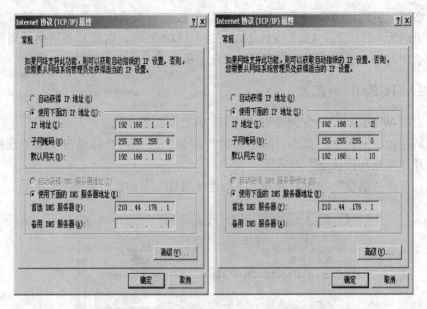

图 6-2 配置 TCP/IP 属性对话框

（6）分别在两台计算机的"我的电脑"图标上单击右键，从弹出的快捷菜单中选"属性"，打开"系统特性"对话框。在"网络标识"选项卡中，单击"属性"按钮，打开"标识更改"对话框。如图 6-3 所示。在该对话框中分别设置计算机名和工作组名称。两台计算机应该具有不同的计算机名和相同的工作组名称。

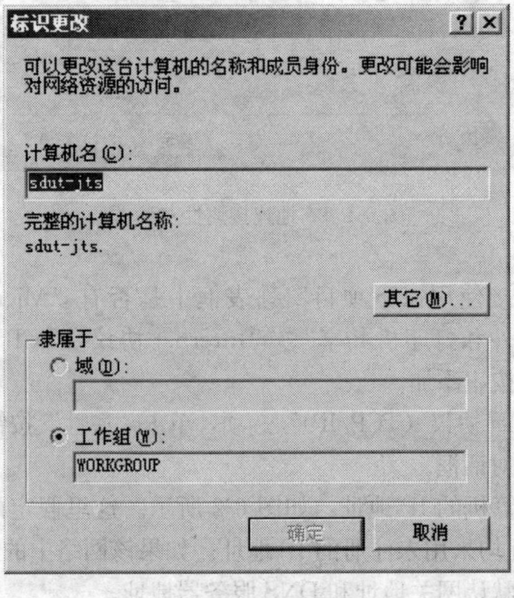

图 6-3 "标识更改"对话框

（7）在 PC2 上用 ping 命令测试 PC2 与 PC1 的连通性。如图 6-4 所示。

图 6-4 用 ping 命令测试连通性

至此，双机互联局域网构建完成。两台计算机就可以通过网上邻居实现文件共享了。

三、构建小型局域网

多机互连的小型局域网，常用于家庭、学校、企业等单位。小型局域网可由若干计算机、网卡、集线器（HUB）（或交换机）和双绞线组成。

1. 集线器

集线器是实现多机互连的核心连接设备。如图 6-5 所示，由集线器互连的多台计算机，构成了一个物理上的星型网络结构。

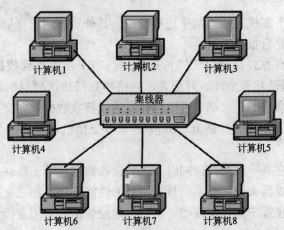

图 6-5 用集线器实现多机互连

集线器的主要功能是对接收到的信号进行整形、放大，以扩大网络传输距离。

集线器采用广播方式传送数据。它将接收到的数据同时发送到所有的端口，各端口收到数据之后，根据数据包头部的目的地址确定接受还是丢弃。故集线器的各个端口不能同时发送或接收数据，即集线器的各个端口共享集线器的带宽。例如，带宽是100Mbps 的 8 口集线器，它的每个端口的平均带宽为 12.5Mbps。

集线器的端口在某一时刻只能进行单一方向的数据传输，即工作在半双工传输模式。

2. 集线器的选型

在组建小型局域网时，应根据网络构成情况，选择合适的集线器。

（1）根据局域网中计算机的数量，确定集线器的端口数目。常见的集线器有 8口、16 口和 24 口等。

（2）如果局域网中的计算机数量较多，超过了一台集线器的端口数目时，则可以采用集线器级联、堆叠式集线器等方式对端口数目进行扩展。

（3）根据局域网的带宽选择适当数据传输速率的集线器。常见的集线器有10Mbps 集线器、100Mbps 集线器、10Mbps/100Mbps 自适应集线器等。

3. 小型局域网的组建

（1）首先为局域网中的每台计算机安装网卡，并安装网卡驱动程序。

（2）用直通双绞线将每台计算机与集线器相连接。

（3）参照上一节中的方法，为每台计算机安装 TCP/IP，并配置参数。

（4）用 ping 命令测试网络的连通性。

4. 交换机

交换机也是用于多机互联的网络连接设备。其外观和用法与集线器差不多，但其工作原理则与集线器有很大不同。

交换机采用交换方式在端口之间传送数据。当交换机收到数据包之后，会根据MAC 地址（即网卡的物理地址）对照表，直接将数据传送到目的端口，而不是所有的端口。因此，交换机的各个端口可以同时发送或接收数据，即交换机的各个端口独享交换机的带宽。例如，带宽是 100Mbps 的 8 口交换机，它的每个端口的带宽均为100Mbps。

交换机的端口在某一时刻可以同时发送和接收数据，即工作在全双工传输模式。

因为相对于集线器来说，交换机具有明显的性能优势，加之交换机的价格不断下降，因此交换机正在逐步取代集线器，成为组建局域网的常用连接设备。

四、构建无线局域网

无线局域网（wireless local area networks，WLAN）是计算机网络技术与无线通信技术相结合的产物。相对于有线局域网而言，无线局域网具有便于组建、接入灵活的特点。近年来，无线局域网有了较快的发展。

无线局域网的连接设备包括无线网卡、无线 AP、无线路由器等。

（一）组建 Ad-Hoc 模式无线局域网

Ad-Hoc 模式局域网是一种无线对等网。只需要在多台计算机上安装无线网卡，并进行简单的设置，即可构成 Ad-Hoc 模式局域网。如图 6-6 所示。

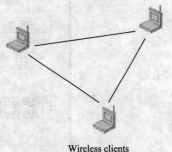

Wireless clients

图 6-6　Ad-Hoc 模式无线局域网

1. 安装无线网卡

无线网卡按照其接口标准可以分为台式计算机 PCI 接口无线网卡、便携式计算机 PCMCIA 接口无线网卡和 USB 无线网卡等。下面以 USB 无线网卡为例来说明无线网卡的安装步骤：①首先将 USB 无线网卡插入到计算机的 USB 接口。②操作系统提示发现新硬件，按提示安装设备驱动程序。③安装成功后，桌面右下角出现无线局域网连接图标。如图 6-7 所示。

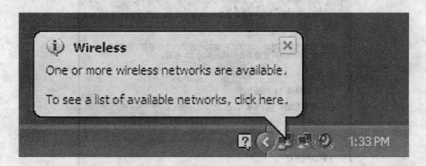

图 6-7　无线局域网连接图标

2. 配置无线局域网

在无线网络连接图标上单击右键，选择"属性"，打开"无线网络连接属性"对话框。如图 6-8 所示。

在"常规"选项卡中，选择"Internet 协议（TCP/IP）"，并单击"属性"按钮，打开"Internet 协议（TCP/IP）属性"对话框，按如图 6-9 所示设置 IP 地址。

图 6-8   "无线网络连接属性"对话框

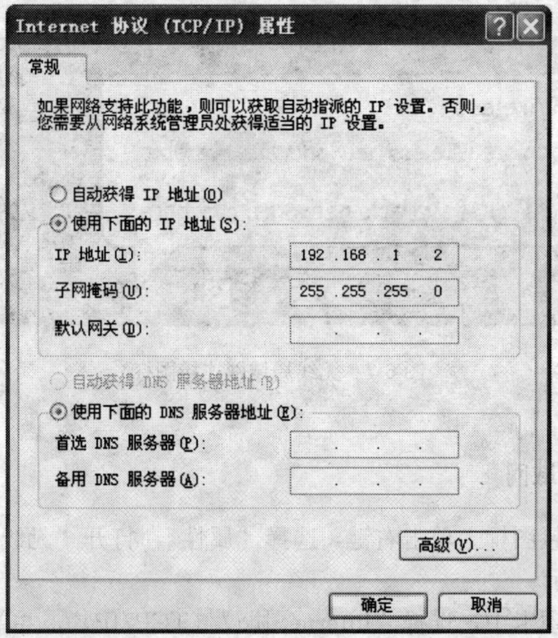

图 6-9   "Internet 协议（TCP/IP）属性"对话框

在"无线网络连接属性"对话框中，选择"无线网络配置"选项卡，选中"用 Windows 配置我的无线网络设置"复选框。如图 6-10 所示。

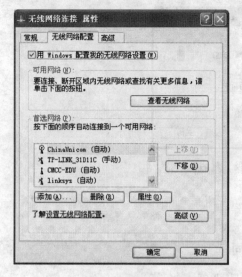

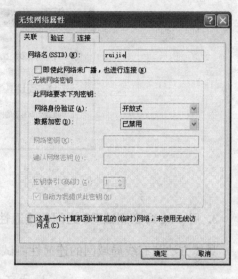

图 6-10 "无线网络配置"选项卡   图 6-11 "无线网络属性"对话框

在"首选网络"项中，单击"添加"按钮，打开"无线网络属性"对话框。在"关联"选项卡卡中，设置网络名（SSID）为"ruijie"（同一个无线网络中的计算机，应具有相同的网络名）；网络身份验证为开放式；数据加密为已禁用。如图 6-11 所示。添加成功后，显示"ruijie"标识名。如图 6-12 所示。

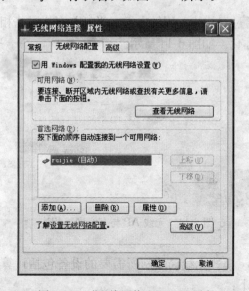

图 6-12 "无线网络配置"选项卡

选中"ruijie"标识名，单击"高级"按钮。在出现的"高级"对话框中，选中"仅计算机到计算机（特定）"，表示采用无线对等网络模式。如图 6-13 所示。

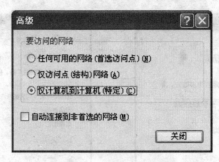

图 6-13　"高级"对话框

3. 用 ping 命令测试 PC 之间的连通性

具体方法与有线局域网的连通性测试相同。

（二）组建 Infrastructure 模式无线局域网

Infrastructure 模式无线局域网是指以无线 AP 为中心的无线网络。这种模式可以实现众多计算机之间的无线连接。

在这种模式下，无线 AP 相当于有线网络中的集线器。网络中所有无线客户端之间的通信都要通过无线 AP 接收转发。多个 AP 之间也可以进行无线连接，从而扩展无线网络的覆盖范围。

无线 AP 还可以通过双绞线、同轴电缆或光纤与有线网络相连接，从而实现无线网络与有线网络的一体化。如图 6-14 所示。

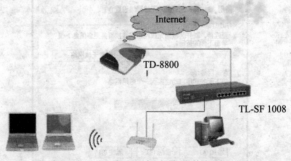

图 6-14　无线 AP 与有线网络相连

组建 Infrastructure 模式无线局域网所需要的设备包括计算机、无线网卡、无线 AP。具体组建步骤如下：

（1）为每台计算机安装和配置无线网卡，具体步骤同前。

（2）连接无线 AP。①将无线 AP 与电源适配器相连。如图 6-15 所示。②选取一台具有有线网卡的计算机作为配置 PC。将无线 AP 与配置 PC 的有线网卡通过直通网线相连。

图 6-15　无线 AP 与电源适配器相连

（3）配置无线 AP。①无线 AP 的默认初始化管理地址为 192.168.1.1/24，故将配置 PC 设置为相同网段的地址 192.168.1.23/24。如图 6-16 所示。②打开配置 PC，在 IE 浏览器地址栏中输入无线 AP 的管理地址 http://192.168.1.1，并输入默认密码 default。登录成功后显示无线 AP 的管理界面，如图 6-17 所示。③在出现的管理界面中，选择"配置"|"常规"。设置无线模式为"AP 模式"，ESSID 为"ruijie"，模式为"混合模式"。其他项使用默认值。如图 6-18 所示。④配置完成后，单击"确定"按钮，使配置生效。

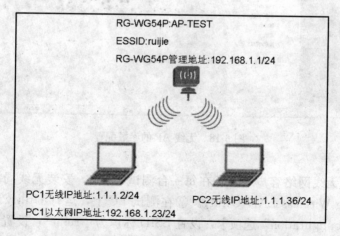

图 6-16　无线局域网 IP 地址的设置

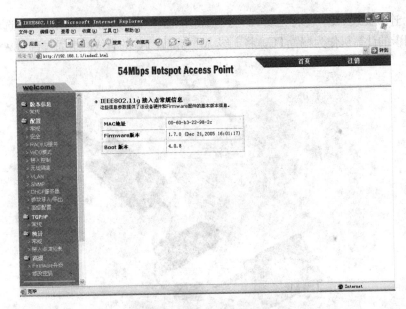

图 6-17　无线 AP 的管理界面

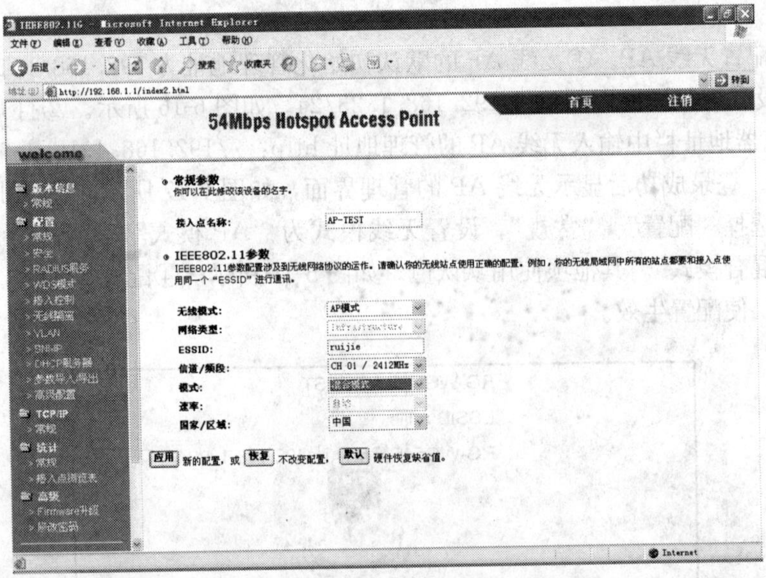

图 6-18　无线 AP 的参数配置

（4）配置无线网络客户端。①在每一台测试 PC 上，安装无线局域网管理软件 IEEE 802.11g Wireless LAN Utility。②在测试 PC 上，运行 Utility 软件。③选择 Utility 的"Configuration"选项卡，设置 SSID 标识为"ruijie"，设置无线网络连接模式为"Infrastructure"，并单击"Apply"按钮。如图 6-19 所示。④选择 Utility 的

"Site Survey"选项卡，在 ESSID 列选中 "ruijie"，并单击 "Join" 按钮。如图 6-20
所示。⑤在测试 PC 上，打开 "无线网络连接属性" 对话框，设置测试 PC 的无线网
卡地址为 1.1.1.2 至 1.1.1.36 的 IP 地址。

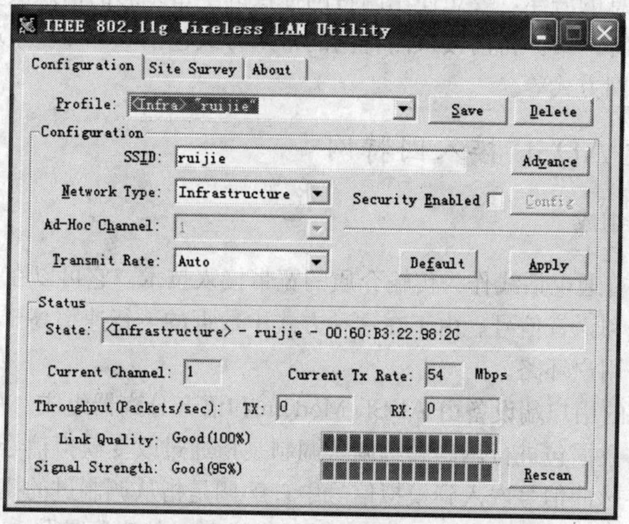

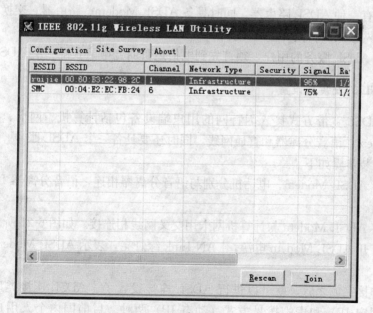

图 6-19　参数设置选项卡

图 6-20　"Site Survey"选项卡

（5）测试 PC 之间的连通性。

第三节　接入因特网

因特网是信息的海洋，要想使用因特网提供的丰富多彩的信息服务，首先必须将计算机接入到因特网中。目前接入因特网的常用方式包括 ADSL（非对称数字用户环路）方式、局域网方式等。

一、通过 ADSL 接入因特网

1. ADSL 的组成

ADSL 是以普通电话线作为传输介质的宽带接入技术。它可以在一根铜线上，同时传输数字信号和语音信号。由于在这种方式中数据的下行速率高于上行速率，故称之为非对称数字用户环路。

ADSL 系统的用户端设备由 ADSL Modem 和语音分离器组成。ADSL Modem 的功能是对用户的数据包进行调制和解调（调制是指通过改变模拟信号的振幅、频率或相位，而将数字脉冲信号嵌入到模拟信号中；解调是指从调制过的模拟信号中将数字脉冲信号重新分离出来）。语音分离器则用于将线路上的音频信号和高频数字调制信号分离。

此外，有一种 ADSL 路由器，同时具备 ADSL Modem、路由器、交换机的功能，是小型局域网接入因特网的极佳选择。

欲使用 ADSL 服务的用户，须首先到电信运营商处申请获得一个 ADSL 账号。

2. ADSL 的安装与设置

通过 ADSL 宽带方式接入因特网的用户端设备包括计算机、网卡、电话线路、ADSL Modem、语音分离器和直通网线，同时还要具备一个 ADSL 账号。

具体安装步骤如下。

（1）将 ADSL Modem、电话机分别与语音分离器相连，语音分离器 Line 口连接入户电话线。

（2）将 ADSL Modem 与计算机网卡用交叉网线相连接。如图 6-21 所示。

（3）打开 ADSL Modem 电源，LAN-Link 绿灯亮，表示 ADSL Modem 与计算机连接成功。

硬件连接完成之后，就可以进行 ADSL 连接设置了。ADSL 连接类型主要有专线方式（固定 IP）和虚拟拨号方式（动态 IP）两种。目前国内个人用户一般采用 PPPOE（Point-to-Point Protocol Over Ethernet）虚拟拨号方式。

下面以 Windows XP 自带的 ADSL 拨号软件 PPPOE 为例来说明建立虚拟拨号连接的步骤。

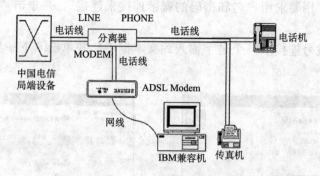

图 6-21　ADSL Modem 连接图

（1）从"开始"菜单中，选择"所有程序"｜"附件"｜"通信"｜"新建连接向导"，打开"新建连接向导"对话框，然后单击"下一步"按钮。如图 6-22 所示。

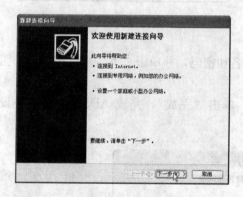

图 6-22　"新建连接向导"对话框之一

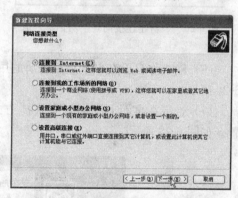

图 6-23　"新建连接向导"对话框之二

（2）选择"连接到 Internet"，并单击"下一步"按钮。如图 6-23 所示。

（3）选择"手动设置我的连接"，并单击"下一步"按钮。如图 6-24 所示。

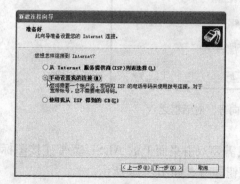

图 6-24　"新建连接向导"对话框之三

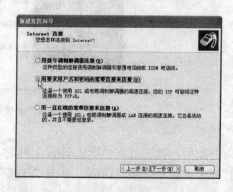

图 6-25　"新建连接向导"对话框之四

（4）选择"用要求用户名和密码的宽带连接来连接"，并单击"下一步"按钮。如图 6-25 所示。

（5）给该拨号连接取一个名字输入到文本框中，并单击"下一步"按钮。如图 6-26 所示。

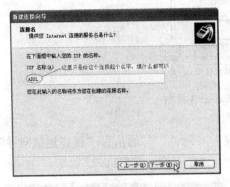

图 6-26　"新建连接向导"对话框之五

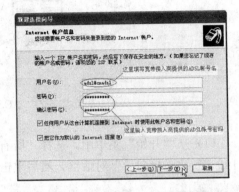

图 6-27　"新建连接向导"对话框之六

（6）输入你自己在 ISP 那里注册的用户名和密码，并单击"下一步"按钮。如图 6-27 所示。

（7）选择在桌面上添加一个快捷方式，单击"完成"，完成 ADSL 虚拟拨号设置。如图 6-28 所示。

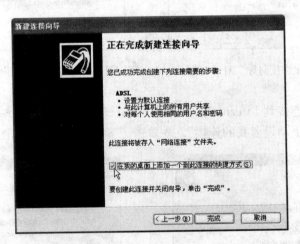

图 6-28　"新建连接向导"对话框之六

此后，欲通过该 ADSL 连接上网时，只需要双击桌面上的 ADSL 宽带连接图标，打开虚拟拨号连接对话框，单击"连接"按钮即可。如图 6-29 所示。

图 6-29　虚拟拨号连接对话框

二、通过局域网接入因特网

如果若干台计算机已构成一个局域网，那么可以通过路由器将整个局域网接入到因特网中。

1. 路由器简介

路由器是用于实现网络互联的网络连接设备。例如，要将校园网内部的多个局域网相互连接起来，所使用的网络连接设备就是路由器（也可以使用具有路由功能的第三层交换机），将整个校园网接入到因特网所使用的网络连接设备也是路由器。

路由器的主要功能如下。

（1）实现不同网络之间的互联，完成主机之间的数据转发。

（2）选择数据包的传输路径。当处于不同网络中的两台计算机进行通信时，路由器能够选择快捷的路径完成数据包的转发。

（3）实现 NAT 地址转换，即将限于局域网内部使用的局部地址转换为可以在因特网中使用的全局地址。

2. 宽带路由器

宽带路由器是近几年兴起的一种新型路由器，其设计特点是：一方面，支持的接口种类和相关协议较少，适用于内、外网均是以太网的接入环境；另一方面，宽带路由器的 CPU 性能、RAM 容量、嵌入式程序等均具有较高的性能指标。从而使得宽带路由器具有较高的 NAT 地址转换速度。

　　SOHO 宽带路由器是适用于小型局域网接入因特网的宽带路由器。具有 1～4 个 RJ-45 以太网接口，兼具集线器（或交换机）的功能，大多集成了无线 AP 的功能。一般能支持几个到几十个用户的网络接入。

3. 宽带路由器连接步骤

　　通过 SOHO 宽带路由器接入因特网的设备包括：SOHO 无线宽带路由器一台、计算机若干台、网卡若干、直通网线若干条、上网线路一条。

　　具体安装步骤如下：

　　（1）将计算机通过直通网线与宽带路由器 RJ-45 接口相连接。

　　（2）将无线宽带路由器的 WAN 口与上网线路相连接。

4. 配置 SOHO 无线宽带路由器

　　下面以 D-Link 公司的 DI-624 型 SOHO 无线宽带路由器为例来说明。

　　（1）将其中一台 PC 的 IP 地址设为 192.168.0.2 至 192.168.0.254 之中的一个。

　　（2）在这台 PC 的 IE 浏览器中输入宽带路由器的管理地址 192.168.0.1，登录路由器的 Web 管理页面。

　　（3）输入默认用户名 Admin，默认密码为空，进入配置界面。如图 6-30 所示。

图 6-30　登录界面

　　（4）单击"Run Wizard"，显示安装向导步骤对话框。如图 6-31 所示。

　　（5）设置密码。

　　（6）设置时区。

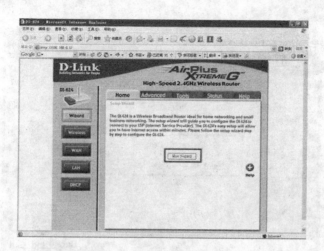

图 6-31　安装向导步骤对话框

（7）设置 PPPOE 虚拟拨号的用户号、密码（假定上网线路为 ADSL 连接）。如图 6-32 所示。

图 6-32　设置用户号与密码对话框

（8）设置无线网络的 SSID 和信道（默认为 6）。如图 6-33 所示。

（9）设置无线网络的安全方式。选择 WEP 安全方式，64bit，并输入 10 位密码。如图 6-34 所示。

（10）单击"Restart"按钮重启系统，使配置生效。如图 6-35 所示。

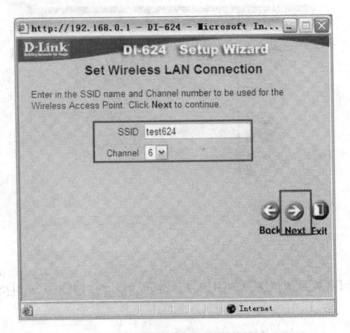

图 6-33 设置 SSID 和信道对话框

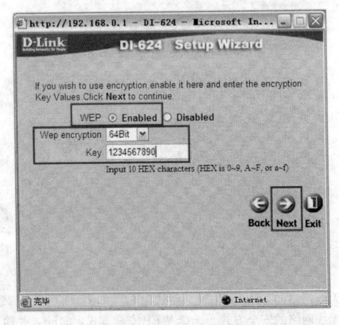

图 6-34 设置安全方式对话框

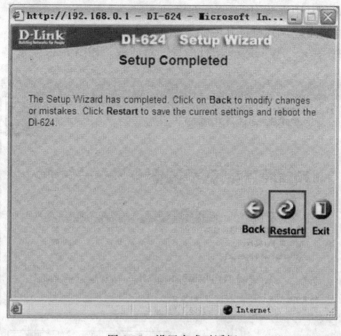

图 6-35 设置完成对话框

第四节 构建 Web 服务器

假如你在自己的计算机上制作了一个网站，如何才能将你的计算机变成一台 Web 服务器，使得世界各地的人都可以访问到你的网站呢？

首先，你的计算机要接入到因特网中。

其次，你的计算机要有一个注册 IP 地址。这在当前的 IPV4 网络环境下，有些奢侈（当然，也可以通过路由器的 NAT 地址转换功能来实现内部 IP 地址与注册 IP 地址的映射）。不过，在即将登场的 IPV6 网络环境下，这个要求则一点也不奢侈。

最后，在你的计算机上安装并运行 Web 服务器软件。Web 服务器软件的功能就是使得你的计算机变成一台可以提供 WWW 服务的 Web 服务器。在 Windows 环境下，有许多种 Web 服务器软件。比较有名的有微软的 IIS、WSS 及自由软件 Apache 等。此外，在因特网上，也很容易搜索到一些其他的 Web 服务器软件，如 EasyWebServer、小旋风 ASPWebServer 等。

本节将以 IIS 为例来介绍 Web 服务器软件的安装与配置。

一、IIS 的安装

IIS 的含义是 Internet Information System。Windows XP 中内置的是 IIS 5.0 版本。

在 Windows XP 中安装 IIS 5.0 的步骤如下：

（1）打开控制面板，并打开其中的"添加或删除程序"。然后选择"添加或删除 Windows 组件"，显示"Windows 组件向导"对话框。如图 6-36 所示。

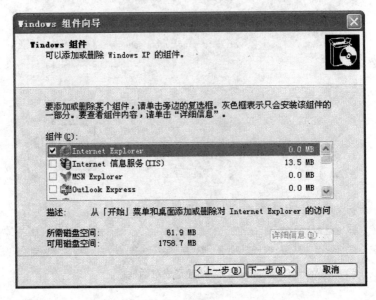

图 6-36　"Windows 组件向导"对话框之一

（2）选择"Internet 信息服务（IIS）"，单击"下一步"按钮开始安装。如图 6-37 所示。

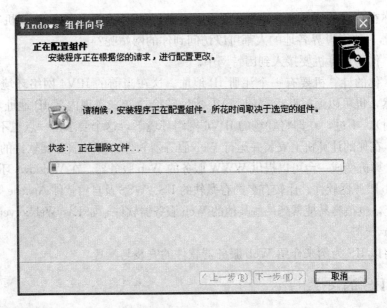

图 6-37　"Windows 组件向导"对话框之二

二、IIS 的启动与配置

（1）选择"控制面板"|"管理工具"|"Internet 信息服务"，打开 Internet 信息服务窗口。展开计算机名称之前的"＋"号，选择"默认 Web 站点"。如图 6-38 所示。

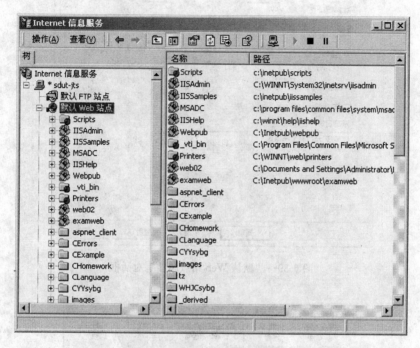

图 6-38　Internet 信息服务窗口

（2）单击工具栏上的属性按钮，或单击右键选"属性"，打开"默认 Web 站点属性"对话框。

（3）在"Web 站点"选项卡中，设置"IP 地址"为本机 IP 地址；"TCP"端口取默认值"80"。如图 6-39 所示。

（4）在"主目录"选项卡中，设置网站路径。IIS 默认 Web 站点主目录的默认值为本机文件夹"C：\ inetpub \ wwwroot"，也可以在本地路径文本框中重新设置为其他文件夹。如图 6-40 所示。

（5）在"文档"选项卡中，进行"启动默认文档"设置。单击"添加"按钮，添加主页文档名称，如 index. htm、index. asp 等，并可用上下方向箭头更改默认文档的排列顺序。如图 6-41 所示。

（6）单击"确定"按钮，出现"继承覆盖"对话框。再单击"全选"按钮及"确定"按钮，完成对默认 Web 站点的属性设置。

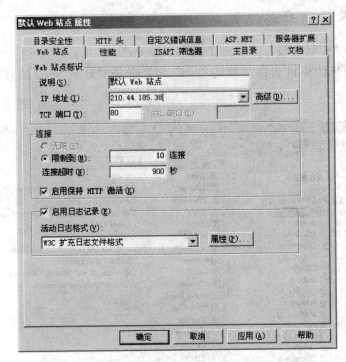

图 6-39 "默认 Web 站点属性"对话框

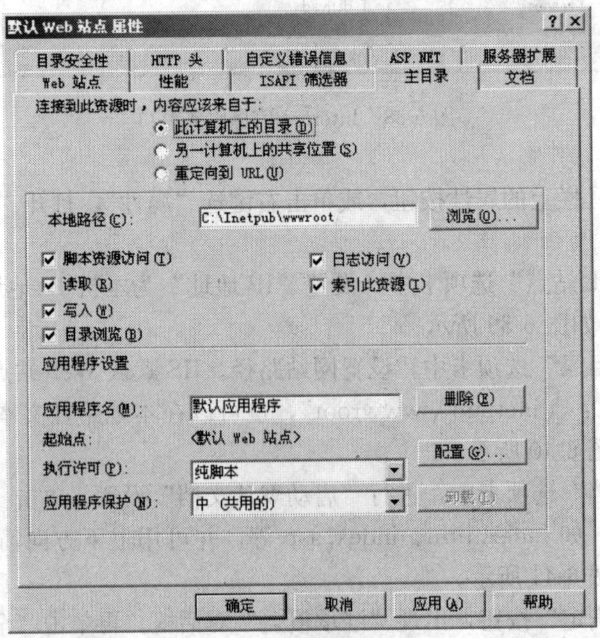

图 6-40 设置主目录

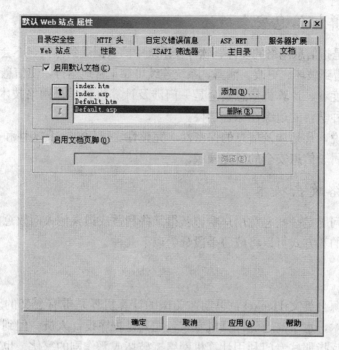

图 6-41 设置默认文档

三、Web 站点的启动与停止

在默认情况下，Web 站点创建成功后，将会自动启动服务。在运行状态下，若选择暂停功能，则会停止接受新的连接请求，但不影响正在处理的请求；若选择停止功能，则会彻底停止 Web 服务。暂停或停止 Web 站点之后，可用启动功能恢复或重启 Web 服务。

在"Internet 信息服务"窗口中，要暂停、停止或启动 Web 站点，可以使用工具栏上的相应按钮，也可以在 Web 站点名称上单击右键，然后选择相应的快捷菜单命令。

■ 第五节　计算机信息安全

随着因特网的迅猛发展，我们的社会越来越网络化，我们的生活与网络的关系越来越紧密。可以说，网络无所不在地影响着社会的各个方面。与此同时，在全球范围内针对重要信息资源和网络设施的入侵行为也在持续不断地增加。网络攻击与入侵行为对国家安全、经济和社会生活造成了极大的威胁。因此，信息安全已成为当今世界各国共同关注的迫切问题。

一、计算机信息安全概述

信息安全是指信息网络的硬件、软件及系统中的数据受到保护，不会因偶然的或者恶意的原因而遭到破坏、更改、泄露，系统连续可靠正常地运行，使信息服务不中断。

从技术角度看，计算机信息安全是一门涉及计算机科学、网络技术、通信技术、密码技术等多种学科的边缘性综合学科。

从广义来说，凡是涉及信息的保密性、完整性、可用性、真实性和可控性的相关技术和理论都属于信息安全的研究领域。

二、网络攻击技术

许多安全问题是一些恶意用户希望获得某些利益或损害他人而故意制造的。根据他们攻击的目的和方式可以将威胁手段分为以下九种。

1. 黑客

黑客最早源自英文 Hacker，早期在美国的计算机界是带有褒义的。黑客原指热心于计算机技术，水平高超的计算机专家，尤其是程序设计人员。但到了今天，黑客一词已被用于泛指那些专门利用计算机网络搞破坏或恶作剧的家伙。也就是媒体报道中指的那些"软件骇客"（software cracker）。

目前，黑客攻击网络的手段种类繁多，而且新的手段层出不穷，如放置特洛伊木马、寻找后门和系统漏洞、电子欺诈、拒绝服务、网络病毒、使用黑客工具软件、利用用户自己的安全意识薄弱等。

2. 特洛伊木马

木马是一种带有恶意性质的远程控制软件。它的名字源于古希腊特洛伊战争中著名的"木马计"。完整的木马程序一般由两部分组成：一个是被控制端（即服务端），另一个是控制端（即客户端）。若你的计算机被安装了服务端程序，则拥有相应客户端的人就可以通过网络控制你的计算机而为所欲为。这时你计算机上的各种文件、程序，以及在你计算机上使用的账号、密码等均可一览无余。

3. 后门

后门（back door）是指一种绕过安全性控制而获取对程序或系统访问权的方法。在软件的开发阶段，程序员经常会在软件内创建后门以便修改程序中的缺陷。如果后门被恶意窃取，或是没有在发布软件之前删除，那么它就成为了安全隐患。

4. 系统漏洞

漏洞是在硬件、软件、协议的具体实现或系统安全策略上存在的缺陷，从而可以使攻击者能够在未授权的情况下访问或破坏系统。

所谓系统漏洞，是指应用软件或系统软件在逻辑设计上的缺陷，或在编写时产生的错误。许多病毒和木马都是通过系统漏洞进入系统，或者是利用系统存在的漏洞直接攻击或控制计算机系统。

漏洞问题与时间密切相关。一个系统从发布的那一天起，随着用户的深入使用，系统中存在的漏洞会被不断暴露出来。这些早先被发现的漏洞也会不断被系统供应商发布的补丁软件修补，或在以后发布的新版系统中得以纠正。而在新版系统纠正了旧版本中漏洞的同时，也会引入一些新的漏洞和错误。因而随着时间的推移，旧的漏洞会不断消失，新的漏洞会不断出现。漏洞问题也会长期存在。

漏洞虽然可能最初就存在于系统当中，但一个漏洞并不是自己出现的，必须要有人发现。在实际使用中，用户会发现系统中存在错误，而入侵者会有意利用其中的某些错误并使其成为威胁系统安全的工具。这时人们会认识到这个错误是一个系统安全漏洞。系统供应商会尽快发布针对这个漏洞的补丁程序，纠正这个错误。这就是系统安全漏洞从被发现到被纠正的一般过程。

5. 恶意软件

恶意软件，也叫做流氓软件，指故意在计算机系统上执行恶意任务的程序。

网络用户在浏览一些恶意网站，或者从不安全的站点下载资料、程序时，往往会连同恶意程序一并带入自己的计算机，而用户本人对此毫不知情。直到有恶意广告不断弹出或色情、暴力网站自动出现时，用户才有可能发觉计算机已"中毒"。在恶意软件未被发现的这段时间，用户网上的所有敏感资料都有可能被盗走，比如银行账户信息、信用卡密码等。

6. 网络钓鱼

网络钓鱼是指通过垃圾邮件、即时聊天工具、手机短信或虚假网页发送的声称来自于银行或其他知名机构的欺骗性信息，意图引诱用户给出敏感信息（如用户名、口令、账号、信用卡详细信息等）的一种攻击方式。最典型的网络钓鱼攻击是将用户引诱到一个通过精心设计、与目标组织的网站非常相似的钓鱼网站上，从而获取用户在此网站上输入的个人敏感信息。通常这个攻击过程不会让受害者警觉。

网络钓鱼最早在中国出现是 2004 年，虽然并不是一种新的攻击方法，但是它的危害范围却在逐渐扩大，成为近年来最为严重的网络安全威胁之一。

7. 密码攻击

密码攻击也称为口令攻击。在设置系统的账户密码时，一般会将其设置为空，或者自己姓名的拼音，或者是自己的生日、电话号码等。这就给攻击者提供了可乘之机，攻击者通过对用户信息的分析，就很有可能猜测出密码。

8. 网络监听

网络监听是一种监视网络状态、数据流的攻击方式。它通过将网络接口设置在监听模式，便可以截获网上传输的信息。也就是说，当黑客登录网络主机并取得超级用户权限后，使用网络监听就可以有效地截获网上的数据，这也是黑客使用最多的方法。但是，网络监听只能应用于物理上连接于同一网段的主机，通常被用做获取用户口令的手段。

9. 计算机病毒

计算机病毒应该算得上是最常见的一种网络攻击方式了。它是一种人为编写、能够自我复制、可以破坏计算机功能或数据的程序。一般情况下，计算机病毒总是依附某一系统软件或用户程序进行繁殖和扩散，病毒发作时危及计算机的正常工作，破坏数据和程序，侵犯计算机资源。

针对这些网络威胁，我们该如何应对呢？这里给出五条建议。

（1）经常备份资料。记住你的系统永远不会是无懈可击的，只需要一条蠕虫或一只木马就已足够将灾难性的数据损失发生在你的系统中。

（2）设置长密码，至少包含 20 个字符，并且不要使用与自己有关的数字和字母。

（3）及时更新操作系统，时刻留意软件制造商发布的各种补丁，并及时安装应用。安装杀毒软件，让它每天更新升级。安装防火墙软件，并正确地设置它。

（4）对于浏览器中出现的黑客钓鱼信息，一定要保持清醒，拒绝点击，同时对不明身份的电子邮件也要谨慎打开。

（5）不用计算机时候千万别忘了断开网线和电源。

三、计算机病毒

1. 计算机病毒的概念

计算机病毒是指编制者在计算机程序中插入的破坏计算机功能或者破坏数据、影响计算机使用并且能够自我复制的一组计算机指令或者程序代码。

计算机病毒具有寄生性、传染性、潜伏性、隐蔽性、破坏性和可触发性等特征。

2. 常见病毒

计算机病毒种类很多，比较常见的有以下五种。

（1）系统病毒。系统病毒的名称前缀为 Win32、PE、Win95、W32、W95 等。这些病毒的一般共性是可以感染 Windows 操作系统的 .exe 和 .dll 文件，并通过这些文件进行传播，如 CIH 病毒。

（2）蠕虫病毒。蠕虫病毒的名称前缀为 Worm。这种病毒的共有特性是通过网络或者系统漏洞进行传播，很大部分的蠕虫病毒都有向外发送带毒邮件、阻塞网络的特性。比如"尼姆亚"病毒、"熊猫烧香"、"番茄花园"等。

（3）木马病毒、黑客病毒。木马病毒名称前缀为 Trojan，黑客病毒名称前缀一般为 Hack。木马病毒的共有特性是通过网络或者系统漏洞进入用户的系统并隐藏，然后向外界泄露用户的信息。而黑客病毒一般有一个可视的界面，能对用户计算机进行远程控制。木马、黑客病毒往往成对出现，即木马病毒负责侵入用户计算机，黑客病毒则通过该木马病毒来进行控制。现在这两种类型都越来越趋向于整合了。

（4）脚本病毒。脚本病毒名称前缀为 Script。脚本病毒的共有特性是使用脚本语言编写，通过网页进行传播，如红色代码病毒（Script. Redlof）。脚本病毒还会使用 VBS 或 JS 作为前缀，如欢乐时光病毒（VBS. Happytime）、十四日病毒（JS. Fortnight. c. s）等。

（5）后门病毒。后门病毒名称前缀为 Backdoor。该类病毒的共有特性是通过网络传播，给系统开后门，从而带来安全隐患。

3. 杀毒软件

杀毒软件，也称反病毒软件或防毒软件，是用于消除计算机病毒、特洛伊木马和恶意软件的一类软件。杀毒软件通常集成监控识别、病毒扫描与清除和自动升级病毒库等功能，有的杀毒软件还带有数据恢复功能。

防止计算机感染病毒，最有效的方法就是安装杀毒软件。现在常用的杀毒软件有 360 杀毒、瑞星、卡巴斯基、金山毒霸、赛门铁克、NOD32 等。

"360 杀毒"是奇虎公司推出的一款免费杀毒软件。它的杀毒引擎为比特梵德杀毒软件（世界排名第一的杀毒软件）的杀毒引擎，杀毒能力极强。"360 杀毒"还支持绿色安装，也就是说，如果系统中还有其他杀毒软件存在，也同样可以安装本软件，只是"360 杀毒"会自动关闭实时监控功能，从而避免与其他杀毒软件冲突。

"360 杀毒"与"360 安全卫士"结合使用，可有效查杀恶意软件、木马等威胁，并能够进行漏洞修复、主动防御等。比如，当我们在浏览器中打开挂马网站时，"360 安全卫士"会给出相关提醒，并自动关闭挂马网站。

四、防火墙技术

1. 防火墙的概念

防火墙最初的含义是当房屋还处于木质结构时，人们将石块堆砌在房屋周围用来防止火灾发生。

这里，"防火墙"是一个通用术语，是指在两个网络之间执行控制策略的系统。所有内部网络和外部网络之间的连接都必须经过防火墙，在此进行检查和连接，只有被授权的通信才能通过。这种隔离能够防止非法入侵及非法使用系统资源。另外，防火墙还可以执行安全管制措施，记录所有可疑事件。可以说，防火墙为网络安全起到了把关的作用。如图 6-42 所示。

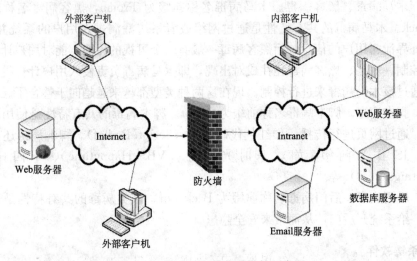

图 6-42　防火墙逻辑位置结构示意图

2. 防火墙的基本特性

（1）内部网络和外部网络之间的所有网络数据流都必须经过防火墙。这是防火墙所处网络位置特性，同时也是一个前提。因为只有当防火墙是内、外部网络之间通信的唯一通道时，才可以全面、有效地保护企业内部网络不受侵害。

（2）只有符合安全策略的数据流才能通过防火墙。防火墙最基本的功能是确保网络流量的合法性，并在此前提下将网络的流量快速地从一条链路转发到另外的链路上去。从这个角度上来说，防火墙是一个类似于路由器的多端口转发设备，它跨接于多个分离的物理网段之间，并在报文转发过程中完成对报文的审查工作。

（3）防火墙自身应具有非常强的抗攻击免疫力。这是防火墙之所以能担当企业内部网络安全防护重任的先决条件。防火墙处于网络边缘，它就像一个边界卫士一样，每时每刻都要面对黑客的入侵，这样就要求防火墙自身要具有非常强的抗击入侵本领。它之所以具有这么强的本领，首先，防火墙操作系统本身是关键，只有自身具有完整信任关系的操作系统才可以谈论系统的安全性；其次，防火墙自身具有非常低的服务功能，除了专门的防火墙嵌入系统外，再没有其他应用程序在防火墙上运行。当然这些安全性也只能说是相对的，即便如此，防火墙还是能够抵御绝大多数的入侵。

3. 防火墙的种类

防火墙技术可根据防范的方式和侧重点的不同而分为很多种类型，总体来讲可分为两大类：包过滤和应用代理。

包过滤（packet filtering）作用在网络层和传输层，它根据分组包头源地址、目的地址和端口号、协议类型等标志确定是否允许数据包通过。只有满足过滤逻辑的数据包才被转发到相应的目的地出口端，其余数据包则被丢弃。

由于包过滤工作在网络层和传输层，与应用层无关，所以它的优点是不用改动客户机和主机上的应用程序。但其弱点也是明显的：据以过滤判别的只有网络层和传输层的有限信息，因而不可能充分满足各种安全要求。

应用代理（application proxy）也叫应用网关（application gateway），它作用在应用层。应用级网关往往又称为应用级防火墙，其特点是完全"阻隔"了网络通信流，通过对每种应用服务编制专门的代理程序，实现监视和控制应用层通信流的作用。实际中的应用网关通常由专用工作站实现。

应用级网关的基本工作过程：当客户机需要使用服务器上的数据时，首先将数据请求发给网关，网关根据这一请求向服务器索取数据，然后再由网关将数据传输给客户机。由于外部系统与内部服务器之间没有直接访问数据通道，外部的恶意侵害就很难伤害到内部网络。

常用的应用级网关已有相应的代理服务软件，如 HTTP、SMTP、FTP、TELNET 等。但是对于新开发的应用，尚没有对应的代理服务。

五、数据加密技术与数字签名

（一）数据加密技术

1. 数据加密的概念

数据加密（data encryption）包括加密与解密两个过程。加密是指发送方将一段明文（plain text）信息经过加密密钥及加密函数的转换，变成无意义的密文（cipher text）的过程。解密是指接收方将密文经过解密函数、解密密钥还原成明文的过程。如图 6-43 所示。

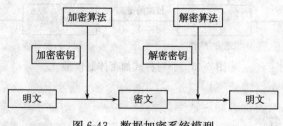

图 6-43　数据加密系统模型

密钥是一个具有特定长度的数字串。加密算法是对明文进行变换的具体方法。由于加密算法是公开的，所以一个数据加密系统的安全性是基于密钥而不是基于算法的。

2. 两种加密体制

加密技术按密码体制通常分为两大类：对称式加密和非对称式加密。

（1）对称式加密。对称式加密也叫做单密钥加密。其特点是加密和解密使用同一个密钥，通常称之为会话密钥。如图 6-44 所示。这种加密技术目前被广泛采用，如美国政府所采用的 DES 加密标准就是一种典型的对称式加密法，它的会话密钥长度为 56bits。对称式加密的优点是加密解密的速度较快，适用于加密大量数据的场合。其缺点是密钥的分发传递比较麻烦，一旦密钥丢失将会导致完全泄密。

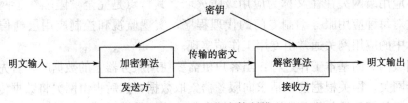

图 6-44　对称式加密体制模型

（2）非对称式加密。非对称式加密又叫做公开密钥加密。这种加密技术使用两个密钥相互配合完成加密解密过程。一个密钥称为公钥，是完全公开的；一个密钥称为私钥，只有持有者本人知道。由于两个密钥之间具有一定的数学函数关系，所以使加密使用一个密钥而解密使用另一个密钥成为可能。1978 年美国麻省理工学院 R. L. Rivest 等人提出的 RSA 公开密码算法是典型的公钥加密算法。非对称式加密体制的加密解密过程如图 6-45 所示。非对称式加密的优点是密钥的分发很容易实现，保密效果好；缺点是加密解密过程复杂。因此，可以将对称式加密与非对称式加密结合起来使用。实现方法是先用对称式加密对大段消息进行加密，然后再用非对称式加密对对称式加密的会话密钥进行加密。

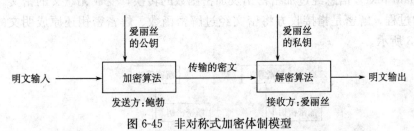

图 6-45　非对称式加密体制模型

（二）数字签名

1. 数字签名的原理

数字签名（digital signature）是在网络虚拟环境中确认身份的重要技术，可以完全代替现实生活中的"亲笔签名"，在技术和法律上都有充足的保证。迄今，数字签名已广泛应用于网上金融、电子贸易等领域。

所谓数字签名，也称为电子签名，是指附加在某一电子文档中的一组特定的符号或代码。它是利用数学方法和密码算法对该电子文档进行关键信息提取并进行加密而形成的，用于标识签发者的身份及签发者对电子文档的认可，并能被接收者用来验证该电子文档在传输过程中是否被篡改或伪造。

数字签名通常是基于非对称式加密体制的，可以用 RSA 或者数字签名算法（digital signature algorithm，DSA）。前者既可用于加密又可用于数字签名，后者只能用于数字签名。

2. 数字签名的创建和验证

利用非对称式加密体制的数字签名是一段加密的消息摘要，附加在消息后面。创建与验证数字签名的步骤如下。

（1）鲍勃把要发送给爱丽丝的消息作为输入，通过单向散列函数，生成一个消息摘要。

（2）鲍勃用他的私钥加密消息摘要，得到数字签名。

（3）鲍勃将他的消息与数字签名一并发给爱丽丝。

（4）爱丽丝用鲍勃的公钥解密数字签名，得到鲍勃的消息摘要。

（5）爱丽丝将接收到的消息作为输入，通过同一个单向散列函数，重新生成一段消息摘要。

（6）爱丽丝将新生成的消息摘要与解密后得到的消息摘要进行对比。如果完全相同，则证明此消息确系鲍勃所发；同时证明此消息完整未被篡改。

目前比较成熟的电子签名技术是基于 PKI（public key infrastructure）的数字签名技术，即我们常说的数字证书。

第七章

网页设计技术

■ 第一节　网页设计基础

一、网页与网站的概念

很多人会把网页和网站混淆。那么网页和网站究竟有什么区别呢？简单来说，网站是由网页组成的，大家通过浏览器看到的画面就是网页，网页说具体了就是一个 HTML 文件，而浏览器是用来解读这份文件的。但是网站要复杂一些，很明显，网站一般不止一个网页。网站是由若干个网页集合而成的，至于多少网页集合在一起才能称作网站没有明确的规定，其实即使只有一个网页文件也能被称为网站。

1. 认识网页

HTML（hypertext markup language，网页的超文本标记语言）文件，是一种可以在 WWW（world wide web）上传输，并被浏览器认识和翻译成页面并显示出来的文件。"超文本"就是指页面内可以包含图片、链接、音乐、程序等非文字的元素，它就像记事本和放映机一样，记录着网站拥有者和设计者的生活、思想、经验、心情等。

从设计角度来讲，网页可以分为"静态网页"和"动态网页"。

静态网页是指网页文件中没有程序，而只有 HTML 代码，一般以 .html 或 .htm 为后缀名。静态网站内容在制作完成后是固定不变的，任何人访问此网页都显示一样的内容，如果想要修改网页中的内容，就必须使用网页编辑工具修改网页源代码，然后再重新上传到 Web 服务器上。

动态网页是指该网页文件不仅具有 HTML 标记，而且还含有程序代码。通过与数据库建立连接，动态网页可以根据访问者提交的信息不同而显示不同的网页内容。

动态网站更新方便，一般在后台通过信息发布的方式就能在 Web 端直接进行网站信息的添加、删除等更新操作。

使用静态网页还是使用动态网页呢？应该根据网站的内容来决定。如果网站内容比较固定，做好之后不需要经常修改内容及界面，就可以采用静态页面。静态网页的制作成本低而且网站的打开速度相对较快，而且基本上不需要维护；如果网站的内容经常需要添加、修改，那么做成动态的网页更方便管理，因为文字和图片等资料的更新随时可以在后台操作，这对于网站的使用者和管理者来说很方便，不需要掌握编程和网页制作知识就可以轻松管理自己的网站，更为设计者在日后维护网站减少了页面编辑的工作量。

2. 认识网站

网站，通俗地说就是在因特网上一块固定的面向全世界发布消息的地方。它由网页集合而成，放置到指定的网站空间中（服务器或虚拟主机），可以通过网站地址进行访问。衡量一个网站的性能，通常从网站空间大小、网站链接速度、服务器、主机性能等几个方面考虑。如果将因特网比喻成一个超级市场，那么一个企业上网浏览，只是以一个旁观者的身份进入到这个超级市场当中；只有企业建立了自己的网站，才能在这一市场当中有了自己的摊位，才可以更加直观地在因特网中宣传公司产品，展示企业形象。

3. 网页制作中的专业术语

（1）Banner。Banner（横幅广告）是因特网广告中最基本的广告形式。它是一个表现商家广告内容的图片，放置在广告商的页面上，尺寸通常是 480×60 像素，或 233×30 像素；一般是 gif 格式的图像文件，可以使用静态图形，也可用多帧图像拼接为动画图像；除普通 gif 格式外，新兴的 RichMedia Banner（富媒体广告）能赋予 Banner 更强的表现力和交互内容，但一般需要用户在浏览器中安装相应的插件支持。

（2）Browser。Browser（浏览器）就是指在计算机上安装的，用来显示网页文件的程序。WWW 的原理就是通过网络客户端（Client）的浏览器去解释并显示指定的文件。

（3）Cookie。Cookie 是计算机中记录用户在网络中行为的文件，网站可通过 Cookie 来识别用户是否曾经访问过该网站。当浏览某些 Web 站点时，这些站点会在用户的硬盘上用很小的文本文件存储一些信息，这些文件就称为 Cookie。Cookie 中包含的信息与浏览者的浏览历史有关。

（4）HTTP。HTTP（Hyper Text Transfer Protocol），即超文本传输协议，是因特网上的一种传输协议，当浏览器的地址栏上显示"HTTP"时，就表明正在打开一个 Web 页面。

（5）URL。URL 即某网页的链接地址，在浏览器的地址栏中输入 URL，即可打开并显示该网页的内容。

二、网页制作的常用软件

下面介绍网页制作过程中常用的编辑软件、常用网页图片处理软件、动画制作软件、以及一些因特网上常用到的小工具软件。

1. 网页编辑软件

最常用的网页编辑软件如下。

（1）Microsoft FrontPage：最流行的网页设计软件，Microsoft Office 办公系列软件之一，操作简单，实用性强。

（2）Dreamweaver MX 2004：目前至少有三个版本的 Dreamweaver 被广泛使用，占据行业主导地位。它是一套"所见即所得"的网页编辑软件，适合于不同层次的设计者使用。

（3）UltraEdit-32：代码编辑工具，主要用于编辑 ASP 等动态网页。

2. 图像处理软件

制作网页需要有一定的平面设计基础。如果设计者只会写代码，而没有一定的界面设计功底，那么即使你的代码编写得再好，没有美观的界面为依托，还是没有人愿意来浏览你的网页。

常用的网页图像处理软件如下。

（1）Photoshop：网页设计者必须精通的一个图像处理工具。

（2）ImageReady：在用 Photoshop 将界面设计完成后，切换到 ImageReady 中进行界面分割处理，快速完成由图到网页的过渡。

（3）ACDSee：目前最流行的数字图像处理软件，它能广泛地应用于图片的获取、管理、浏览、优化和分享等方面。

（4）Fireworks：制作网页的高级辅助工具，可以完成动画制作和图像优化，还能制作热点、切片和轮替按钮等。无须学习代码即可创建具有专业品质的网页图形和动画，如变幻图像和弹出菜单等。

3. 动画制作软件

网页中的动画一般分为两种，即 GIF 动画和 Flash 动画。除了可以用 Flash 软件制作这两种动画之外，还有多种工具软件可以制作 GIF 动画和 Flash 文字动画。这些工具对于想做出好的动画又不能熟练地使用 Flash 的制作者提供了极大的方便。下面就一些常用的工具作一下简要的介绍。至于如何具体应用，读者可以参考相关资料，这里不再赘述。

（1）Flash MX 2004：Flash 是交互式矢量图和 Web 动画的标准，网页设计者使用 Flash 可以创建漂亮的、可变尺寸的动画，还能创建极其精致的导航界面以及其他奇特的效果。

（2）Swish 2.0：在此工具中做好文字动画后可以导出 swf 格式的文件，再导入到 Flash 中进行进一步的处理，让 Flash 更生动，更炫目多彩。

Swish Zone：将特效中有许多细节结合使用，能得到非常炫的效果。能直接预览，并能直接导出 SWF 格式的文件。

Ulead GIF Animator 5.05：友立公司出版的 gif 动画制作软件，内建的 Plugin 有许多现成的特效可以立即套用，可将 avi 文件转换成动画 gif 文件，而且还能将动画 gif 图片最佳化，能将网页上的 gif 动画减肥，从而能够让人们更快速地浏览网页。

GIF Movie Gear 3.0：gif 动画制作软件，几乎具有所有制作 gif 动画的编辑功能，无须再用其他的图形软件辅助。

硕思闪客精灵：支持将 swf 文件导出成 fla 文件，帮助丢失 fla 文件的影片作者重新获得 fla 文件，从而可以再编辑。

硕思闪客之锤：是一款具有专业水准的动画制作工具。它支持图形设计、运动动画、引导线、遮罩效果、流声音和事件声音、帧标记、设置电影剪辑、按钮等。

4. 其他小工具软件

在制作网页的过程中，有时需要作一些特殊处理，这时就需要一些小的工具软件来帮忙，这样做既省时又省力。比如一些特效 JavaScript 代码，就没必要一行一行地写，再加上调试也要耗费不少精力。下面简单介绍常用的实用小工具软件。

（1）网页特效大师：一个可以自动生成网页特效的软件，收集了包括时间特效、文字特效、图形图像处理、鼠标特效、页面特效、小甜饼、在线游戏、其他特效在内的 8 类共 62 个特效。

（2）网页小秘书：有屏幕取色、IE 滚动条设置、文本转换、颜色配制等特色小设置。

（3）网页魔法菜单：可以很轻松地制作多种意想不到的下拉菜单效果，超实用。

（4）网页减肥茶：可以将网页文件成批压缩，最大压缩比可达 50%，压缩后能直接读取，与压缩前完全一样。本软件还具有还原功能，故可放心使用，可以助设计者一臂之力。

（5）批量改网页的内容替换工具：主要功能是替换文本文件内容，可多行替换和成批文件替换。

还有更多的软件就不一一列举了，可以根据具体的需要有选择地利用以上这些工具。俗话说"工欲善其事，必先利其器"，在制作网页的过程中，只有灵活运用这些工具，才能保证在最短的时间内做出最有效率并值得欣赏的网页作品来。

三、网页制作的原则和技巧

1. 网页制作的基本原则

要做出一个优秀的页面，应该考虑到以下三点：网页内容、浏览速度、界面美感。基于国内的网速和带宽，网页的内容和浏览速度则当优先考虑，至于界面当然也要尽可能做到美观简洁。网页制作基本上要遵循以下三个原则。

（1）网站内容。内容要放在第一位。浏览者之所以会看到你的网站，首先就是想找到他所需要的信息。比如一些专门提供下载素材（如软件、MP3、小说、图片素材类）的网站，一般浏览者没有时间来看界面是不是够炫，通过搜索引擎来到网站的客户主要是针对网站的内容而来的。在各个搜索网站中排名靠前的网站无一不是以内容取胜。

（2）网页大小。在明确好内容的基础上，就要考虑到浏览网速。因为国内网络的传输线路相对较慢，有时内容即使再好，如果网页下载速度过慢，也会使浏览者失去耐心，可能网页打开不到四分之一就把网页关掉了，从而严重影响到网站访问量。有的网站为了提高访问速度，不得不牺牲一些网页外观。因此，在图片处理上就要更细致，图片的大小不能太大，表格的多层嵌套也要慎用。

（3）界面美观。像一些设计类的网站就比较注重界面的视觉效果。的确，如果是客户找商家下订单，而作为设计者本身的网站不能够吸引人，就会失去不少客户。例如，要给客户做一个企业网站，他看的主要是网页漂亮不漂亮，其他的不会多想，毕竟他们不是专业人士，不会想更多这样的问题。

2. 网页制作用色技巧

要想让网页给浏览者一个视觉上的冲击，那么色彩就是最好的表现方式。在制作过程中，色彩应用的通用原则是"总体协调，局部对比"。也就是说，网页的整体色彩效果应该是和谐的，只有局部的、小范围的地方可以有一些强烈的色彩对比。在同一页面中，可以使用相近色来设置页面中的各种元素。

首先，要确定整个站点的主色调。确定主色调时，最好根据网站的对象及站点的内容来确定主色调。例如，想创建一个游戏站点，则适合选用黑色或暗红色；旅游类站点适合选草绿色搭配黄色；政府类站点可以使用深红色、深蓝色；时装类站点可以选用高级灰、玫瑰紫等；校园类站点一般选用绿色；科技类站点一般选用深蓝色；新闻类站点适合用蓝色、橘黄、深红色。

其次，如果是创建公司站点，还应该考虑公司的企业文化。从公司的标识上可以大体看出一个公司的基本文化。例如，某科技公司的标识是由红色和黑色组成的，那么在设计该公司站点时就可以考虑以红色或黑色为主色调。

对于站点标志一般要用深色，具有较高的对比度，以便浏览者能够非常方便地看到其在该站点中所处的位置。标题可以使用与网页内容非常不同的字体和颜色来设计，也可以采用网页内容的反色来做。

在同一页面中，当要在两种截然不同的色调之间过渡时，在它们中间搭配上灰、白或黑，往往能很自然地进行过渡。网页中的文字要暗，对比度要高。一般是白底黑字，如果是黑底，也可用灰色的字体，或用很淡的颜色来做。

导航栏所在区域，是一个网站的灵魂所在，就像一把大门的钥匙，网站最离不开的就是它。一般的做法是把菜单背景颜色和导航字体或图片作对比度比较高的设置，将网页内容和菜单的不同目的准确地区分开来。

对于侧栏，尽管不是所有的网页都有侧栏，但它也不失为显示附加信息的一个有用方式。设置侧栏时，它应与网页的内容清楚地区分开来，以便于阅读。

页脚可以考虑和侧栏相同的颜色，或稍微淡一些的颜色；如果侧栏的颜色比较淡，则可以大胆使用深色的细条来处理，还有些采用渐变来处理页脚。

如果有一些需要跳跃的内容，则可以采用一些鲜艳的颜色来引导浏览者的视线。例如用比较鲜艳的橙色或蓝色来做导航、按钮等。

一个网站不可能单一地运用一种颜色，让人感觉单调、乏味。但是也不可能将所有的颜色都运用到网站中，让人感觉轻浮、花哨。一个网站必须有一种或两种主题色，不至于让客户迷失方向，也不至于单调、乏味。所以确定网站的主题色也是设计者必须考虑的问题之一。

特别需要注意的是，一个页面尽量不要超过四种色彩，用太多的色彩让人没有方向，没有侧重。当主题色确定好以后，考虑其他配色时，一定要考虑其他配色与主题色的关系，要体现什么样的效果。另外要考虑哪种因素占主要地位，是明度、纯度还是色相。

"不拘一格"往往可以出奇制胜。按部就班有时会使网页的整体感觉过于死板，在颜色的配比上，有时突破常规往往会取得意想不到的效果，让人眼前一亮，在设计的时候针对不同的客户不妨尝试一下。

四、网页制作的流程

制作网页的基本语言 HTML 看上去并不复杂，然而真正制做出高质量的网页也并非人人都行。这至少要涉及文字编辑、版式设计、图片加工和处理、多媒体制作等各方面因素。要真正地制作出高质量、艺术性与技术性俱佳的网页，需要专业人员进行合理的统筹安排才能高效率地完成。

1. 收集资料和素材

收集客户资料，根据客户提出的网站建设基本要求，收集相关文本及图片资料，和用户一起确定制作内容及要求（如公司介绍、项目描述、网站基本功能需求、基本设计要求），并搜集此网页需要的图片等素材。前期的准备工作可以让你在设计时节省很多寻找素材的时间。

2. 规划站点

根据客户的需求，规划网站的布局和结构划分。往往有这样的情形，在设计时投入了大量的精力，等设计好后，自认为比较完美的方案客户却不满意。这时需要站在客户的角度考虑网站的受众对象，最好的不一定是客户最需要和最满意的。做好这一点就能减少以后的很多无用功，以及反复修改设计的过程。

3. 制作网页

一般是先制作出主页，在请客户对网页风格确认后，再进行其他网页的制作。制作网页的过程需要合理地分配设计时间，以提高效率。这里面的道理其实很简单，就是"统筹分配"。

第一步，在纸上作好网页的布局设计。例如，导航放在哪个位置，网页分几栏，是左右结构还是分三栏，网页的头和尾大概要做成什么样子，此时头脑中就应该有了这个网站的主色调选配，为下一步做好准备。

第二步，在 Photoshop 中设计网页的首页。选择好主色调和布局，余下的就是发挥你的设计水平，设计出成形的界面出来。

第三步，在设计好界面以后，进行切图。许多人习惯用 Adobe ImageReady 来切图，它与 Photoshop 的工具栏有个切换，一般在安装 Photoshop 时会自动将其安装。切图时需要注意的是：大面积的色块单独切成一块，尽可能保持水平线上的整齐；在导出图片时如果色彩单一，可以选择尽量小的色值位，这样会大大减小文件的大小，同时又能比较好地保持图片的色彩；切图时不要进行整个界面的分割，有时可以将需要切割的图另存出来单独进行分割，这样做的原因是，当在主界面画分割线时会将原有的图片切得更碎，考虑到网页的运行速度问题以及文件的易编辑性有时需要这样的处理。

在 FrontPage 中进行站点的建立，以及网页的编辑。后面会有详细的介绍，这里就不多说了。

完成网页的制作，做好链接，检查网页中的错误（死链、错链、错别字等），如没有即可进行下一步操作了。

4. 测试站点

制作完成后，上传到测试空间进行网站测试，客户根据协议内容进行验收工作，对客户提出不同意见的部分进行进一步的完善。

5. 发布站点

客户在验收合格以后，为客户注册域名，开通网站空间，上传制作文件，设置电子邮箱。

6. 更新和维护站点

如果一个网站都是静态的网页，在网站更新时就需要增加新的页面，更新链接，当然风格要延续先前的界面；如果是动态的页面，只需要后台进行信息的发布和管理就可以了。

■ 第二节　HTML

一、HTML 简介

HTML 是因特网上描述网页内容和外观的标准。HTML 提供了一系列的标记及属性。标记用于描述网页上的每个元素，如文本段落、表格或图像等。

事实上，HTML 是一种因特网上常见的网页制作标记型语言，而并不能算做一种程序设计语言，因为它缺少程序设计语言所应有的特征。HTML 文档通过 IE 等浏览器的翻译，可以将网页中所要呈现的内容、排版展现在用户眼前。

二、HTML 的结构概念

一个完整的 HTML 文件包括标题、段落、列表、表格及各种嵌入对象，这些对象统称为 HTML 元素。在 HTML 中使用标记来分割并描述这些元素。实际上可以说，HTML 文件就是由各种 HTML 标记组成的。一个 HTML 文件的基本结构如下：

<HTML>	文件开始标记
<HEAD>	文件头开始的标记
…	文件头的内容
</HEAD>	文件头结束的标记
<BODY>	文件主体开始的标记
…	文件主体的内容
</BODY>	文件主体结束的标记
</HTML>	文件结束标记

从上面的代码结构可以看出，在 HTML 文件中，大多数的标记都是成对出现的，开头标记为<>，结束标记为</>，在这两个标记中间添加内容。

有了标记作为文件的主干后，HTML 文件中便可添加属性、数值、嵌套结构等各种类型的内容了。

三、网页文件的创建过程

对于网页的建立，我们可以用简单的"记事本"来编辑网页，步骤如下。

（1）打开记事本。单击 Windows 的"开始"按钮，在"程序"菜单中的"附件"子菜单中单击"记事本"。

（2）编辑新文件。要按照 HTML 语言规则编辑，在"记事本"窗口中输入 HTML 文档。

（3）保存网页。打开"记事本"的"文件"菜单，选择"保存"。此时将出现"另存为"对话框，在"保存在"下拉列表框中选择文件要存放的路径；在"文件名"文本框输入以 . html 或 . htm 为后缀的文件名，如 mypage1. html；在"保存类型"下拉列表框中选择"所有文件"。最后单击"保存"按钮，将记事本中的内容保存在磁盘中。

如果希望这一页作为网站的主页，想让浏览者输入网址后，就显示这一页的内容，可以把这个文件设为默认文档，文件名为 index. html 或 index. htm。

四、HTML 的标记

对于刚刚接触超文本的读者，遇到的最大的障碍就是一些用"＜"和"＞"括起来的符号，我们称之为标记（tag），是用来分割和标记网页的元素，以形成网页的布局、文字的格式及五彩缤纷的画面。属性是标记里的参数选项。

HTML 文档由标记和被标记的内容组成。标记能产生所需的各种效果。其格式为

＜标记＞受标记影响的内容＜/标记＞

例如，标题标记＜TITLE＞表示为

＜TITLE＞我的第一个网页＜/TITLE＞

标记只是规定这是什么信息，或是文本，或是图片，但怎样显示或控制这些信息，就需要在标记后面加上相关的属性来表示，每个标记有一系列的属性。格式为

＜标记　属性 1＝"属性值 1"　属性 2＝"属性值 2"…＞受影响的内容＜/标记＞

例如，字体标记＜FONT＞有属性 size 和 color 等。

＜FONT size＝ "3" color＝ "red" ＞属性示例＜/FONT＞

注意事项如下。

（1）输入开始标记时，一定不要在"＜"与标记名之间输入多余的空格，否则浏览器将不能正确地识别括号中的标记命令，从而无法正确地显示你的信息。

（2）作为一般的原则，大多数属性值不用加双引号。但是包括空格、％号，♯号等特殊字符的属性值必须加入双引号。为了好的习惯，提倡对全部属性值加双引号。

HTML 只是一个纯文本文件。创建一个 HTML 文档，只需要两个工具，一个是 HTML 编辑器，一个 Web 浏览器。HTML 编辑器是用于生成和保存 HTML 文档的应用程序。Web 浏览器是用来打开 Web 网页文件，提供给我们查看 Web 资源的客户端程序。

下面介绍常用的标记及其属性。

1. 注释标记

在 HTML 文档中可以加入相关的注释标记，便于查找和记忆有关的文件内容和标识，这些注释内容并不会在浏览器中显示出来。

注释标记的格式如下：

<! –注释的内容-->

2. 换行标记

换行标记是个单标记，不包含任何属性，在 HTML 文档中的任何位置只要使用了
标记，当文档内容在浏览器中显示时，该标记之后的内容将显示下一行，这种标记我们称为强制文本换行标记。其格式为

文本

不换行标记可令文本不会因太长使浏览器无法显示而换行，它对住址、数学公式、一行数字等尤其有用。其格式为

<NOBR>文本</NOBR>

3. 强制换段标记

<P>标记用于定义文本中的一个段落。段落的间距等于连续加了两个换行符，也就是要隔一行空白行，用以区别文本的不同段落。<P>标记可以单独使用，也可以成对使用。单独使用时，下一个<P>的开始就意味着上一个<P>的结束。良好的习惯是成对使用。其格式为

文本<P>
<P align＝ "left | center | right" >文本</P>

其中，align 是<P>标记的属性，属性有三个参数 left、center、right。这三个参数设置段落文本的左、中、右的对齐方式，一个强制换行标记<P>可以看做两个强制换行标记
。格式中的"｜"表示"或者"，即多中选一。

4. 文本标题标记

在页面中，标题是一段文本的核心，所以总是用加强的效果来表示。<H＃>标记用于设置网页中的文本标题，被设置的文本将以粗体的方式显示在网页中。文本标题标记的格式为

<H＃ align＝ "left | center | right" >标题文本</H＃>

＃用来指定标题文本的大小，＃取 1～6 的整数值，取 1 时字符最大，取 6 时字符最小。

属性 align 设置标题在页面中的对齐方式：left、center 或 right，缺省时默认为 left。

<H♯>标记本身具有换行的作用，标题总是从新的一行开始。

注意：与<TITLE>…</TITLE>定义的网页标题不同，文本标题显示在浏览器窗口内，而不是显示在浏览器的标题栏中。

5. 字符格式控制标记

在网页中为了增强页面的层次，其中的字符可以用不同的大小、字体、字形、色彩。<FONT>标记可用于设定字符的字体、字号和色彩，其格式为

<FONT size＝"字号" face＝"字体名" color＝"色彩">被设置的字符</FONT>

说明：如果用户的系统中没有 face 属性所指的字体，则将使用默认字体。size 属性的取值为 1～7。也可以用"＋"或"－"来设定字号的相对值。color 属性的值为 RGB 颜色"♯RRGGBB"或颜色的名称。其中 RR、GG、BB 是用两位十六进制数表示的红、绿、蓝三种颜色分量的强度值，取值范围为 00～FF。

例如，<FONT size＝"5" color＝"♯FF0000" face＝"隶书">今天天气真好</FONT>。该标记用于在网页中以隶书、5 号（18 磅）、红色显示"今天天气真好"。

6. 特定字符样式标记

在网页中显示字符时，常常会使用一些特殊的字形或字体来强调、突出或区别，以达到提示的效果。

（1）粗体标记<B>。放在<B>与</B>标记之间的字符将以粗体方式显示。

（2）斜体标记<I>。放在<I>与</I>标记之间的字符将以斜体方式显示。

（3）下划线标记<U>。放在<U>与</U>标记之间的字符将以下划线方式显示。

7. 超链接标记

HTML 文档中最重要的元素之一就是超链接，超链接是一个网站的灵魂，Web 上的网页是互相连接的，单击被称为超链接的文本或图形就可以跳转到其他页面。超链接可以看做一个"热点"，它可以从当前网页定义的位置跳转到其他位置，包括当前页面的某个位置、互联网或本地硬盘或局域网上的其他文件，甚至跳转到声音、图片等多媒体文件。

建立超链接的标记为<A>和</A>，其格式为

<A href＝"目标地址" target＝"窗口名称">超链接源</A>。

href：该属性定义了这个链接所指向的目标地址。当超链接的目标位于当前网站内部时，URL 地址一般应使用相对地址的形式。

target：该属性用于指定打开链接的目标窗口，其默认方式是原窗口。

例如，<A href＝"http：//www.sdut.edu.cn/">山东理工大学</A>。该标记定义了一个链接源为"山东理工大学"，链接目标为 www.sdut.edu.cn 的超链接。

"超链接源"是可以是文本，也可以是图片。文本链接带下划线且与其他文字颜色不同，图片链接通常带有边框显示。用图片做链接时只要把显示图片的标志<IMG>嵌套在<A href= "URL" ></A>之间就能实现图片链接的效果。当鼠标指向"超链接源"时会变成手形，单击它即可以访问指定的目标文件。

8. 图片标记

在网页中插入图片用单标记<IMG>，当浏览器读取到<IMG>标记时，就会显示此标记所设定的图像。插入图片时，仅用这一个标记本身是不够的，还需要配合它的属性来完成。

<IMG>的一般格式为

<IMG src= "图像的 URL 地址" >

其中，src 属性用于指出图像的来源 URL 地址。当插入的图片位于当前网站内部时，URL 地址一般应使用相对地址的形式。

例如，<IMG src= "logo. gif" width=100 height=100 border=2 align= "top" >。该标记在网页中插入了当前目录下的一幅名为"logo. gif"的图片，并指定了该图片的宽度、高度、边框宽度和对齐方式。

第三节　FrontPage 2003 概述

FrontPage 2003 是 Microsoft 公司的网页制作软件，它具有界面友好、易学易用和所见即所得的特点，是目前使用较为广泛的网站开发工具之一。

一、认识 FrontPage 2003 环境

1. 窗口组成

FrontPage 2003 启动后，其窗口界面如图 7-1 所示。

FrontPage 2003 的窗口中主要包括菜单栏、工具栏、编辑区和任务窗格。

其中，编辑区是网页设计和制作的区域；任务窗格用于显示 FrontPage 2003 所能完成的各种任务，可以帮助用户快速准确地完成某项任务。

2. 视图方式

FrontPage 2003 提供了六种视图方式，不同的视图为用户提供有关 Web 网站的不同信息，帮助用户方便地完成对网站的创建、编辑和维护工作。下面我们介绍五种常用的视图。

（1）网页视图。网页视图是 FrontPage 2003 中默认的视图方式。网页视图又提供了四种视图模式，分别是设计视图、拆分视图、代码视图和预览视图，如图 7-1

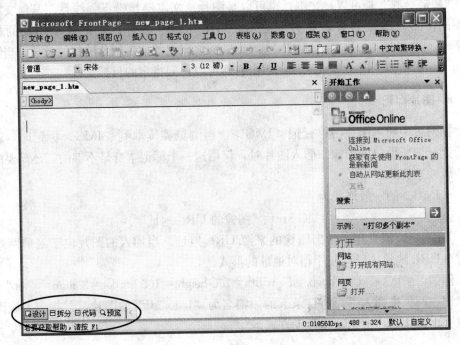

图 7-1 FrontPage 2003 窗口

所示。单击视图切换区中相应的按钮，可在这四种视图模式间切换。设计视图是网页视图中默认的视图模式，它提供了一个简洁的操作环境，采用"所见即所得"的形式，使用户方便地进行网页设计和编辑。拆分视图将工作窗口分为两部分，上面显示 HTML 代码，下面是网页编辑区域，这种视图使用户可以同时浏览代码视图和设计视图。代码视图中显示的是当前网页的 HTML 源代码，它能将用户在设计视图中执行的操作自动转化为 HTML 代码。在这种视图模式下可以直接对 HTML 代码进行编辑。预览视图模拟在浏览器中的显示方式，让用户在提交之前查看网页的编辑效果。

（2）文件夹视图。文件夹视图是为了方便网站的管理和维护而建立的。在这种视图方式下，可以查看网站中的文件夹和网页文件的结构，还可以安全地进行文件的移动、删除和重命名等操作，FrontPage 2003 会跟踪这些变化，并自动维护相应的超链接。

（3）远程网站视图。远程网站视图用于向因特网发布文件，在该视图模式下可以直接将当前站点中的文件和文件夹拖动到远程网站中进行发布。

（4）报表视图。报表视图从量化的角度给出当前网站的统计数。它可以随时向用户提供当前网站的资料和运行状况，并以表格的形式清晰地显示出来。在该视图中用户还可以看到当前网站的许多其他信息，如当前网站的图形文件、未链接的文件、链接的文件、较旧的文件、较新的文件等。

（5）导航视图。导航视图的作用是帮助用户组织网站的导航结构。在此视图下，用户可以快速地建立网站中各网页的层次关系，较方便地进行网站的扩展和重新组织。

二、新建网站

1. 准备工作

在开始着手制作一个网站时，用户不要急于去制作一个个具体的网页，一般要先做好如下准备工作。

（1）了解网站的服务群体。网站的设计者必须了解网站拥有者和访问者的需求，比如公司、学校、医院、政府、个人等。网站的设计者在设计网站时，除了要有鲜明的主题、漂亮的外观、丰富的内容之外，还要注意创建清晰的导航，使访问者易于访问。

（2）确定网站主题。了解了服务群体之后，接下来确定网站的主题。一般要满足如下条件：网站的名称要切题、有特色、容易记忆；网站题材要专而精。

（3）画出导航结构图。网站的导航结构图是非常重要的，可以对网站的具体设计起到规划指导作用。当然，在实际设计过程中网站的结构也可能会有所调整。结构图的画法是自顶向下，逐步细化。如果网站含有多个页面，则首先要画出站点的导航结构图。例如，"小虫个人站点"网站的导航结构图如图 7-2 所示。

图 7-2　"小虫个人站点"网站导航结构图

（4）确定网站命名规则。一个大型网站可能有上百个文件，这就要求在创建文件和目录的时候要有一个统一的命名规则，好的命名规则可以为以后网页维护节省大量时间和精力。常用的命名规则有汉语拼音、英文缩写等。

2. 创建本地站点

通常情况下，设计者不可能直接在服务器上创建并调试站点，而是先在本地计算机上完成网站的建立与调试，再将网站发布到服务器上。创建本地站点就是在本地计算机中创建一个完整的网站。下面让我们先来创建一个只有一个网页的网站。

首先，在 D 盘上创建一个名为"小虫个人站点"的文件夹。

然后选择菜单"文件"|"新建"命令，在任务窗格的"新建网站"一栏中选择

"由一个网页组成的网站"命令，在打开的"网站模板"对话框中选择"只有一个网页的网站"，并在"指定新网站的位置"下拉列表框中设置网站位置为"D：\小虫个人站点"，然后单击"确定"按钮，如图 7-3 所示。这样就成功创建了一个只包含一个空白网页的网站，同时自动打开文件夹视图。在这里可以看到网站中已自动创建了两个文件夹"_private"和"images"，以及一个主页文件"index. htm"。

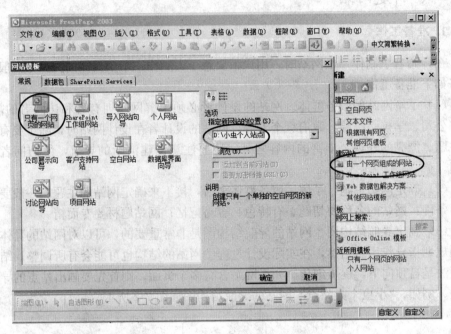

图 7-3　创建只有一个网页的网站

"小虫个人站点"网站中包含的四个网页分别是 index. htm、music. htm、movie. htm 和 camera. htm。继续向站点中添加网页的操作步骤如下。

（1）单击常用工具栏中的"新建普通网页"按钮，会在网页编辑区打开新建的空白网页文件 new_page_1. htm。

（2）单击常用工具栏"保存"按钮，弹出"另存为"对话框，将文件名修改为与网页主题相关的名字，如 music. htm。

重复上面的步骤再添加两个页面 movie. htm、camera. htm。

接下来我们将对网站的内容进行编辑、美化和完善。

■ 第四节　FrontPage 2003 网页编辑

对网页的编辑美化操作包括设置网页属性、设计网页布局、确定网页内容等，另外还需要添加多种网页元素使网页内容更丰富、操作更方便。

一、设置网页属性

为了增强网页的听觉和视觉效果，我们通常会为网页设置背景音乐和背景图片。其具体操作步骤如下。

（1）双击打开需要设置网页属性的网页文件，如上一节中新建的"小虫个人站点"网站的主页文件"index.htm"。

（2）依次单击菜单项"文件"|"属性"，弹出"网页属性"对话框，如图 7-4 所示。

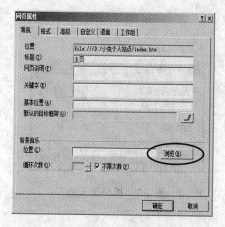

图 7-4　设置网页的背景音乐

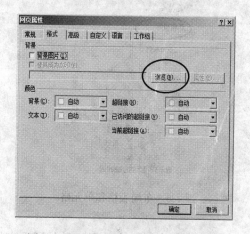

图 7-5　设置网页背景图片或背景颜色

（3）在"常规"选项卡中设置背景音乐文件的位置。单击"浏览"按钮将准备好的背景音乐文件添加进来。FrontPage 2003 支持多种音频格式，包括 .wav、.mid、.ram、.ra、.aif、.aifc、.aiff、.au、.snd 等。

（4）打开"格式"选项卡设置网页背景图片或背景色。如图 7-5 所示，直接单击"浏览"按钮将准备好的背景图片添加进来即可。FrontPage 2003 支持多种图片格式，包括 .gif、.jpg、.jpeg、.png、.bmp 等。

注意，同时使用背景图片和背景颜色时，背景图片将会覆盖背景色。

二、网页布局

在 FrontPage 2003 中，通常使用布局表格来实现网页页面的布局。利用布局表格组织页面，可以对页面内容进行比较准确的布局和定位。

FrontPage 2003 提供了多种表格布局模板，设置步骤如下。

依次单击菜单项"表格"|"布局表格和单元格"，打开"布局表格和单元格"任务窗格。如图 7-6 所示。

图 7-6　布局表格和单元格

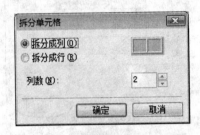

图 7-7　拆分单元格

在"表格布局"中选择一种与网页布局图最接近的模板，然后就可以在网页编辑区看到相应的布局表格了。通过拖动单元格中的控点或使用属性菜单，可以方便地对布局表格进行调整。

如果系统提供的"表格布局"中没有合适的布局模板，那么可以选择"整页"布局，然后通过拆分单元格的方法来组织页面布局。本章案例"小虫个人站点"网站就是采用了这种方法，具体操作步骤如下。

（1）在图 7-6 所示"表格布局"一栏中选择"整页"布局，在编辑页面中出现一个整页的表格布局区。

（2）在布局区中单击鼠标右键，选择快捷菜单中的"拆分单元格"命令，打开如图 7-7 所示的"拆分单元格"对话框。然后，可以根据页面布局的需要对布局单元格进行多次的拆分。

三、向网页中添加内容

在完成了网页的页面布局之后，就可以向网页中添加丰富多彩的网页内容了。

1. 插入文本

文本是网页设计中必不可少的组成部分，是网页向用户提供信息的主要方式。

FrontPage 2003 中文本的使用与 Word 2003 非常相似，主要包括文本的输入、编辑、设置字体格式等。请读者自行上机练习。

需要特别注意的是，在 FrontPage 2003 中，文本的换行使用组合键 Shift＋Enter，而文本的分段则使用 Enter 键。

2. 插入图片

在网页中合理地使用图片，不但可以表达信息，还可以起到美化网页外观的作用。插入图片的步骤是：将光标定位在需要插入图片的位置，然后依次单击菜单项"插入"｜"图片"｜"来自文件"。选择已准备好的图片，单击"插入"按钮即可。

如果需要在图片上插入文本、设置图片明暗度、对图片进行裁剪等，可以使用图片工具栏中的相关按钮进行编辑，如图 7-8 所示。"小虫个人站点"网站主页上插入图片后的效果如图 7-9 所示。

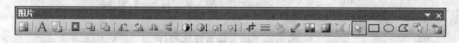

图 7-8　图片工具栏

图 7-9　主页插入横幅图片效果

3. 插入音频

前面我们添加的背景音乐，有一点不足就是不能进行播放控制。要对音频文件的播放加以控制，则需要插入播放控件。具体操作步骤如下：

选择菜单"插入"｜"Web 组件"命令，在"插入 Web 组件"对话框的"组件类型"一栏选择"高级控件"，在"选择一个控件"一栏单击"ActiveX 控件"，如图 7-10 所示。

单击"下一步"按钮，在"插入 Web 组件"对话框中选择"Windows Media Player"控件，如图 7-11 所示，单击"完成"按钮即可。

插入的 Windows Media Player 控件包含视频播放区和播放控制按钮两部分。单纯播放音频文件时，可以通过拖动控件四周的尺寸柄来调整控件大小，最后只保留播放控制按钮部分，效果如图 7-12 所示。

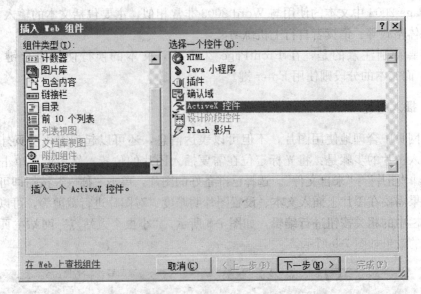

图 7-10　插入播放媒体控件

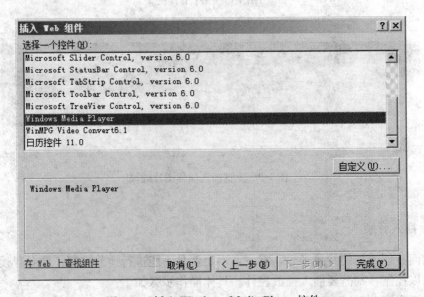

图 7-11　插入 Windows Media Player 控件

图 7-12　调整控件大小后效果

接下来双击该控件，弹出如图 7-13 所示的 "Windows Media Player 属性" 对话框。首先设置源文件，通过单击 "浏览" 按钮，选中已准备好的音乐文件，再在 "播放选项" 一栏中勾选 "自动启动" 复选框。最后单击 "确定" 按钮即可。

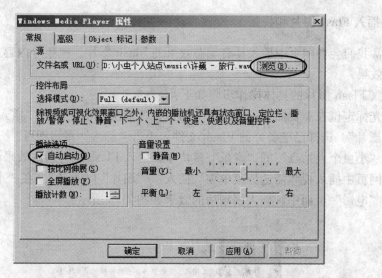

图 7-13　添加控件播放的源文件

在"小虫个人站点"的"音乐"模块中，插入音频后的效果如图 7-14 所示。

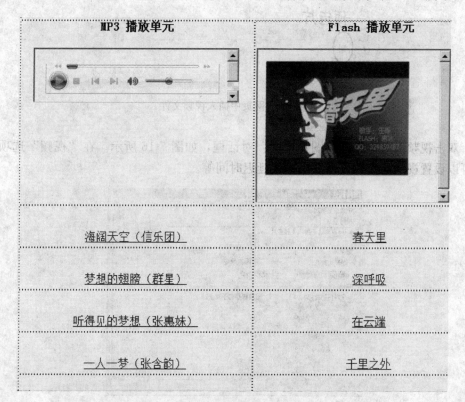

MP3 播放单元	Flash 播放单元
海阔天空（信乐团）	春天里
梦想的翅膀（群星）	深呼吸
听得见的梦想（张惠妹）	在云端
一人一梦（张含韵）	千里之外

图 7-14　插入音频和 Flash 影片效果图

4. 插入 Flash 影片和视频

通常我们会在网页中插入具有动态效果的 Flash 影片、视频等内容，来改善网页的视觉效果。

插入 Flash 影片的具体操作步骤如下：

将光标定位在需要插入 Flash 影片的位置，依次单击菜单项"插入"｜"图片"｜"Flash 影片"。选择已准备好的 Flash 文件，单击"插入"按钮即可。

在"小虫个人站点"的"音乐"模块中，插入 Flash 影片后的效果请看图 7-14。

在网页中插入视频需选择菜单项"插入"｜"图片"｜"视频"。在"小虫个人站点"网站的"电影"页面中，插入视频后的效果如图 7-15 所示。

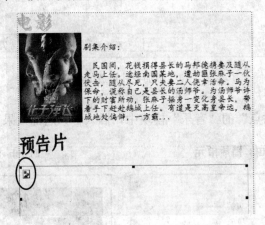

图 7-15　网页中插入视频文件

双击视频图标，打开"图片属性"对话框，如图 7-16 所示。在"视频"选项卡中可以设置视频源、重复播放次数及延迟时间等。

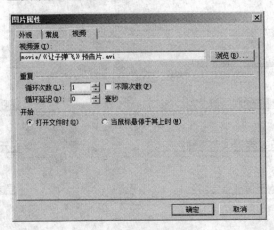

图 7-16　视频属性设置

5. 插入艺术字

在网页中插入艺术字，同样可以起到美化页面的效果。其具体操作步骤：首先将光标定位在需要插入艺术字的位置，依次选择菜单项"插入"|"图片"|"艺术字"。然后在打开的"艺术字库"对话框中，确定艺术字样式、内容、字体和字号即可。

四、创建超链接

在 FrontPage 2003 中，超链接的形式包括文本超链接、图片超链接和热点超链接等。

1. 创建文本超链接和图片超链接

首先选中作为链接源的文本或图片，单击鼠标右键，从弹出的快捷菜单中选择"超链接"命令，在打开的"插入超链接"对话框中设置超级链接的目标，如图 7-17 所示。

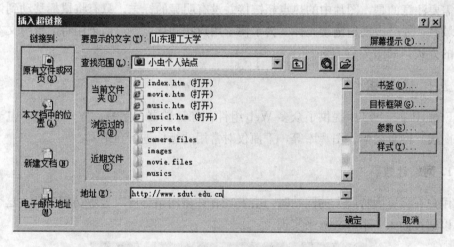

图 7-17　文字超链接和图片超链接

2. 创建热点超链接

一幅图片不仅可以对应于一个超链接，还可以采用"热点"技术对应于多个超链接，即所谓的影像地图。图片热点是图片上定义好的某个区域，当用鼠标单击此区域时就可以触发与之对应的超链接。一幅图片可以分为若干个热点区域，热点区域最好定义在图片的特征区域上。FrontPage 2003 提供了矩形、圆形和多边形三种热点形状。

给图片添加热点超链接的操作步骤如下。

首先，打开"图片工具栏"，选择矩形热点形状图标。其次，在图片中要建立热点的区域按下鼠标左键并拖动绘制矩形热点，如图 7-18 所示。释放鼠标左键后弹出"插入超链接"对话框，设置相应的超链接目标即可。

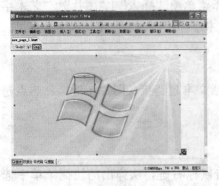 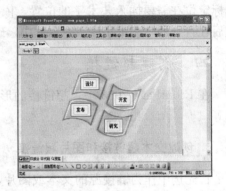

图 7-18 设置图片的热区   图 7-19 突出显示热点

需要注意的是，图片中的热点超链接并没有明显的标志，只有将鼠标移动到该热点区域时，才会出现超链接光标。为了便于用户找到热点，可以采用将热点与文本相结合的方式，如图 7-19 所示。

五、插入组件

FrontPage 2003 中提供了众多 Web 组件，像计数器、字幕、Web 搜索、电子表格和图表、网页横幅、图片库等，下面仅对常用的组件进行介绍。

1. 网站计数器

用户在浏览因特网上的网站时，会发现有许多网站都可以显示访问次数。这个功能可以通过插入一个计数器来实现。

图 7-20 插入计数器组件

选择菜单项"插入"|"Web 组件",弹出的"插入 Web 组件"对话框,在"组件类型"列表中选择"计数器",并选择一种计数器样式,如图 7-20 所示。然后,单击"完成"按钮,弹出"计数器属性"对话框,如图 7-21 所示。在对话框中设置计数器的初值和位数,然后单击对话框上的"确定"按钮,即可在网页中插入一个计数器。不过,在浏览器中预览时,只能看到"计数器"字样。只有将站点上传到安装了 FrontPage 服务器扩展的 Web 服务器上,才能看到计数器效果。

图 7-21 计数器属性设置

2. 字幕

在网页中用于显示提示信息的滚动文字,称为字幕。字幕经常用来发布一些站点的通知或提示信息等。

插入字幕的方法较为简单,打开"插入 Web 组件"对话框,在"组件类型"列表中选择"动态效果",在"选择一种效果"一栏中选择"字幕",如图 7-22 所示。然后,单击"完成"按钮,在随后弹出的"字幕属性"对话框中,首先输入字幕的文本内容,然后设置字幕的移动方向、速度、表现方式以及移动的宽度和高度等信息,如图 7-23 所示。单击左下角的"样式"按钮,可以设置字幕的字体格式、段落格式、边框样式、编号格式等。

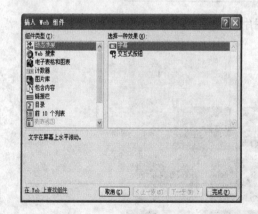

图 7-22 插入字幕

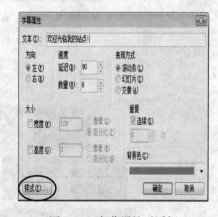

图 7-23 字幕属性对话框

3. 图片库

当需要展示多幅图片时,通常使用"图片库"组件。

首先,将光标定位在需要插入图片库的位置,依次单击菜单项"插入"|"图片"|"新建图片库"。弹出"图片库属性"对话框,如图 7-24 所示。在对话框中单击"添

加"按钮来添加需要展示的图片，并设置缩略图的大小，以及图片的布局。"小虫个人站点"网站的"摄影"页面中插入图片库后的效果如图 7-25 所示。

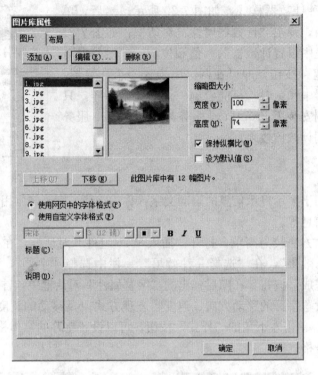

图 7-24　图片库属性

图 7-25　图片库效果

六、使用表单

表单是一种很有用的网页元素，通过表单可以实现网站与浏览者之间的信息交互。表单由一个或者多个表单域组成。本章案例"小虫个人站点"网站的"电影"页面中就使用了表单，效果如图 7-26 所示。

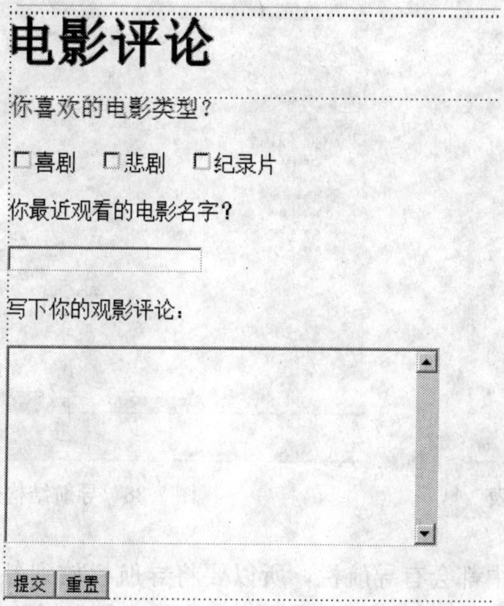

电影评论

你喜欢的电影类型？

☐喜剧　☐悲剧　☐纪录片

你最近观看的电影名字？

写下你的观影评论：

提交｜重置

图 7-26　表单效果

制作这样一个表单的操作步骤如下。

（1）将光标定位在要插入表单组件的单元格中。

（2）输入文本，如"你喜欢的电影类型?"，按 Enter 键后依次选择"插入"|"表单"|"复选框"，在出现的复选框控件后输入文本"喜剧"。其他选项的插入方法相同。

（3）在文本"你最近观看的电影名字?"后依次选择"插入"|"表单"|"文本框"来插入一个文本框控件。

最后一个控件是文本区，插入方法类似。

通过表单提交到网站服务器的数据，通常采用服务器端脚本语言（如 ASP、JSP、PHP 等）程序进行处理。感兴趣的同学可以查看相关的参考资料。

七、使用导航栏

导航栏是一组文本或按钮形式的超链接，在含有多个页面的网站中会经常用到。"小虫个人站点"网站中的四个网页之间的切换即可以通过导航栏来实现。

要在网站中建立导航栏，首先要建立网站的导航结构。

首先，在"文件夹列表"中双击主页文件 index.htm，如图 7-27 所示。然后选择菜单"视图"|"导航"，打开导航视图。将"文件夹列表"中相关网页文件拖动到右侧"导航"视图主页下相应的位置。最后，将各网页主题重命名为"主页"、"音乐"、"电影"、"摄影"即可。效果如图 7-28 所示。

图 7-27　文件夹列表

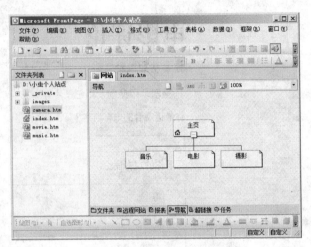

图 7-28　导航结构效果图

通常，每个页面中都会有导航栏，所以要将导航栏放到各个页面的共享区域内。各页面的共享区域称为共享边框。在共享边框中插入导航栏的操作步骤如下。

（1）选择菜单"工具"|"网页选项"，在打开的"网页选项"对话框中选择"创作"选项卡，选中"共享边框"复选框。

（2）选择菜单"格式"|"共享边框"，在"共享边框"对话框中设置共享边框的

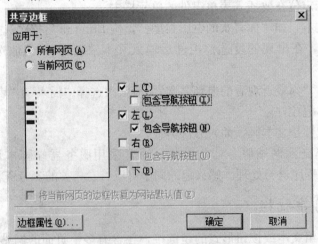

图 7-29　共享边框格式设置

应用范围及共享位置。这里我们设置应用范围为"所有网页",位置选择"上"、"左"和左侧"包含导航按钮",如图 7-29 所示。单击"确定"按钮后打开主页文件,即可看到如图 7-30 所示的导航链接栏效果。

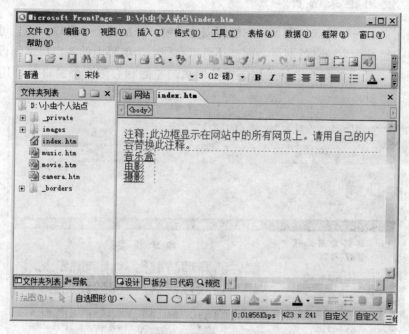

图 7-30 导航栏效果

(3)双击左侧链接栏,弹出"链接栏属性"对话框,在"常规"选项卡中"要添加到网页的超链接"一栏中选择"主页下面的子页",并勾选"附加网页"中的"主页"复选框。在"样式"选项卡中选择"北极"样式,在"方向和外观"一栏选择"垂直方向",如图 7-31 所示。

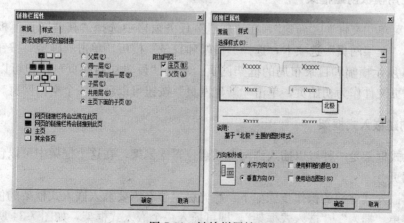

图 7-31 链接栏属性

插入导航栏后，可以使用 Ctrl＋Click 来跟踪链接，也可以在浏览器中打开主页文件来检测链接效果。

八、使用框架网页

框架网页是一种特殊的网页，它能将浏览器窗口分成几个小窗口，不但可以在每个小窗口中显示一个独立的网页，而且还可以在同一个屏幕上的各窗口之间设置超链接。如图 7-32 所示的页面中就采用了框架网页，左侧和右侧两个窗口分别用来显示两个独立的页面。

图 7-32　框架网页

1. 使用模板创建框架

选择菜单"文件"|"新建"，在"新建"任务窗格中选择"其他网页模板"对话框，打开"框架网页"选项卡，选择"横幅和目录"模板，单击"确定"按钮，出现如图 7-33 所示横幅和目录布局的框架网页。单击"设置初始网页"按钮可以选择一个已有网页文件作为初始页，单击"新建网页"按钮可以新建一个空白网页。

2. 创建嵌入式框架

嵌入式框架是一种可以插入到网页任意位置的框架，在这个框架中可以包含一个独立的网页。

创建嵌入式框架的操作步骤如下：将光标定位在需要插入嵌入式框架的位置，然后选择菜单"插入"|"嵌入式框架"，即可插入一个嵌入式框架，如图 7-34 所示。

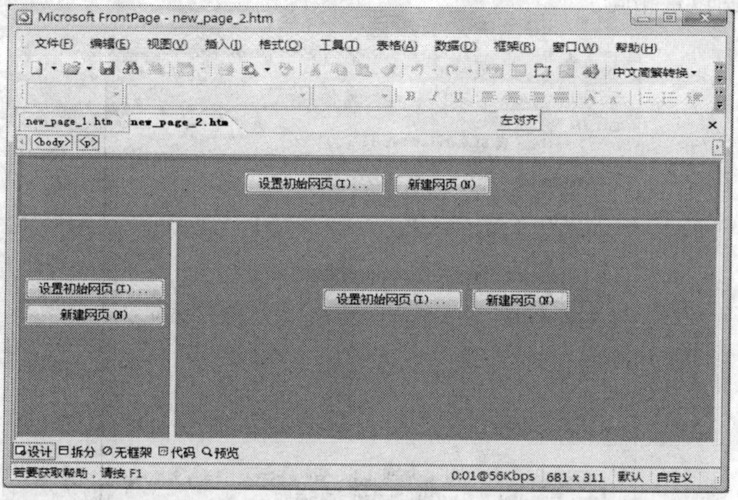

图 7-33　使用模板创建框架网页

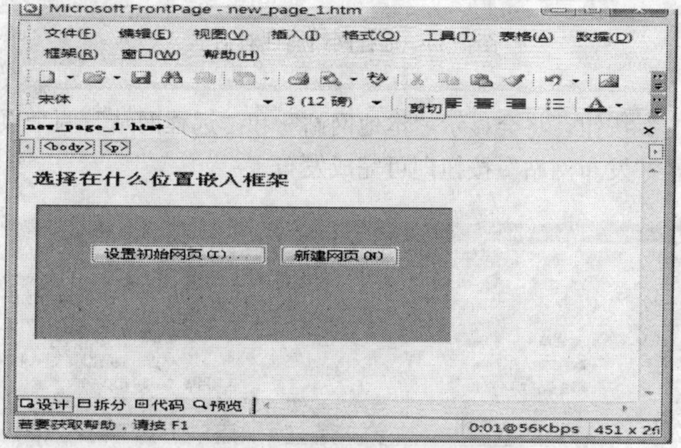

图 7-34　创建嵌入式框架网页

九、发布网站

利用 FrontPage 2003 中的远程网站视图，可以将网站中的文件和文件夹发布到远程的 Web 服务器中。

首先，选择菜单"视图"|"远程网站"，在远程网站视图下，单击工具栏上"远程网站属性"按钮，打开"远程网站属性"对话框，如图 7-35 所示。在该对话框中设置远程 Web 服务器的类型和远程网站位置。本例中"远程 Web 服务器类型"选择"文件系统"，"远程网站位置"选择"D：\服务器文件夹"。此处的远程网站位置不

能与本地网站位置相同。

图 7-35　远程网站属性对话框

单击"确定"按钮,将会显示"本地网站"和"远程网站"两个页面,如图7-36所示。直接单击"发布网站"按钮即可完成发布。

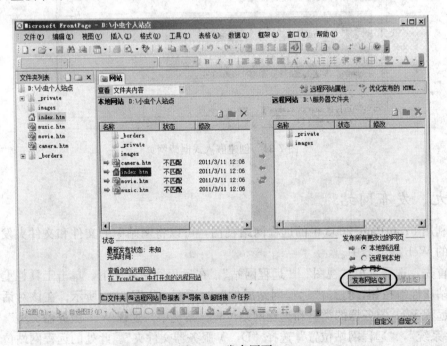

图 7-36　发布网页

此外，也可以利用专门的 FTP 软件（如 CuteFTP、LeapFTP 等）来完成网站的发布。

第五节　综合实例

本节将对"小虫个人站点"进一步完善，最终完成一个内容丰富、界面美观、结构完整的网站。

一、准备工作

根据图 7-2 所示的网站导航结构图，确定"小虫个人站点"是含有四个网页的网站，页面的标题分别是主页、音乐、电影、摄影。

（1）主页，主要介绍网站作者"小虫"的个人信息。同时，主页作为网站首页，横幅图片、导航栏、背景音乐、友情链接这些也是必不可少的内容。

（2）音乐页面，主要包含 MP3 播放单元和 Flash 播放单元。

（3）电影页面，主要包含电影简介、电影预告片和电影评论。

（4）摄影页面，通过图片库形式来展现摄影欣赏。

最后把网页中需要的素材，像图片、声音、视频等文件准备好，以备制作网站时使用。

二、操作步骤

1. 创建站点并添加网站素材

（1）在 D 盘上创建如图 7-37 所示的文件夹结构。

（2）站点创建完成之后，把准备好的素材放到对应文件夹下。如 images 文件夹存放图片，music 文件夹存放音乐文件，movie 文件夹存放视频文件。

图 7-37　"小虫个人站点"
文件夹结构

2. 编辑主页页面内容

双击文件夹列表下 index. htm 文件进入主页编辑状态。

选择菜单"表格"|"布局表格和单元格"命令，在表格布局一栏选择"整页"，单击单元格上方宽度值右侧的三角符号，在打开的快捷菜单中选择"更改列宽"命令，如图 7-38 所示。此处，设置列宽为 659，高度选择默认值即可。

接下来将当前单元格拆分为五行。

在各单元格中输入文本后效果如图 7-39 所示。

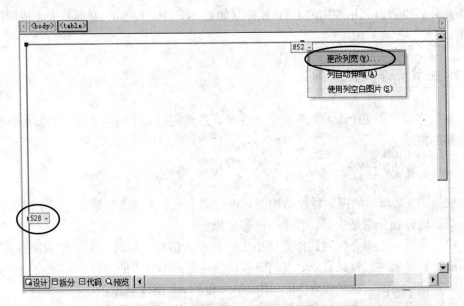

图 7-38　设置单元格高度值和宽度值

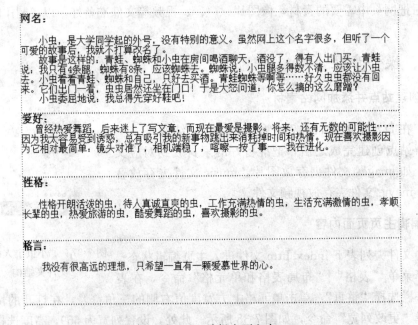

图 7-39　编辑主页文本

将第五行单元格拆分为如图 7-40 所示结构，输入文本并设置相应的超链接。
最后可以为主页添加背景音乐。

图 7-40　设置文本超链接

3. 编辑电影页面

双击文件夹列表下 movie. htm 文件，表格布局仍选择"整页"，并拆分为三行。

在第一行单元格中首先插入艺术字，内容是"电影"。换行后插入图片，并输入电影简介。效果如图 7-41 所示。

图 7-41　第一行单元格效果

在第二行单元格中插入艺术字"预告片"，换行后插入"Windows Media Player"控件，拖动控件的尺寸柄来调整控件到合适大小。效果如图 7-42 所示。

图 7-42　调整控件大小效果

接下来，双击视频播放控件，在"Windows Media Player 属性"对话框中添加视频源文件为"D：\小虫个人站点\movie\《让子弹飞》预告片.avi"。

在第三行单元格内插入艺术字"电影评论"。换行后，插入如图 7-26 所示的表单。

4. 编辑音乐页面

双击文件夹列表下 music.htm 文件，选择"整页"布局，并拆分为三行。

在第一行单元格内输入与音乐相关的文字。

接下来，将第二行单元格拆分为两列，左侧单元格中输入文本"MP3 播放单元"，换行后插入一个嵌入式框架，具体操作步骤请参照第四节。拖动嵌入式框架尺寸柄调整到合适大小，如图 7-43 所示。

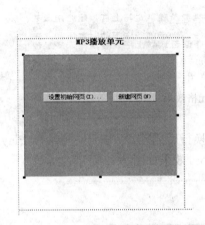

图 7-43　插入嵌入式框架图

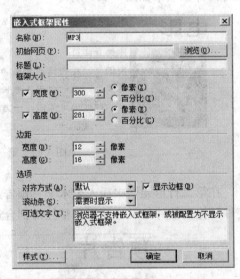

图 7-44　嵌入式框架名称命名为"MP3"

在框架内单击鼠标右键选择快捷菜单中的"嵌入式框架属性"，在如图 7-44 所示的对话框中"名称"一栏修改框架名为"MP3"。

单击嵌入框架中的"新建网页"按钮，直接在当前窗口中插入"Windows Media Player"控件，只保留播放按钮区域。效果如图 7-45 所示。将该网页命名为"MP3 Player.htm"。

重复上面的操作，在右侧单元格也插入一个嵌入式框架，框架名称为"Flash"，此时在框架的初始网页中插入图片，并把此页面命名为"Flash Player.htm"。效果如图 7-46 所示。

图 7-45 "MP3"框架初始页面 图 7-46 Flash 框架初始页面

接下来将第三行单元格拆分为两列，每列拆分为五行，输入相应的"MP3"歌曲和 Flash 歌曲播放列表。

下面我们来建立与"MP3"播放列表对应的播放页面，如歌曲"海阔天空（信乐团）"的播放页面，操作步骤如下。

在文件夹列表下新建网页文件命名为"MP31.htm"，双击进入网页编辑状态，插入"Windows Media Player"控件，只保留控件的按钮区，双击控件添加播放源文件为"D：\小虫个人站点\music\海阔天空.mp3"，在控件下方输入歌曲名，效果如图 7-47 所示。

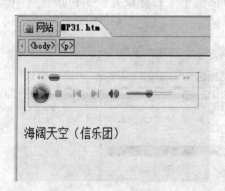

图 7-47 MP31.htm 页面内容 图 7-48 Flash1.htm 页面内容

重复同样的操作建立与其他歌曲对应的播放页面文件，分别命名为"MP32.htm"、"MP33.htm"、"MP34.htm"、"MP35.htm"和"MP36.htm"。

Flash 歌曲播放页面的建立与"MP3"页面不同，新建网页后需执行菜单"插入"|"图片"|"flash 影片"，选择相应的歌曲的 Flash 文件即可。建立第一个 Flash 播放页面，命名为"Flash1.htm"，插入的 Flash 文件是"movie/春天里.swf"，效果如图 7-48 所示。

其他对应页面分别命名为"Flash2.htm"、"Flash3.htm"、"Flash4.htm"和"Flash5.htm"。

最后给播放列表添加超链接，让"MP3"歌曲页面在"MP3"框架中显示播放，Flash歌曲页面在Flash框架中显示播放。

具体操作步骤如下。

（1）在页面中选中要添加超链接的文本"海阔天空（信乐团）"，单击"常用"工具栏的"插入超链接"按钮，在打开的对话框中地址一栏输入网页文件名"MP31.htm"，如图7-49所示。

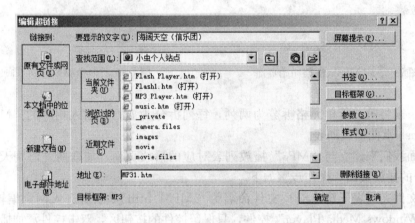

图 7-49　超链接设置

（2）单击"目标框架"按钮，在打开的对话框中"目标设置"一栏选择"MP3"即可，如图7-50所示。

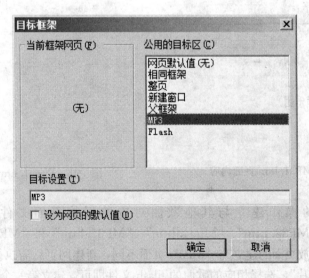

图 7-50　目标框架设置

其他歌曲超链接的设置与此类似。注意，本网站中 Flash 歌曲的目标框架名是"Flash"。

5. 编辑摄影页面

（1）双击文件夹列表中的 camera. htm 文件，选择"整页"布局，并拆分为两行。

（2）在第一行单元格内插入艺术字"摄影"，换行后输入与摄影相关的文字。

（3）在第二行单元格内插入艺术字"摄影欣赏"，换行后插入图片库，最终摄影页面的效果如图 7-51 所示。

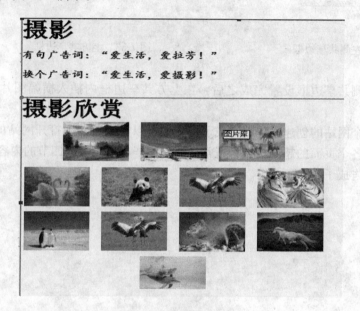

图 7-51　摄影页面效果

6. 导航栏及共享边框设置

设置导航结构的具体操作步骤请参考第四节。

给网站中的相关页面添加共享边框的步骤如下。

（1）在网站的文件夹列表中选择 index. htm、music. htm、movie. htm 和 camera. htm 四个页面。然后选择菜单"格式"|"共享边框"，此时"应用于"一栏选中的是"当前网页"，其他设置请参考第四节的图 7-29。

（2）双击 index. htm 进入编辑页面，将光标定位在左侧共享边框内，然后参考图 7-30 和图 7-31 设置链接栏属性。

（3）导航链接栏设置完成后，在左侧共享边框下方插入一幅小虫图片，同时给出作者的 Email 和 Tel 联系方式。效果如图 7-52 所示。

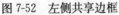

图 7-52 左侧共享边框   图 7-53 上方共享边框

（4）左侧共享边框设置完成之后，在上方共享边框内插入横幅图片，效果如图 7-53 所示。

这样整个网站的创建过程就完成了，我们可以在浏览器中打开网站的 index. htm 页面，测试各个页面的超链接是否正常。测试完毕后，参考第四节的内容上传网站文件，就大功告成了。

参 考 文 献

冯博琴，贾应智. 2006. 大学计算机基础. 北京：中国铁道出版社.

龚沛曾，杨志强. 2009. 大学计算机基础第五版. 北京：高等教育出版社.

郭晔，王浩鸣，张天宇. 2009. 数据库技术与 Access 应用. 北京：人民邮电出版社.

姜全生，于景辉. 2008. 计算机维护与维修. 北京：人民邮电出版社.

刘光然，杨虹，陈建珍，等. 2009. 多媒体技术与应用教程第二版. 北京：人民邮电出版社.

卢湘鸿，陈恭和，白艳. 2007. 数据库 Access 2003 应用教程. 北京：人民邮电出版社.

马汉达. 2009. 微型计算机组装与系统维护实用教程. 北京：人民邮电出版社.

毛一心，苍智志. 2007. 多媒体技术与应用. 北京：人民邮电出版社.

史宝会. 2008. 中小型企业网络组建与管理. 北京：人民邮电出版社.

解福，宋吉和. 2008. 计算机文化基础第七版. 东营：中国石油大学出版社.

杨纪梅. 2008. Dreamweaver 网页设计与制作完全手册. 北京：清华大学出版社.

于明辉，汪双顶. 2009. 中小型网络组建技术. 北京：人民邮电出版社.